完全版

面白くて眠れなくなる物理

左巻健男

PHP

はじめに

ぼくがこの本を書いたのにはわけがあります。

物理は面白い！

ズバリ、このことを読者のみなさんにわかってもらいたかったからです。

物理はとても面白くて魅力的で、世界のあらゆることを記述しており、実は身のまわりの様々なところでも、その考えや法則は関係しています。

本書で扱う物理は、「物理学」という学問を土台にしています。物理学は、いうまでもなく自然科学（以下科学）の一部門です。物理学が扱うのは、小さいものは素粒子や原子、大きいものは宇宙まで、自然の全てが対象といっていいでしょう。物理学は、物質とその運動について共通に成立するような、自然のもっとも根本的な法則を探究してきました。

学校理科の物理、化学、生物、地学の中では、物理はもっとも抽象度が高く、苦手な人、不得意な人が多い分野です。たしかに、力学、エネルギー、波、電磁気学などそれぞれ抽象度が高く、理解するのが大変な内容を含んでいます。そのどれもが一筋縄ではいきません。

本書では、物理の基礎・基本の、多くの人々が学校で学んできた中学校や高校初級の理科の中の物理を素材として取り上げるようにしました。

ぼくは、小学校・中学校・高校初級の理科教育を専門にしています。もともと中学校・高等学校の理科教師でした。理科教師をしているときのモットーが、「家族の食事のときに、その日の授業の話題で盛り上がるような授業をしよう」でした。

理科の授業を通して、知って得をした、知って感動した、知って心がゆたかになった、考えてわくわくした……というような気持ちを持てるといいなと思っていました。本書は、そんなぼくのとっておきのエピソードを文章化しています。

科学は、不思議とドラマに満ちた世界を少しずつ解明してきました。自然の世界の扉を少しずつ開いているのです。まだまだわからないこともありますが、わかってきたこともたくさんあります。

理科教育の専門家としてそのわかってきていることの、さらに基礎・基本の中からテーマを取り上げて、「ほら、もう一歩、こんなことまで考えれば面白いでしょ⁉」といいたいのです。

また後半は、パズル・クイズという手立てをとりました。これはぼくが、学校理科を教えていたときに、「課題を提示し確認する」→「予想・自分の考えを書く」→「討論」「討論をふまえて、練りあげた考えを書く」「実験・観察をして確かめる」「実験・観察で確かになったことを書く」→「付け加え：発展的な問題、実験、科学の言葉、補足的な話」という流れの理科授業をしていたからです。

この授業は、時間内に取り組む学習課題の面白さがいのちです。課題を追究していくことが授業の展開なのです。科学の研究でも、「疑問」を「問題」の形にして、その問題を探究していく場合があります。本書で取り上げたパズル・クイズは、筆者の中学校理科の授業で取り上げた学習課題も多いのです。

冒頭に掲げられた問題を考えながら、読み進めてください。「ここにも物理法則がある！」という興味深い発見があり、気がつくと、物理への知見が深まっていくことでしょう。本書を読んで、「この場合はどうなのだろう？」「あの場合はどうなのだろう？」などと新しい疑問がわいてきたとしたら、ぼくの試みは成功かもしれません。

ぼくは、感動する理科、心をゆたかにする理科を目指して、さらに研究していきたいと思っています。

二〇二四年十二月　左巻健男

完全版　面白くて眠れなくなる物理　目次

Part 1

面白くてとまらない物理

Part 2

思わず話したくなる物理

Part 3

読みだすと眠れなくなる物理

PHYSICS

Puzzle Ⅰ

物の重さ、体積、密度

Puzzle Ⅱ

光と音

Puzzle Ⅲ

温度と熱

Puzzle Ⅳ

力と運動

Puzzle V

磁気と電気

Puzzle Ⅵ
放射能と放射線

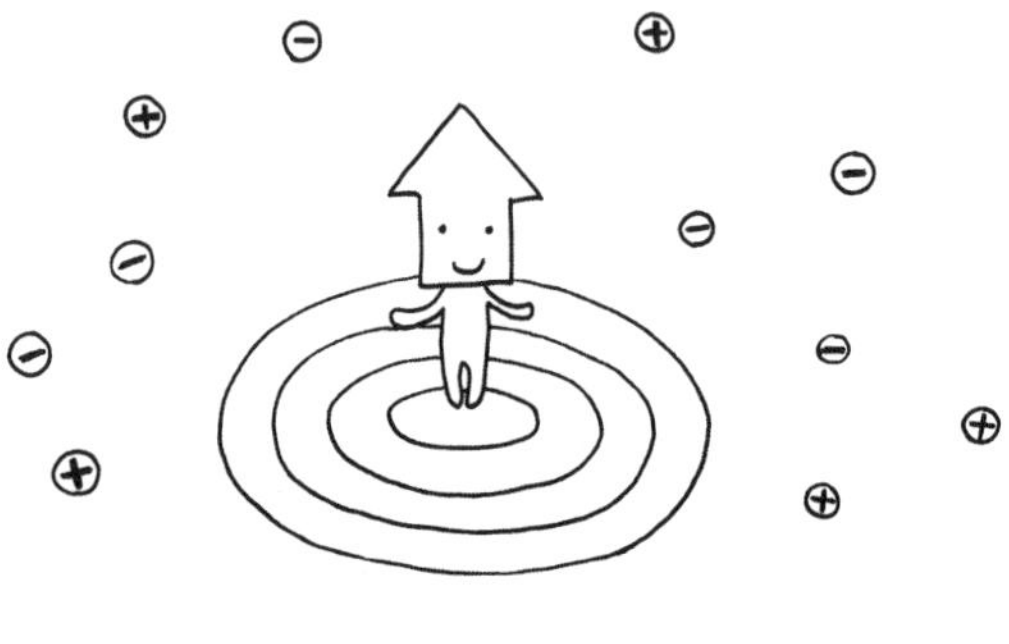

Puzzle Ⅶ 超能力と心霊現象

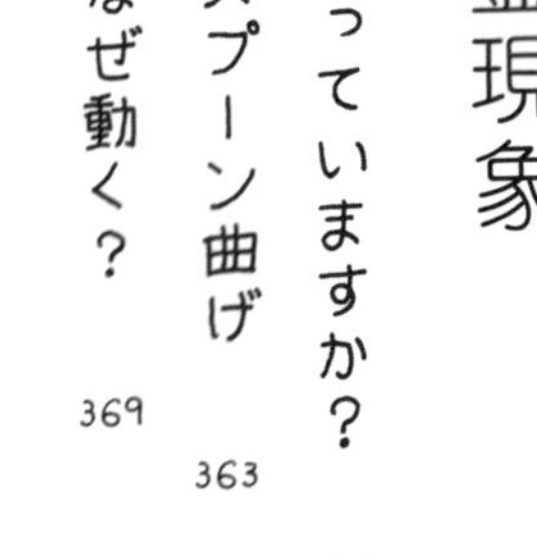

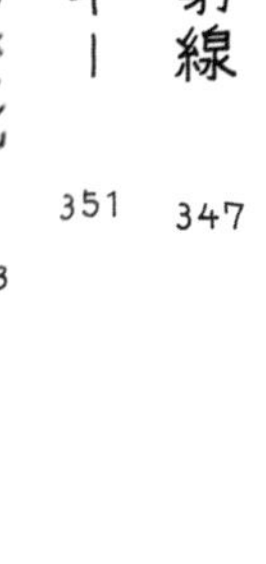

カバーデザイン　萩原弦一郎（256）
本文デザイン＆イラスト　宇田川由美子

Part 1

面白くてとまらない物理

$e=mc^2$

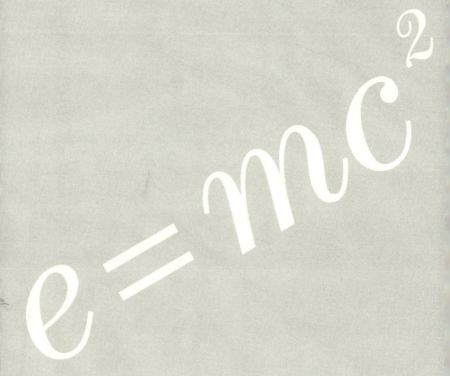

完全に真っ暗な部屋でもまわりは見える？

なぜモノが見えるのか？

私たちにそなわった五感。五感のうち触覚（さわった感覚）、味覚（味の感覚）、嗅覚（においの感覚）、聴覚（音を聴く感覚）は、対象と直接ふれることで感じるものです。

聴覚と視覚は対象とどのように触れているのか、疑問に思う方もいるかもしれません。聴覚は、耳の鼓膜が空気というモノの振動に触れて感じることができます。それでは、五感の残り一つの視覚（見る感覚）は、どうでしょうか。

視覚は、見る対象から離れていても感じることができます。このことは、古来、不思議だと考えられており、古代ギリシャの哲学者たちも「見る」ということに考えをめぐらせています。なぜ私たちは「見る」ことができるのか。大きく二つの考えに分かれていました。

一つは、「光の流出説」です。私たちの目から「視線」という光のようなものが出て、モノにふれて、視覚が成立するという考えです。

もう一つは、「光の流入説」です。モノから出た光が目に入るから見えるという考えです。

現代の私たちからすると、光の流出説のように、私たちの目から、あたかも手が伸びるように「視線」が飛び出して、モノをつかんで戻ってくるなんておかしいと思います。

しかし、例えば、巨大な山からの光が小さな目の中に入って、縮小されてはっきり映ることを、光の流入説で説明するのは、レンズの像などがわかっていない当時は難しいことでした。また、巨大な山からの光が入った場合、目の中にたくさんの光が入って混乱するとも考えたことでしょう。

光の流入説が確立したのは、光がまっすぐ進むことや、レンズで屈折してスクリーンに像をつくることや、目にはレンズやスクリーンのようなモノがあることが確認されたからです。

映画館の光の筋の正体

目はボールのような形をしており、レンズのはたらきをする角膜と水晶体、光を感じる網膜があります。

目に入った光は、角膜と水晶体を通って網膜にあたります。遠くのモノや近くのモノを見るときには、水晶体の厚みを変えてピントを合わせます。網膜には倒立した像（上下が反対になった像）が映ります。網膜にはたくさんの視細胞が並んでおり、そこに光があたると情報が神経を通って脳に伝わります。脳がその情報を処理して網膜に映った倒立像を正立像に変換して、私たちはモノが見えるのです。

それでは、チリなどが舞っていない光のない真っ暗闇の部屋にいるとしましょう。そんな部屋でも目がなれてくればまわりがうっすらとでも見えてくるでしょうか？

いいえ、いくら目をこらしても何にも見えません。本当に真っ暗闇、光のない所では見えないのです。目がなれてくると見えるようになる場所は、実はわずかですが光があるのです。

懐中電灯に小さな丸い穴を開けた紙でおおいをして、細い筋の光が出せるようにしました。その細い筋の光があなたの目の一センチメートル前を横切りました。その光

◆私たちの目の仕組み

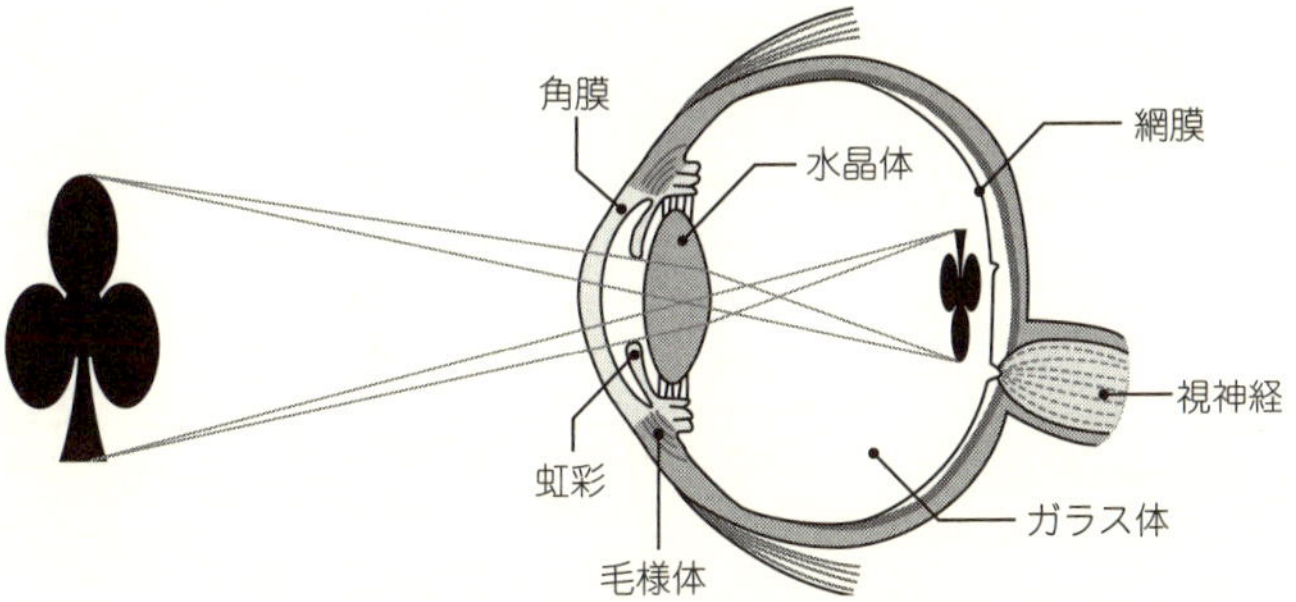

の筋は見えるでしょうか？　一ミリメートル前でも見えません。見えるためには、光が目に入らなければならないからです。

先程、部屋の条件として「チリなどが舞っていない」と書いたのには理由があります。チリが舞っていれば、チリにあたった光が四方八方に乱反射してその光の一部が目に入り、光の筋が見えるようになるからです。映画館で光の筋が見えるのはそのためです。

懐中電灯からの光の筋が壁などにあたると、私たちは光があたったところの壁を見ることができます。壁にあたった光はあちこちの方向に反射して、そこからの光が目に入るからです。

もしあなたが透明人間になったら

透明には二種類ある

ＳＦ映画などで有名な透明人間。透明人間は実現可能なのでしょうか。

透明というと、つい無色の場合だけを考えてしまいます。しかし、透明とは「向こう側が透けて見えること」ですから、色がついた透明（有色透明）もあるのです。

ここでは無色透明の場合を考えてみましょう（以下、透明とは無色透明を意味します）。

イギリスのＳＦ作家、ハーバート・ジョージ・ウェルズが一八九七年に出版した『透明人間』は、次のような書き出しから始まります。

怪物！
そうだ、怪物にちがいない。

怪物でなくて、なんだろう？　科学が発達した、いまの世の中に、東洋の忍術使いじゃあるまいし、姿がみえない人間がいるなんて、これは、たしかに変だ。

奇怪だ！

しかし、それは、ほんとうの話だった。怪物ははじめに、ものさびしい田舎にあらわれた。それからまもなく、あちこちの町にも出没するようになったのである。たいへんな騒ぎになったことは、いうまでもない。

その怪物の姿は、まるっきり見えないのである。すきとおっていて、ガラス、いや空気のように透明なのだ。

この小説の主人公は、実験で体を透明にする薬を発明した結果、透明人間になりますが、実際にはこのような透明人間は存在しません。しかし、生物の中には透明に近い体を持つものもいます。例えば「トランスルーセントグラスキャットフィッシュ」という淡水魚は色素がない透明な体をしていて頭部以外は透けており、骨や内臓が見えるのです。

◆トランスルーセントグラスキャットフィッシュ

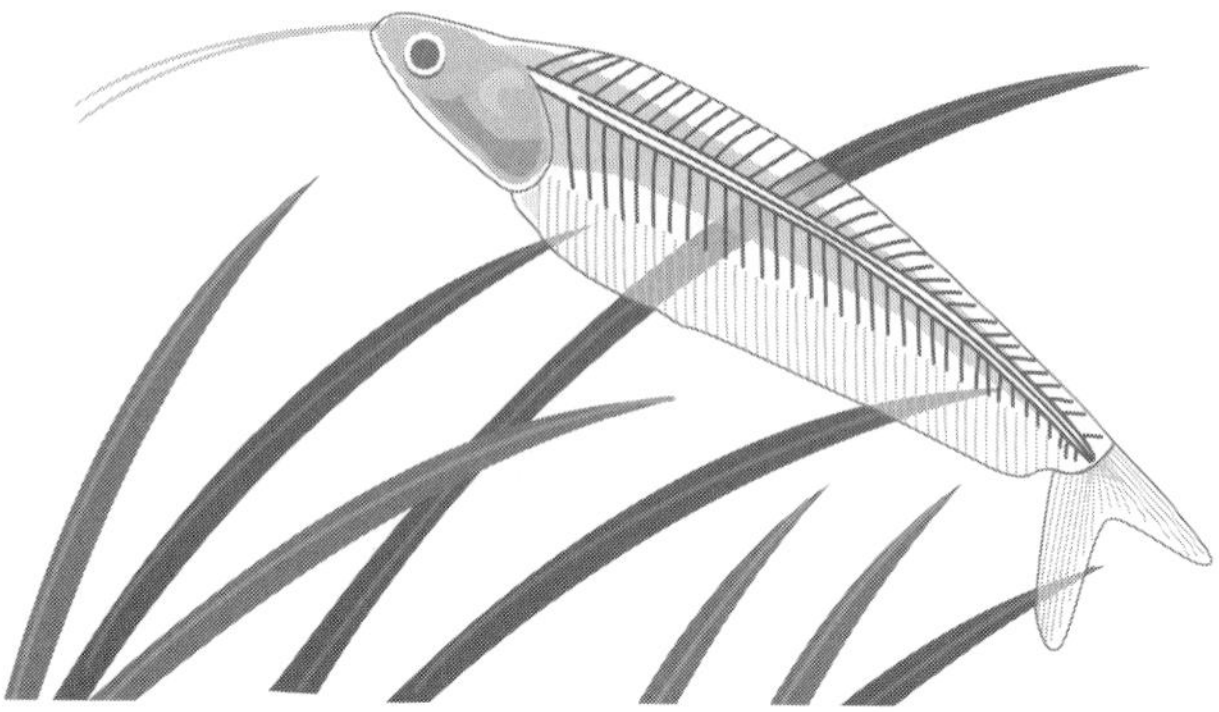

透明人間の致命的な弱点

透明人間になるということは、体が全部、空気と同じ屈折率になってしまうことです。

もし体全体が水と同じような屈折率になった場合、水の屈折率は空気の屈折率よりずっと大きいので、水のような透明人間はしっかりと人間の形をして見えてしまいます。本当に全く見えない透明人間になるためには、屈折率が空気と同じようでなければならないのです。

人間は、眼の中に、レンズのはたらきをしている水晶体を持っています。水晶体はクリスタリンという透明なタンパク質でできています。この水晶体の屈折率は、水よ

◆屈折率とは

「あ」の長さは「い」の長さの
何倍かという値を
「屈折率」といいます。

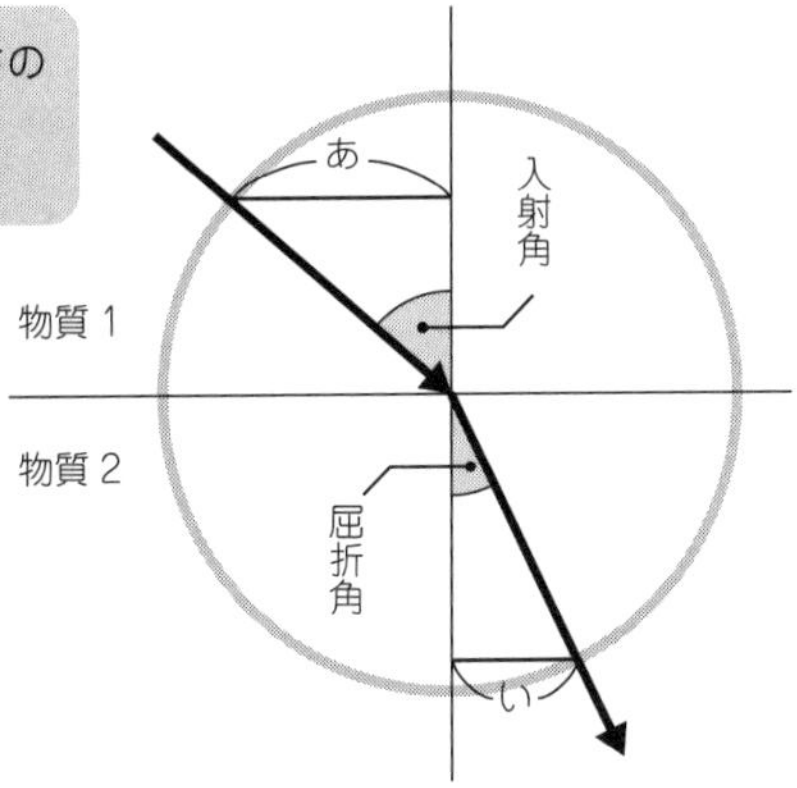

物質１と物質２の組み合わせが
同じならば、入射角がどのように
変わっても屈折率は同じです。

りわずかに大きいだけです。角膜やガラス体は水と同じ屈折率です。

　空気中を進んできた光は、水晶体で屈折して、網膜の上の細胞に像をつくる（光を吸収して明るさの信号と色の信号を脳に伝える）のですが、水晶体などが空気と同じ屈折率になったら、光はそのまま水晶体も網膜の部分も通り過ぎるだけになります。モノから目に入った光は、どんなモノの姿も目に認めさせることになりません。

　もしウェルズの小説の主人公のような透明人間ができたとしても、非常に致命的な弱点を持った人間になってしまうでしょう。

　また、お腹がすいたらどこに食べ物があるか手探りで探さなければなりません。誰

◆角膜、水晶体、ガラス体など

	屈折率
空気	1
水	1.33
角膜	1.37
水晶体	1.43
ガラス体	1.33

かが食べ物をあげようにも透明人間は見えないのです。もちろん、食べ物を食べれば、その食べ物の消化の経過は透明にならず見えてしまうことでしょう。

水中生物の目はどうなっている?

私たちの目は、角膜と水晶体だけが水よりわずかに屈折率が大きいだけで他の部分は水と同じ屈折率です。

水中にいる私たちの目に水が直に接していると、焦点は網膜のずっと後ろになるので、網膜に映る像はぼんやりしたものになります。

それでは、水中生物の目の水晶体はどうなっているのでしょうか。もし、水中生物

◆魚の目

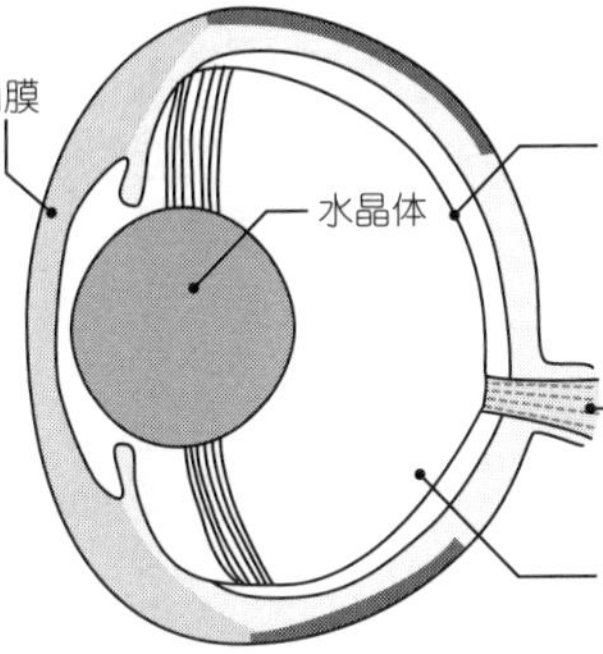

の水晶体が水と同じような屈折率だと像を結ぶのは難しくなります。例えば魚はどうでしょうか。

魚の水晶体は球形で屈折率がずっと大きいのです。イカの目の水晶体も球形に近い形をしています。煮魚を食べるときに目のあたりをよく見ると、丸い形をしています。

なお、カメラ用の魚眼レンズは、魚が水面下から見るであろう景色に着目した命名であり、水中で魚の眼が魚眼レンズのように見えるということではありません。

私たちの目と魚の目ではピントの合わせ方も違います。私たちは水晶体を厚くしたり薄くしたりしてピントを合わせていますが、魚は球形の水晶体のまま、その位置を前後させることでピントを合わせているのです。

球形のレンズは、端のほうが屈折率は大きくなり、その像のピントが合いにくいのですが、魚の水晶体は、材質が中心から端に行くほど屈折率を小さくしています。中心と端では材質が違うのです。そうして像のゆがみを少なくしています。これはイカなど軟体動物も同様です。うまくできているものですね。

魚やイカの目が突き出ているのには、このようなわけがあったのです。

私たちが水に潜るときには、平面のガラスがはめてあるマスクをします。マスクの空気層を通ってから目に光が入るので、陸上と同じようにしっかりと網膜に像を結ぶことができるのです。

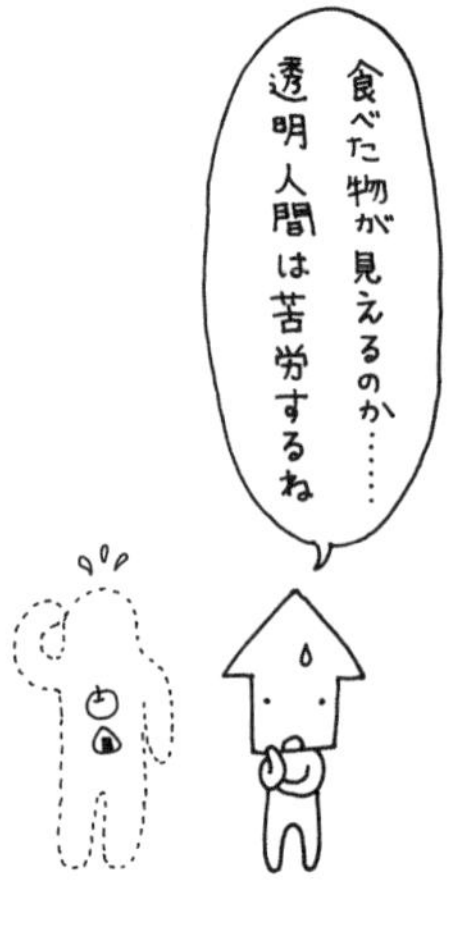
食べた物が見えるのか……
透明人間は苦労するね

プリズム・光線・光の屈折

三角プリズムに太陽の光を通すと……

〝プリズム〟をご存知ですか？

かつては中学校の理科で、光を学ぶときに用いられていましたが、しばらく前に教科書から消えてしまいました。プリズムは、ガラスなどの透明な材料でできた光を通す三角柱のブロックです。プリズムに光を通すと、光が屈折します。

プリズムを通して、火のついたロウソクを観察すると、ロウソクからやってきた光はプリズムで屈折されて、頂角のほうに移動して見えることになります。

同じ材質のガラスからできていると仮定して、プリズムは、頂角が大きいほど光の屈折の仕方が大きくなり、大きく曲がります。

頂角が小さくなると、光の屈折の仕方が小さくなり、曲がり方が小さくなります。

◆プリズムによる屈折

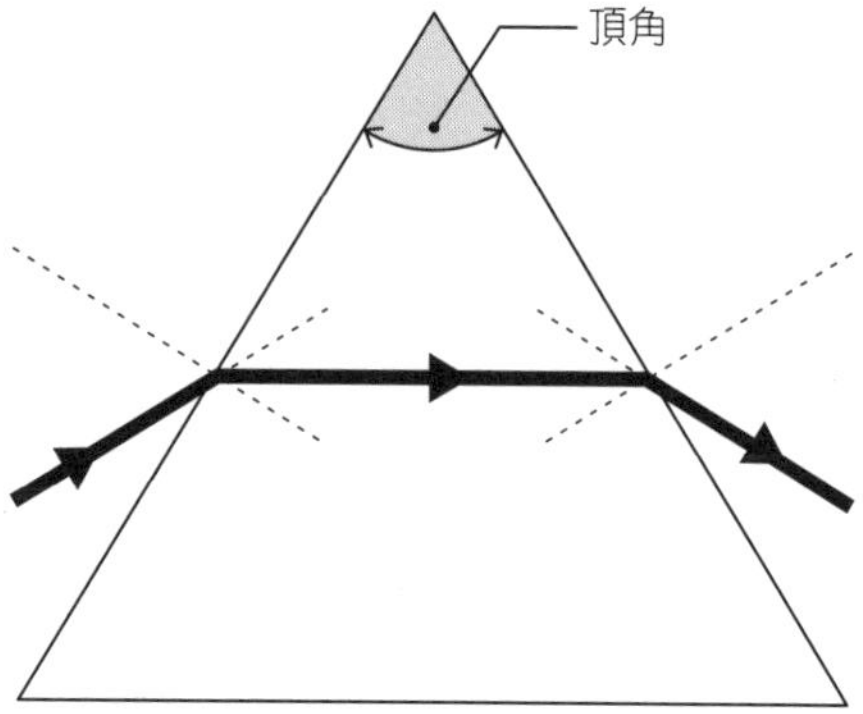

◆プリズムによるロウソクの像の観察

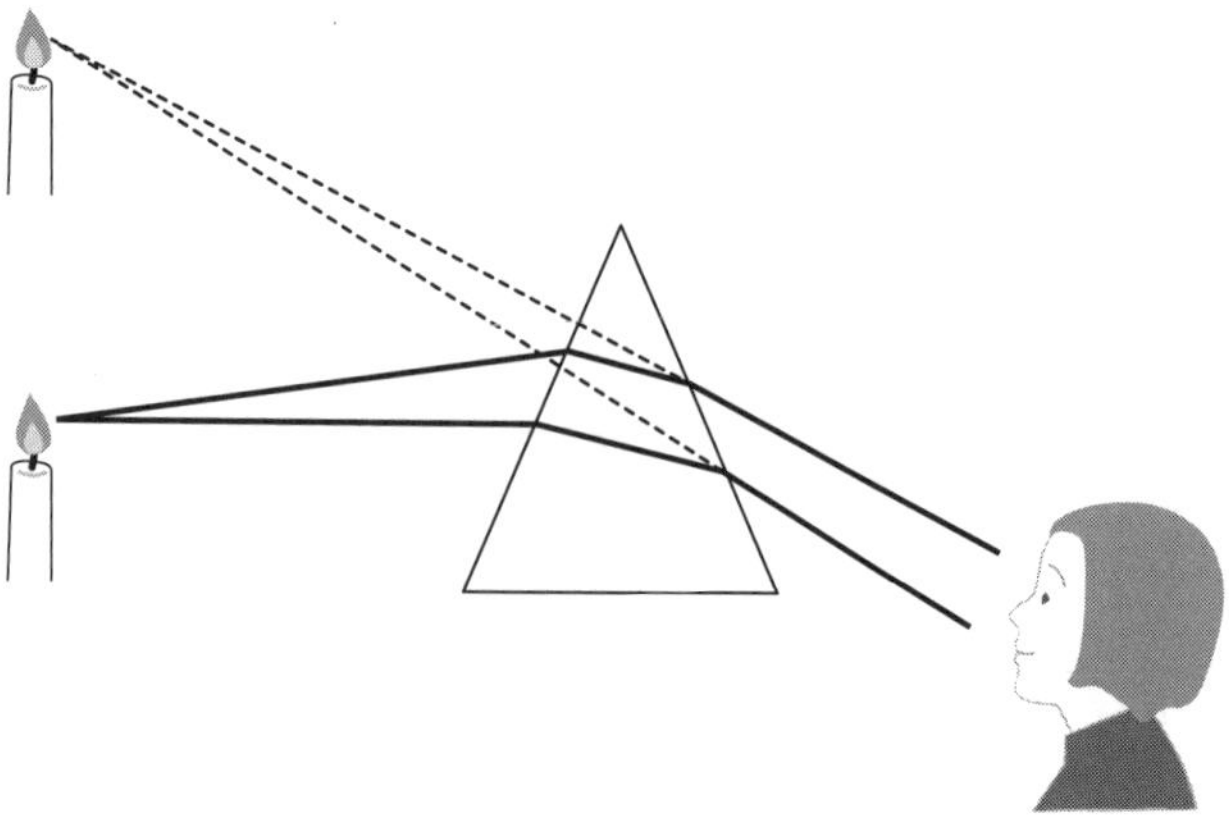

同じ材質のガラスからできているとして、プリズムは、頂角が大きいほど光の屈折の仕方が大きくなり、大きく曲がります。

凸レンズは集光レンズ、凹レンズは発散レンズ

両側が球面によって仕切られた透明体――それがレンズです。一方が球面、もう一方が平面という場合もありますが、ここでは両面が同じような球面のレンズを紹介します。

中央が周囲よりも膨らんだレンズが凸レンズ、中央が周囲よりもへこんだレンズが凹レンズです。凸レンズは、光を集めることができるので「集光レンズ」と呼ばれ、凹レンズは、光を広げて発散させるので「発散レンズ」と呼ばれます。

プリズムは光を屈折させるはたらきを持っていますが、レンズは、プリズムがたくさん集まったモノと考えることができます。凸レンズは、レンズの中央のほうが厚い、多くのプリズムが集まったモノ、凹レンズは、レンズの周囲のほうが厚い、多くのプリズムが集まったモノです。

次頁の図のように、屈折の程度は、ア、イ、ウ、エでは、頂角が大きいアが一番大きく、次にイ、その次にウとなります。エでは、ほぼ両面が平行な板となるので、光線の屈折を考える必要はありません。

◆レンズのはたらきは、多くのプリズムのはたらきを集めたもの

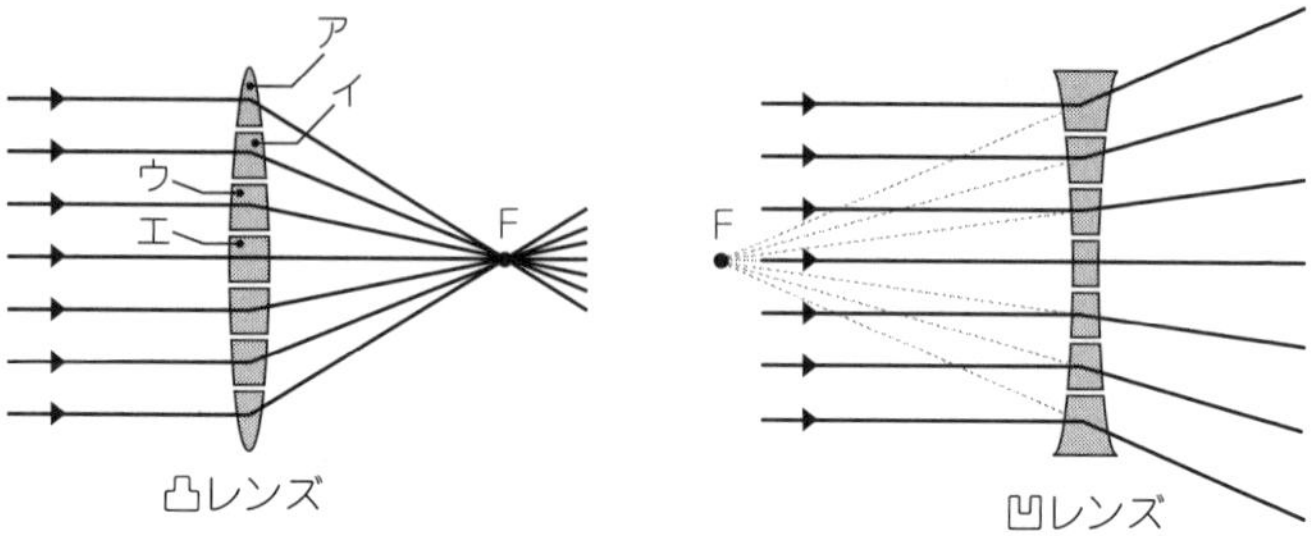

蛍光灯の光を集めると……

ご存じの方も多いと思いますが、黒色に塗った紙に虫眼鏡で太陽の光を集めると、煙が出てきてしまいには燃え出します。光が集まった点を焦点といいます。太陽の光を凸レンズで集めると、この点に置いた黒い紙が「焦げる」からです。

それでは、細長い形をした蛍光灯の光を凸レンズで集めると、焦点はどんな形になるのでしょうか。太陽のときと同じく小さな丸い点でしょうか。

虫眼鏡など凸レンズを持っていたら試してみてください。光を集めようとするとくっきりとした像ができます。その像は、蛍光灯の形をしています。焦点には、蛍光

灯で光が出ている部分が像としてできるのです。

さて、電球ではどうなるでしょうか。全体がくもりガラスの電球の場合は、焦点にその電球の形が映ります。透明で中のフィラメントが見える電球では、発光しているフィラメントがくっきりと映ります。

こうしてみると、太陽の光を集めたときの小さな丸い点は、実は太陽の像だったということがわかりますね。

もし、日食で太陽が欠けていた場合は、凸レンズで太陽の光を集めると欠けた像が映るのです。

また、月で試してみるとどうでしょうか。月は自ら輝いているのではなく、太陽の光で照らされた反射光が私たちの目まで届いているのです。太陽の光よりはずっと弱いですが、凸レンズで月の光を集めてみましょう。半月は半月の形に、三日月は三日月の形に像ができるのです。

月が出ている夜に、試してみてはいかがでしょうか。

私たちには見えない光

可視光線は赤色～紫色

プリズムは、光を屈折させるだけではありません。プリズムに白色光を通すと光の色が虹のように分かれたりします。

私たちが目で見ることができる光「可視光線」が七色の要素からできていることをはじめて研究で明らかにしたのは、英国のアイザック・ニュートンです。

一六六六年、ニュートンは暗い部屋に小穴をあけて太陽の光をプリズムにあてました。すると、プリズムを通して出てきた虹色の光は、もとの太陽の光より広がり、赤から紫までの光が、虹と同じ順番に並んだのです。

赤色の光線は、紫色の光線よりも曲げられ方が少ないのです。つまり、色が違った光線は、プリズムによる屈折のされ方が違います。

ニュートンは、その中の紫色のみ、赤色のみの光などを、もう一つのプリズムに通

◆三角プリズムによる光の分解

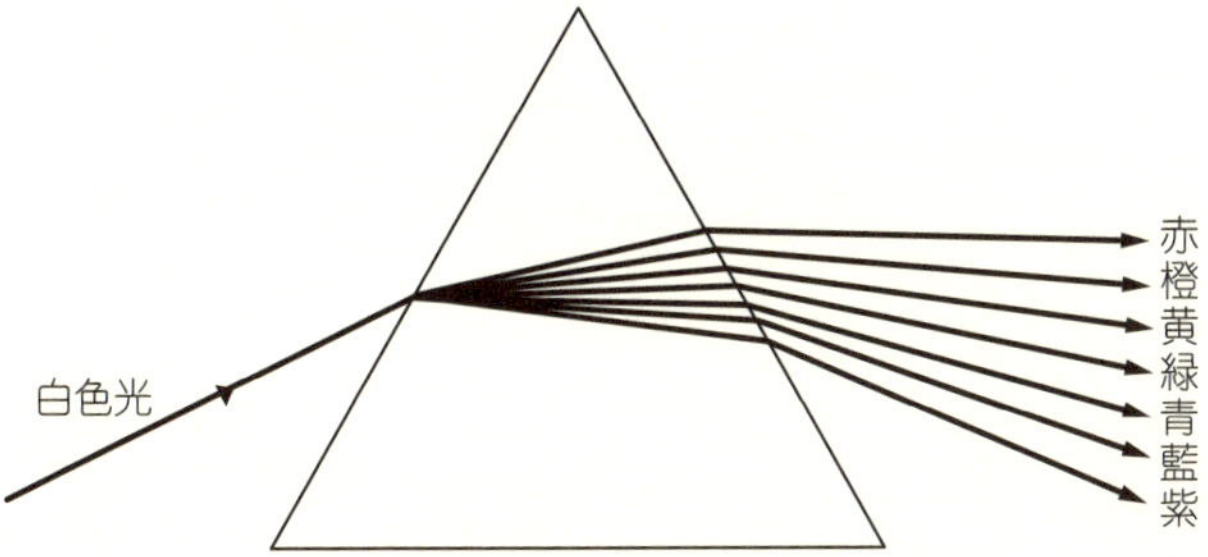

プリズムによる光の分解

してみました。結果は、紫色のみの光は紫色のまま、赤色のみの光は赤色のままで、それ以上に色は分解されなかったのです。そこで、彼は太陽光の中の可視光線は、赤、橙《だいだい》、黄、緑、青、藍《あい》、紫という要素からできているのではないかと考えました。

さらに、ニュートンはプリズムでいったん分解されたそれぞれの光を、凸レンズを通して集めて別のプリズムに通しました。すると、白色光、つまり元の太陽の光に戻ったのです。

この結果、太陽光の中の可視光線は、赤、橙、黄、緑、青、藍、紫という要素からできていることがわかりました。そして、虹は、太陽の光が大気中の水滴で、プ

◆プリズムから出た１つの色をもう１個のプリズムに通す

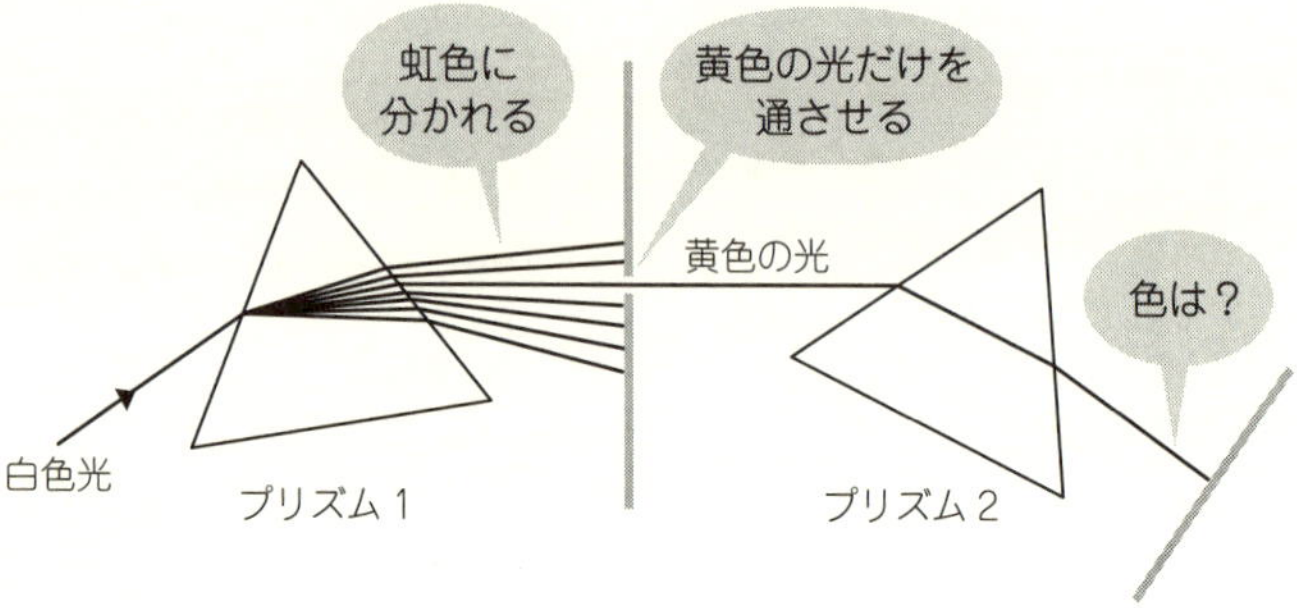

◆分解されたそれぞれの色の光を再度集める

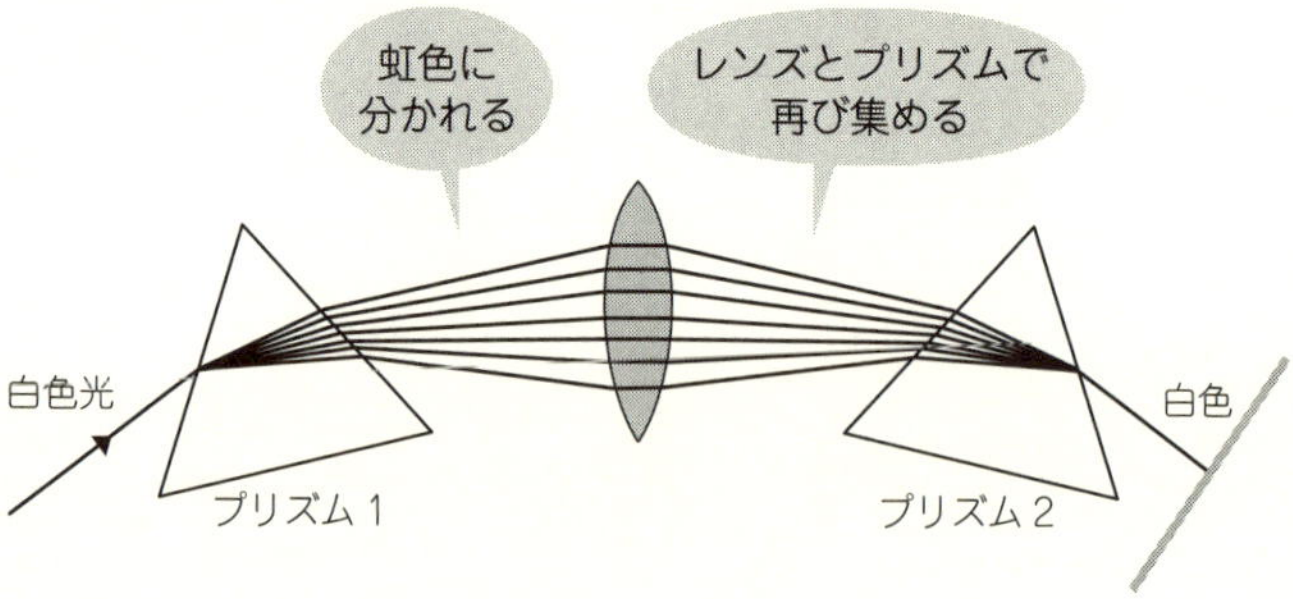

リズムのように屈折させられて、色のついた光線に分解されたものなのです。

テレビやトイレで赤外線

プリズムで分かれた赤色〜紫色の帯の外側には、何かあるのでしょうか。実は、あったとしても可視光線ではないので色を見ることはできないのです。

赤色の外側に赤外線、紫色の外側に紫外線が見つかったのは、ニュートンの実験から百数十年後の一八〇〇〜一八〇一年のことです。赤外線はモノを暖める性質があり、紫外線は肌を日焼けさせるなどモノを変化させる性質があります。

まず赤外線について説明しましょう。

赤外線は、私たちの目に見える赤色の光よりもやや波長が長い光です。電気ストーブや電気こたつからは、目に見えない赤外線がたくさん出ています。地球上のモノはすべて赤外線を出しています。私たちの体も、赤外線をいつも放射しています。

さて、テレビのリモコンは、離れたところからチャンネルを変えることができますね。これは目に見えない赤外線を用いているのです。

少し実験をしてみましょう。ラジオのマイクをつなぐ差し込み口に、太陽電池（光電池）をつなぎます。ブーンと大きな音がしますが、これは蛍光灯から出る光（五〇ヘルツあるいは六〇ヘルツ）をキャッチしているからです。

次に蛍光灯を消してテレビのリモコンのスイッチを押し、信号を太陽電池にあててみましょう。トントンとかツーツーとかいう音が聞こえます。これはリモコンから出ている赤外線の信号が、太陽電池で電流に変えられて音になっているためです。

信号の中のカスタムコードという部分で、メーカーや機種、チャンネルなど様々な情報を区別するように信号を送っています。テレビ側は、その信号を内蔵のマイクロコンピュータで解析して、様々な操作をさせているのです。

手をかざすと自動的に水が出てくる蛇口、離れると自動的に水が流れるトイレなどでも赤外線を利用しています。人の体から出ている赤外線の増減を感知しており、赤外線の増減で電流が流れる性質を持つ「チタン酸鉛」や「ニオブ酸リチウム」といったセラミック（焼き物。いわば石ころのようなモノ）が用いられています。

紫外線は三種類ある

紫外線は、可視光線の紫色の外側にある、紫色より波長の短い光です。

日焼けには、サンタンとサンバーンの二種類があります、サンタンはメラニン色素ができて小麦色や褐色になる日焼け、サンバーンは真っ赤にはれあがって水ぶくれができる日焼けです。

紫外線は、波長の大きさで紫外線A波（長波長紫外線）、紫外線B波（中波長紫外線）、および紫外線C波（短波長紫外線）に分けることができます。このうち紫外線C波は大気のオゾン層に吸収されるので、地表に届かないため日常生活では心配ないものです。

紫外線A波と紫外線B波は地上まで届きます。これらを浴びた数時間後から皮膚が赤くなり、六〜四八時間後に痛むのがサンバーンで、病的な日焼けとなってしまいます。紫外線B波が真皮の浅い部分まで達した結果、炎症を起こして毛細血管が拡がり、皮膚が赤くなるのです。ひどい場合には、発熱や水ぶくれを引き起こして痛む日光皮膚炎となります。

紫外線を浴びた二〜三日後にメラニン色素の沈着が見られるのがサンタンで、これは紫外線A波が表皮の色素細胞であるメラノサイトを刺激するために起こります。刺激されたメラノサイトは、紫外線を吸収して細胞を守るはたらきのあるメラニン色素を盛んに合成し、表皮の他の細胞にそれを分配します。なお、真皮深部まで達し、コラーゲンなどに影響を与えて深いしわなどの光老化の原因になるのも紫外線A波です。また、紫外線を浴びた三〜八日後に皮がむけることがありますが、これは紫外線B波によりサンバーンが起こった証拠です。

かつては健康のために日焼けが奨励されたこともありましたが、近年、フロンガスによるオゾン層破壊により紫外線が強く降り注ぐようになり、とくに南半球では、皮膚がんリスクの増大が問題となっています。これは主に紫外線B波が皮膚の細胞のDNAを損傷することによるものです。このような皮膚の損傷は、ほとんどは修復されますが、紫外線が強いほど皮膚がんのリスクは大きくなります。

国際がん研究機関（IARC）による発がんリスクで、ヒトに対する発がん性が認められる「グループ1」にはタバコの喫煙やガンマ線などの放射線が含まれているのですが、紫外線を発生させる日焼けマシンが二〇〇九年七月二九日に追加されました。

タバコや
日焼けマシンには
発がん性のリスクが
あるんだね

熱と温度はどう違う？

発泡スチロール板と鉄板の温度

二五℃くらいの室温の同じような場所（テーブル上）に発泡スチロール板と鉄板を置いておきました。それぞれの温度はどうなるでしょうか。

皆さんは、次のどれになると思いますか？

ア　どちらも部屋の空気と同じ温度
イ　発泡スチロール板の方が空気より温度が高い
ウ　鉄板の方が空気より温度が低い

手でさわると、鉄の方が冷たく感じます。

◆発泡スチロール板、鉄板にさわった図

しかし、実際にはかってみると、温度はどちらも同じでした。つまり正解は「ア」です。

温度の高いモノと温度の低いモノとをふれ合わせると、温度の高いモノは温度が下がり、温度の低いモノは温度が上がって両方の温度が等しくなります。温度の高い方から低い方へ〝何か〟が移動して、同じ温度になったと考えられます。その〝何か〟を、私たちは〝熱〟と呼んでいます。そして、温度が等しくなったところで熱の移動が止んだ状態を「熱平衡（熱のつりあい）になった」といいます。

発泡スチロール板も鉄板も、部屋の中で、接しているテーブルやまわりの空気と熱平衡になって、同じ温度になったということです。

しかし、それぞれの板に手でさわったときの感じは違います。室温が二五℃なら、人間の体温より低いです。ふつう室温は体温より低いことがほとんどですね。温度の高い人間の手と温度の低い鉄板とがふれ合うと、熱は手から鉄板へと移ります。さらにもう一つ、熱伝導率（熱の伝わりやすさ）が、一般に金属は他のモノに比べて大きく、熱を伝えやすいのです。したがって人間の手から、短時間に熱が金属に移って、手の温度は大きく下がったので、手でさわると冷たく感じるのです。

一方、発泡スチロール板は熱が伝わりにくいモノです。熱を伝えにくい空気の泡が中にたくさん入っているからで、発泡スチロール板は鉄に比べて断熱性があり、短時間には熱が逃げ出しにくいので、手の温度はあまり下がりません。

このように熱は温度の高いモノ（人の手）から低いモノ（板）に移ります。そのときの熱の伝わりやすさは、物質の種類によって異なります。

もし体温より高い温度になっている金属板にさわると、熱く感じます。そのときは、金属板から手へと熱が速やかに移動し、手の温度が上がるからです。

熱の伝わり方を原子・分子で考える

「熱が伝わること」を、モノをつくっている原子・分子のふるまいから考えてみましょう。

モノをつくっている原子・分子は、いつも運動しています。温度が高いほど運動は激しく、温度が低いほどゆっくりです。温度というのは、モノをつくっている原子・分子の運動の激しさを表しているのです。

固体のモノでは、原子・分子は、自分の場所を中心に振動というぶるぶる震える運動をしています。

激しく振動している原子・分子の集まりと、あまり動いていない原子・分子の集まりを隣り合わせにしておくと、今まで動いていなかった原子・分子の集まりも動き出すようになります。それは、ちょうど静止しているパチンコ玉に動いているパチンコ玉が当たると、はじかれて動き出すのと同

◆手から鉄板への熱の移動

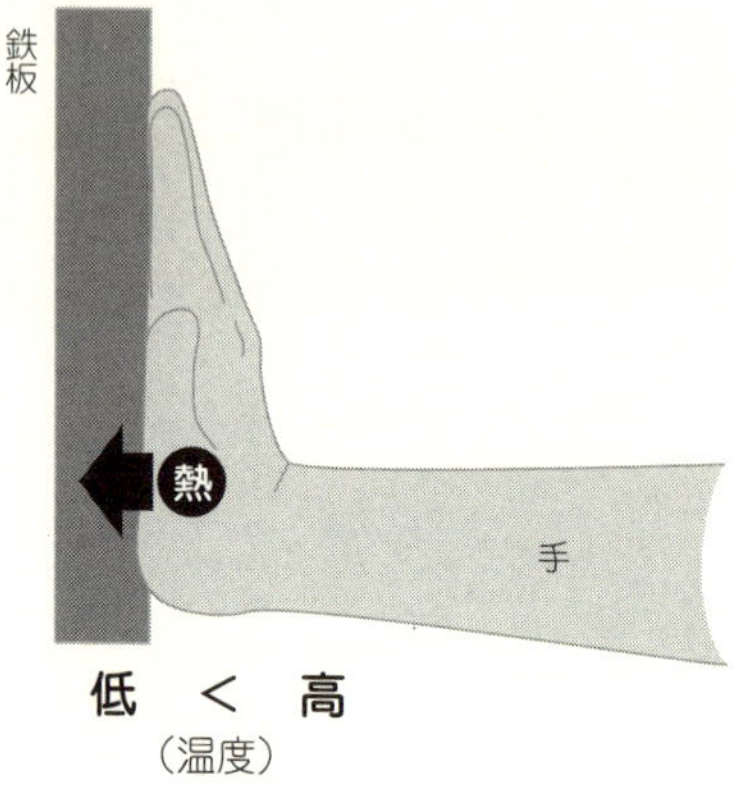

じです。今まであまり動いていなかった原子・分子は、はじかれて動き出します。これは、温度が上がるということです。そして、今まで勢いよく動いていた原子は、逆に動きが弱まります。つまり、温度が下がることになります。

このとき、温度の高い方から、低い方へ熱が伝わったというわけです。これが、「熱が伝わる」ということをミクロに見たイメージです。

金属が熱を伝えやすい理由

金属は、金属をつくる原子の莫大な数が集まってできています。金属の原子集団の中に、たくさんの、どの原子にも所属しない〝自由電子〟が存在しています。自由電子は、原子・分子よりずっと小さく、軽い粒子で、マイナス電気を持っています。

金属が電流をよく流すのは、電圧をかけると自由電子がマイナス極から反発され、プラス極に引かれてぞろぞろと動くからです。

つまり、金属が熱を伝えやすいのは、軽くて勝手に動きやすい自由電子が熱を運ぶからなのです。発泡スチロールや木などは、自由電子を持っていないので、お互いにバネで結ばれたように振動している原子・分子の動きでしか熱を運べないのです。

超高温と超低温

温度の高低はどれくらい？

私たちが身近に使っている温度。それでは、温度にはどれくらいの高低があるのでしょうか。超高温と超低温（極低温）について紹介していきたいと思います。その前に、そもそも温度を表す摂氏とは何のことでしょうか。

摂氏は、温度目盛りを最初に提唱したスウェーデン人セルシウスの中国語表記「摂爾修斯」の第一文字をとったものです。セルシウスは、一気圧での水の融点（固体と液体の境目の温度）および沸点（液体が沸騰して気体になる温度）をそれぞれ一〇〇℃、〇℃とする温度を考案しました（一七四二年）。しかし、温度が高いほうの数字が小さいのは不自然ということになり、それぞれ〇℃、一〇〇℃に改められました。

現在では絶対温度をまず定義して、この絶対温度を用いてセルシウス温度を定義しています。具体的には、絶対温度一度は、水が気体、液体、固体の三つの状態で共存できる温度（これを水の三重点温度と呼びます）の二七三・一六分の一であると定義されています。

数字が半端なのは、絶対温度が使われるようになるまでにすでに広く使われていたセルシウス温度の一℃と絶対温度の一度を同じ大きさに合わせるようにしたためです。

そして、セルシウス温度は、絶対温度から二七三・一五を差し引いた温度であると定義されています。こちらの数字も半端ですが、これは水の融点、沸点がそれぞれ〇℃、一〇〇℃となるようにしたためです。

モノはどこまで冷やせるか

高温には、何千万度、何億度、何兆度といった無限に高い温度があります。しかし、低温にはマイナス五〇〇℃やマイナス一〇〇〇℃という温度はありません。マイナス二七三・一五℃で終わりとなり、これ以上低い温度はありません。それは、どうしてでしょうか。

温度とは、モノをつくっている原子・分子の運動の激しさ（原子・分子の運動エネ

エタノールの沸騰	78.3℃
水の沸騰	100℃
月の表面のうち太陽側の温度	約 110℃
原子力発電所の蒸気温度	約 280℃
ごま油に引火	289 〜 304℃
新聞紙を熱して燃え出す	291℃
菜種油に引火	313 〜 320℃
水銀の沸騰	356.58℃
火力発電所の蒸気温度	約 600℃
溶岩の温度	700 〜 1200℃
ロウソクの炎	1400℃
ガスタービン	約 1500℃
エタノールの炎	1700℃
水素の炎	1900℃
白熱電球のフィラメントの温度	2400 〜 2500℃
ディーゼルエンジンやガソリンエンジンの燃焼温度	約 2500℃
水素＋酸素の炎（酸水素炎）	2800℃
アセチレン＋酸素の炎	3800℃
炭化タンタルが融ける温度（物質中最高融点）	3983℃
広島原爆（1 秒後）の爆心地の表面温度	3000 〜 4000℃
タングステン（電灯のフィラメントの金属）の沸騰	5555℃
太陽の表面	約 6000℃
シリウスの表面	10000℃
原子爆弾	数千万℃
太陽の中心	1400 万℃
核融合炉のプラズマ温度	1 億℃
重イオン衝突型加速器「ＲＨＩＣ」 （金の原子核同士を光の速さに限りなく近いスピードで衝突させ、超高温状態を実現した、その反応初期温度）	約 4 兆℃

◆超低温から超高温まで

最も低い温度	−273.15℃ （絶対零度　0K《ケルビン》）
ヘリウムの沸騰	−268.9℃
現在の宇宙空間の温度	−270℃
水素の凝固	−259.1℃
液体窒素の沸騰	−196℃
液体酸素の沸騰	−183℃
メタンの凝固	−182.48℃
月の表面のうち太陽と反対側の温度	約−150℃
エタノールの凝固	−114.5℃
気温の最低記録	1983年7月21日、南極のヴォストーク基地〔ロシア〕で記録した−89.2℃
ドライアイス（二酸化炭素の昇華）	−78.5℃
ガソリンに引火	−43℃以下
水銀の凝固	−38.842℃
シンナー類に引火	−9℃
水の凝固	0℃
メタノールに引火	11℃
エタノールに引火	13℃
地球の平均気温	15℃
人間の体温	36〜37℃
人間の体温の限界	42℃
鳥の体温	40〜42℃
最高気温	1921年7月8日、バスラ〔イラク〕で記録した58.8℃
灯油に引火	40〜60℃

ルギー）のことです。固体の温度が高いということは、そのモノをつくっている原子・分子が激しく振動しているということです。

気体の場合は、分子がものすごいスピードで飛んでいるので、分子のスピードが速いほど温度が高くなります。高温のほうに限りがないのは、いくらでも激しく分子や原子が動ける可能性があるからです。

つまり、マイナス二七三・一五℃が低温の限界なのは、すべての原子・分子が静止している温度だからです。これ以上低い温度はありえないのです。

水が凍る温度を基準とする摂氏温度よりも、この最低温度を〇度とする温度の表し方のほうが合理的です。この温度の表し方を絶対温度といい、ケルビンという科学者の頭文字をとり、K（ケルビン）で表します。目盛の間隔は摂氏温度と同じです。

このような極低温では不思議な現象が起こります。ふつう金属は種類ごとに違うものの電気抵抗を持っています。しかし、極低温では多くの金属は電気抵抗がなくなってしまうのです。

また、液体ヘリウムは、極低温の二・二K以下になると「超流動」という現象を起こします。超流動とは、液体ヘリウムが容器の壁をよじ登ってこぼれ出したり、通常の液体では通り抜けられないような狭い隙間から流れ出るなどといった不思議な現象です。これは、ふつうの液体が持っている粘性抵抗（速さが十分に小さい場合に、液体や気体の中を運動するモノの受ける抵抗力）が消失してしまうからで、原因はヘリウムがボーズ粒子（ボゾン）であるという点にあります。

冷蔵庫の冷蔵室と冷凍室は何℃？

暑い季節には、つい冷蔵庫のとびらを開けて冷たい飲み物を飲みたくなりますね。家庭でモノを冷やす大切な役割を務める電気冷蔵庫。

電気冷蔵庫の内部では、パイプの中を冷媒（フロンなど）が、ぐるぐる回っています。圧力をかけられて液体になった冷媒が、気体になるときに気化熱を奪って内部を冷やしているのです。

冷蔵庫には、冷凍食品以外の食品を貯蔵する冷蔵室だけのものや、冷蔵室に加えて冷凍食品を貯蔵できる冷凍室を持ったものがあります。後者は冷凍冷蔵庫とよばれます。ここでは、冷凍冷蔵庫について考えてみましょう。

冷蔵室と冷凍室（フリーザー）では、冷たさが大きく異なります。冷蔵室では水は凍りませんが、冷凍室では水がカチンカチンに凍ります。

ご存知のように、水は〇℃で凍ります。ふつう、冷蔵室の温度はプラス四℃、冷凍室の温度はマイナス一八℃に設定されています。マイナス一八℃とは、水が凍る温度（氷点の〇℃）よりも一八℃下の温度ということです。

冷蔵室の役割は、食品を冷やして、細菌（バクテリア）やカビが繁殖して腐るのを防ぐことです。細菌やカビは、七℃くらいから増殖が盛んになり、一二℃くらいになると急激な増殖を開始します。したがって四℃にすれば、これらの増殖を抑えられるというわけです。

一方冷凍室では、凍結された冷凍食品を保存するために、かなりの低温にします。冷凍食品はお店のショーケースに並んでいるとき、マイナス一八℃以下にされていますが、それをまたマイナス一八℃以下で保存するのが冷凍室なのです。

冷凍室の氷が手につくのはどうして？

氷の温度は何℃でしょうか。「〇℃に決まっているじゃないか」という声が聞こえてきそうです。実は、氷はマイナス二七三℃のモノから〇℃のモノまであるのです。

ドライアイスで冷やせば、およそマイナス七八℃の氷になりますし、冷凍冷蔵庫の冷凍室に入れた氷はマイナス一八℃くらいです。

では、「氷は〇℃」とは何を意味するのでしょうか。例えばマイナス一八℃の氷を取り出し、温度が二〇℃程度の部屋に放置しておくと、氷の温度は次第に上がっていきます。そして、〇℃になると融けはじめます。融け終わるまでは、ずっと〇℃です。氷が融けはじめたり、液体の水が凍りはじめたりする温度、これが〇℃なのです。

冷凍室から出した氷が、マイナス一八℃だったとします。それを手でつかむと、つかんだところ（氷のほんの表面）が温められて温度が上がり、融けて水になります。手―水―氷は密着しています。氷の大部分はマイナス一八℃に近いままなので、手からの熱でいったん融けて水になっても、その水はマイナス温度の氷本体に冷やされて、再び氷になってしまいます。

人の体の約六〇％は水ですから、マイナス温度の大変冷たいモノにさわると、さわった部分の細胞内部の水が凍りついてしまいます。そしてマイナス温度の大変冷たいモノに、くっついてしまいます。

シベリアのように大変気温が低いところでは、鉄の棒はとても低温になっていて、握った後、その手を放そうとすると凍りついた皮膚がはがれてしまうこともあるそうです。

ドライアイスと液化炭酸ガス

アイスクリームなどを冷やすのに使うドライアイス。とても冷たい白色の固体で、およそマイナス七九℃です。

世界で初めてドライアイスの大量生産に成功したのが一九二五年のことでした。成功したのは、アメリカのドライアイス・コーポレーションという会社。ニューヨークでのことでした。〝ドライアイス（乾いた氷）〟という名前もその会社がつけました。日本では、アメリカから設備を買って一九二八年からドライアイスをつくりはじめています。

ドライアイスは、二酸化炭素（別名：炭酸ガス）の固体です。名前の通り、液体を経ないで気体になってしまいます。固体から液体を経ないで気体になってしまうことを「昇華《しょうか》」といいます（逆の気体から固体は「凝華《ぎょうか》」）。トイレの芳香剤、タンスの防虫剤が少しずつ減っていくのは昇華が起こっているからです。

氷も昇華します。たとえば冷蔵庫でつくった氷を長い間製氷皿にそのままにしておくと、角がとれて丸い、少し小さい氷になります。これは、氷表面から直接気体になってしまったためです。ドライアイスは、私たちが暮らしている通常の気圧である一気圧（一〇一三hPa〈ヘクトパスカル〉）の五・二倍以上の高い圧力にすると無色透明の液体になります。

ボンベに閉じこめて、そうした圧力がかかった状態にして液体にしたモノが「液化炭酸ガス」です。液化炭酸ガスは、炭酸飲料や冷凍食品をつくるときに活躍しています。生ビールのサーバー用のボンベの表示を見て確認してみてください。

なお、ドライアイスを水に入れたときに出る白い煙は、ドライアイスの粒や二酸化炭素ではありません。小さな水滴や氷粒です。

酸素を冷やすと青色の液体になる

空気は体積で窒素七八％、酸素二一％、アルゴンなどその他の気体一％の混合気体です。大雑把に言って窒素八割、酸素二割というところです。その空気を冷やしていったらどうなるでしょうか。

気体は狭いところに押し込んでおいて広いところに開放すると温度が下がります（断熱膨張）。これをくり返すと次第に低い温度になっていきます。すると、空気は液体になります。沸点（液体が沸騰して気体になる温度）は窒素がマイナス一九六℃、酸素がマイナス一八三℃です。液体になった空気を少し温めると窒素が蒸発して酸素が濃縮されていきます。蒸発した窒素は冷やすと液体になります。こうして、液体の窒素と酸素をつくることができます。液体の窒素は無色透明ですが、液体の酸素はうすい青色です。

マイナス一九六℃の液体窒素に氷を入れておくと、その氷はマイナス一九六℃の氷になります。

水蒸気でマッチの火はつくか？

水は温度によってその姿が変わります。〇℃以下になると液体のままではいられません。氷という固体の姿に変わります。また、一〇〇℃以上になると液体の水ではいられなくなり、気体の水（水蒸気）に変わります。

水蒸気は目に見えません。白い湯気は見えますが、見える湯気の粒は水滴です。水

◆高温の水蒸気は危険

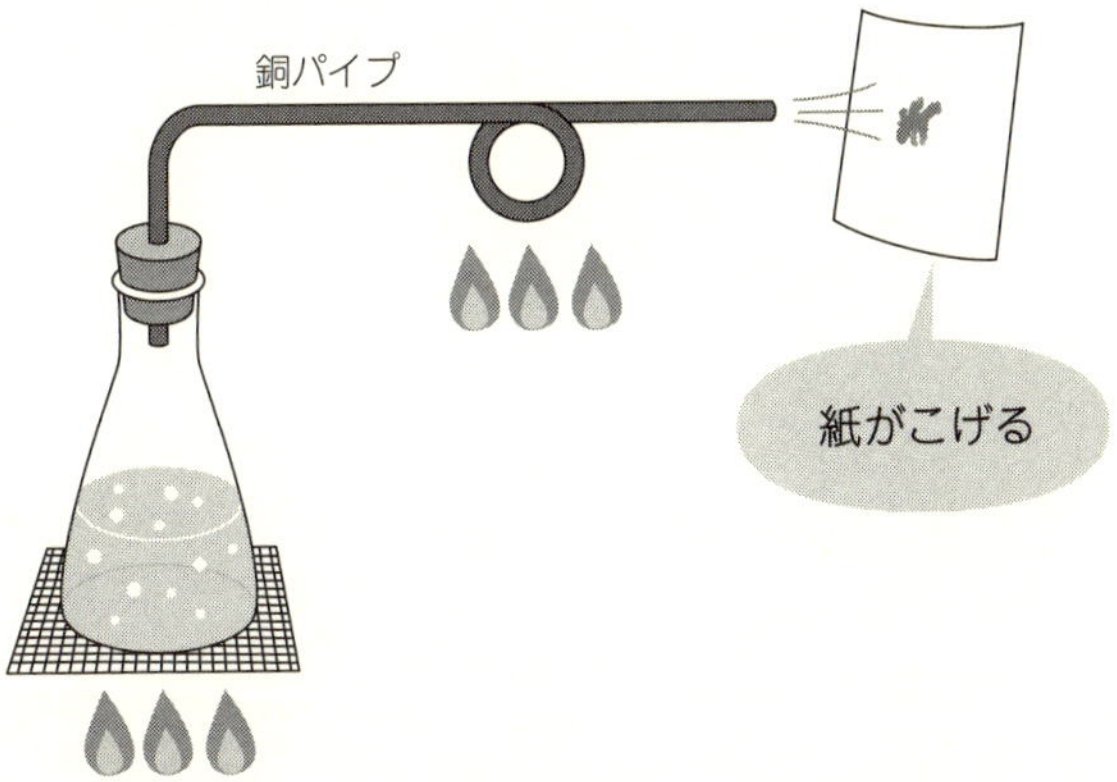

蒸気は、水分子がばらばらになり、びゅんびゅんと飛んでいるので見えないのですが、氷（固体の水）や液体の水は、水分子の莫大な集団なので見えるのです。

それでは、水蒸気の温度は何℃でしょうか。

室温でも洗濯物が乾きますから、水は蒸発して水蒸気になっています。部屋の中の水蒸気の温度は室温です。沸騰して、すぐの水蒸気は一〇〇℃近いでしょう。その沸騰した水から出てきた水蒸気を何百℃にも上げることはできるでしょうか。

上の図のような装置で、フラスコの水をバーナーで熱して沸騰させます。そのときの水蒸気をコイル状にした銅パイプに通します。銅パイプをバーナーで加熱すると、銅パイプの先から高温になった水蒸気が出てきますが、水蒸気は目に見えません。無色透明な状態で銅パイプから出ています。手にその水蒸気をあててはいけません。火傷します。高温の水蒸気は危険なのです。続いて、銅パイプの先にマッチを近づけてみましょう。水蒸気の温度で発火します。すぐに水蒸気の中から空気中へと抜くとマッチが燃えます。

次に紙を近づけてみましょう。「出ているのは水蒸気だから紙が濡れるのでは？」と思う人もいるかもしれません。この水蒸気は何百℃もの高温なので簡単に一〇〇℃以下の液体の水に戻りません。紙を濡らす前に紙を焦がしてしまうのです。燃えあがることもあります。

水は液体ヘリウムで冷やせばマイナス二六八・九℃の超低温の氷になり、水蒸気を加熱すれば何百℃もの水蒸気になるのです。

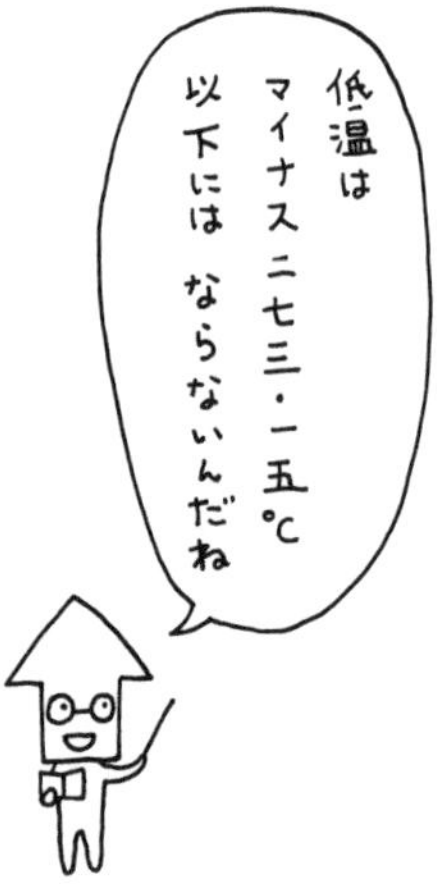
低温は
マイナス二七三・一五℃
以下には　ならないんだね

Part 2

思わず話したくなる物理

五円玉を熱すると穴はどうなる？

「ガタンゴトン……」はレールの継ぎ目

鉄道のレールは鉄でできています。そのために温度の高低によりレールの長さは変化します。夏は気温が高いのでレールは伸びて長くなり、冬はその逆で夏よりレールは短くなるのです。

もし、レールとレールの間が狭いと夏場に温度が上がったとき、レールが膨張して伸びて、お互いに押し合って曲がったりずれたりすることになってしまいます。したがって、レールを敷くときには、温度による長さの変化を考えなくてはなりません。レールが曲がったりずれたりすると列車の車輪がレールから外れて、脱線事故等の原因になります。

また、電車の「ガタンゴトン……」という音は、レールとレールの継ぎ目を通るときの音です。レールとレールの間隔をあけすぎると大きなくぼみになり、振動が大き

◆ロングレールの伸縮継ぎ目の模式図

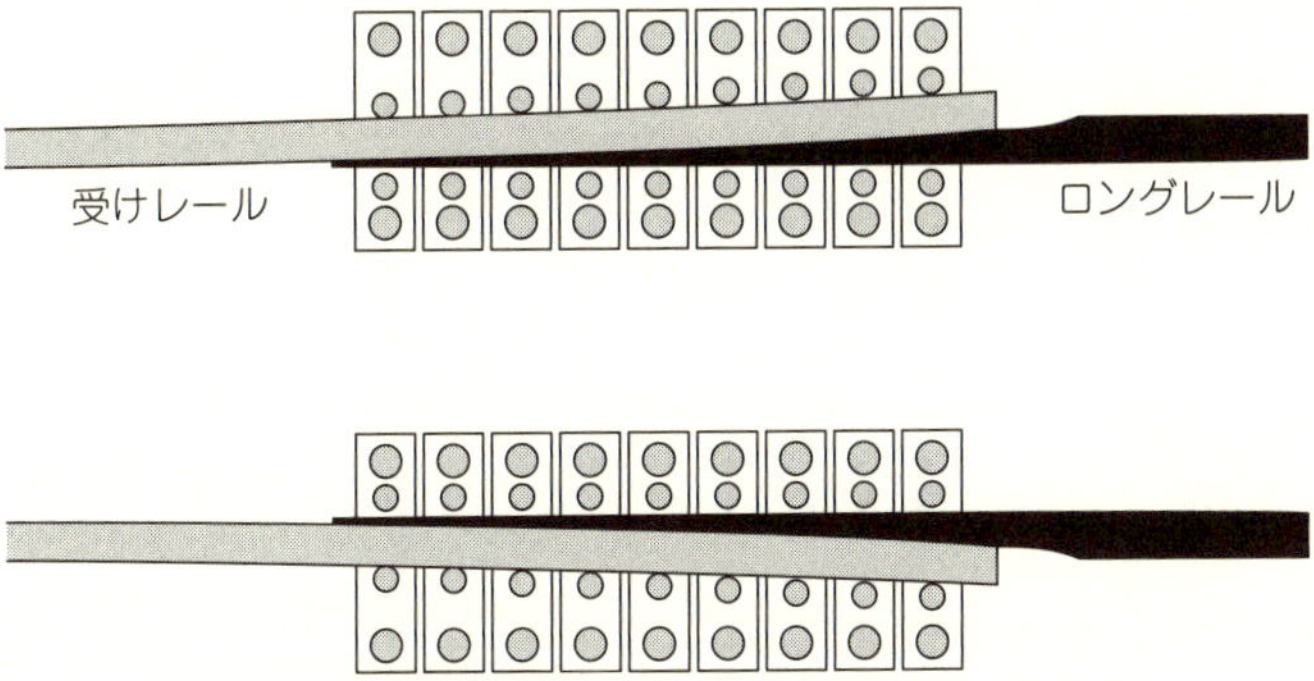

く乗り心地が悪くなります。一般的に二五メートルレールが多く使われていますが、その場合は、夏の温度が上がるときには継ぎ目のボルトを強く締めたり、下にしいてあるバラスト（砂利・砕石）を固めたりしてレールが曲がらないように昼間に点検を行って脱線事故を防いでいます。

青函トンネル内で使われている長さ五二・六キロメートルのロングレールは、世界一の長さです。青函トンネル内は年間を通じて温度や湿度の変化がほとんどないので伸び縮みを心配する必要がないのです。

新幹線では「ロングレール」を使っています。そういえば「ガタンゴトン……」という音が感じられませんね。新幹線のロングレールは、まったく継ぎ目がないのではなく、数キロメートルごとに継ぎ目があります。その継ぎ目は伸縮継ぎ目といい、前頁の図のように非常に浅い角度で斜めにカットされた構造をしています。これまでのようにレールとレールのすき間や段差がないので、スムーズに継ぎ目を走っていきます。

夏と冬ではレールの長さの差が数十センチメートルにもなりますが、この長さの違いをうまく吸収するようになっています。この新幹線の技術であるロングレールが導入されている一般の路線もあり、その路線では「ガタンゴトン……」という音が聞こえなくなっています。

穴の大きさは……

五円玉や五〇円玉のような穴空きコインを火であぶると中心の穴はどうなるでしょうか。モノは熱するとふくらむ、つまり膨張します。五円玉も熱すると当然膨張します。五円玉の金属の部分が膨張すると、五円玉の一番外側は大きくなります。

穴になっているところは金属がないので、金属が穴に向かっても膨張するようにも思えます。五円玉の穴は小さくなるのでしょうか。それとも大きくなるのでしょうか。

◆五円玉の縁にある原子を考えてみる

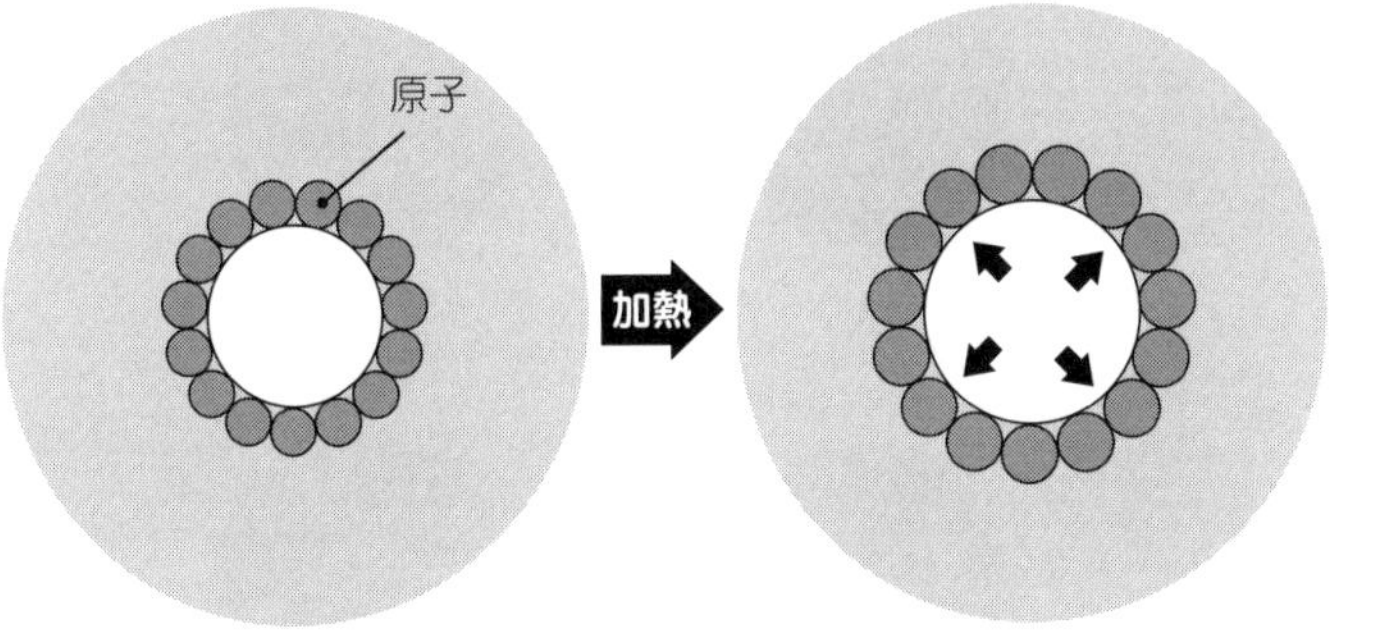

鉄線のような金属線を例に考えると、レールも同じように熱すると伸びて長くなります。その金属線を丸い輪にして熱してみましょう。線は伸びて、その丸い輪の直径は大きくなります。これは、五円玉で穴が大きくなることと同じだと思いませんか。

それでは、次に原子で考えてみましょう。五円玉も原子からできています。五円玉のような固体では、原子は振動しながら並んでいます。

熱するとその原子一個一個の振動は激しくなり、運動空間は大きくなります。運動空間まで含めると、一個一個が膨らんだのと同じことになるのです。

熱すると原子たち（それに加えて、それ

◆熱すると全体的に膨張

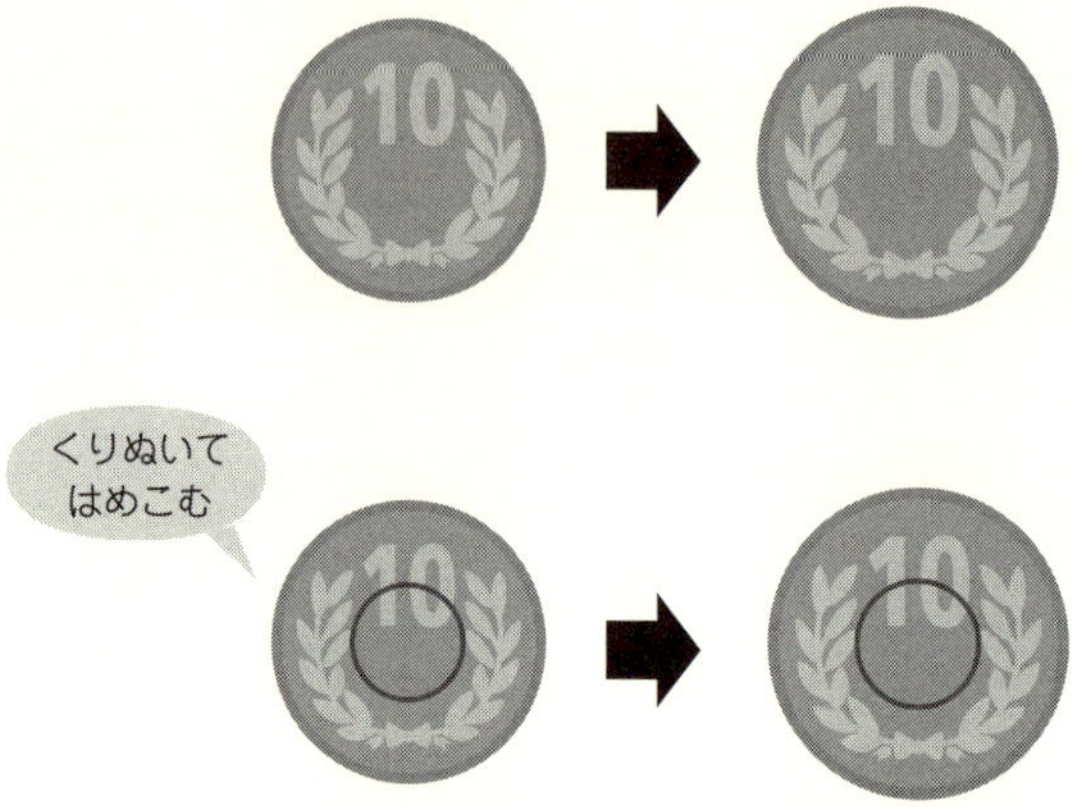

ぞれの運動空間）は一個一個膨張します。そうすると、穴の縁の原子たちは、穴に向かっては膨張できません。膨張する場合には、穴の外側に向かってしか大きくなれないのです。つまりモノを熱すると、モノは外側に膨張するのです。そのため、五円玉を熱すると穴は大きくなります。

　これは穴のない一〇円玉で同様に考えることもできます。熱すると一〇円玉は全体として膨張します。そこで頭の中で次のように想像してみましょう。

　一〇円玉の中心を丸くくりぬいて、くりぬいたものを、もう一度はめこんだとします。その状態で熱すると、もともとの一〇円玉と同じように全体は膨張します。当然、熱くなった一〇円玉の中心にはめこんだ部分も膨張しています。そのときに、中心にはめこんだ部分をはずしてみると、穴は大きくなっているのです。

台所にある（金属でできた）びんのふたも、穴が空いているようなものです。ふたがとれなくなったときに、ふたを熱するととれやすくなるのはガラスよりも金属のふたが膨張して（つまりふたの穴が大きくなって）とれるようになっているからです。

金属のふたに着目してみると、これも穴が空いているのと同じことです。

私たちは「空気の着物」を着ている

「フー」のほうが涼しいのはなぜ？

大きく口を開けてゆっくりハーと息をする場合と、口をすぼめてフーと息をする場合。それぞれ手のひらにあてて比べてみましょう。温度が違いますよね。フーのほうが冷たく感じます。これは、なぜでしょうか。

空気の温度（気温）が三〇℃だとしましょう。この三〇℃というのは夏の気温です。風がないとき、私たちが「暑い」と感じる気温です。

このとき、私たちの体の表面（皮膚）は、動かない空気の層でべったりとおおわれています。この動かない空気の層が厚いほど、熱を伝えにくくなります。

空気は断熱材です。いわば、「空気の着物」を着ているようなものです。そのため、まわりは三〇℃と体温（約三七℃）より低くても、皮膚の温度は三〇℃にならず、三〇℃よりも高い温度になっているのです。

ところが、風が当たると、動かない空気の層（空気の着物）は、うすくなってしまいます。風が強いほど、動かない空気の層はうすくなります。風がないときの空気の層の厚さは六ミリメートルくらいですが、風速毎秒一メートルでは一・五ミリメートル、風速毎秒一〇メートルでは〇・三ミリメートルになります。ちなみに、扇風機は風速毎秒三メートルくらいです。

つまり、動かない空気の層がうすくなるほど気温三〇℃の空気で冷やされやすくなり、涼しくなるのです。

ハーという息の場合は、体温で温められた息が出ていきます。フーの場合は、口をすぼめて息を吐き出すとき、口からの息だけではなく口のまわりの空気もたくさん巻き込んだ風になります。すると、巻き込んだ空気の温度が三〇℃ならば体温より低くなるということです。フーの場合には扇風機と同じように、動かない空気の層をうすくする効果があるのです。

一キロ食べると体重はどうなる？

体重はどれだけ増える？

もし、一キログラム分の食事をしたら、食べる前と食べた後で体重（質量）はどうなるでしょうか？

・食物がおなかに入っただけだから、体重そのものは増えるはずはない。
・食物はおなかに入ると消化されてしまうから、一キログラムそのままは増えないけれど何百グラムかは増える。
・消化されようが、吸収されようが、それは全部体重になり、ちょうど一キログラム増える。

興味のある人は実際にやってみましょう。ジュースを一キログラム飲んでみるので

◆サントリオの装置

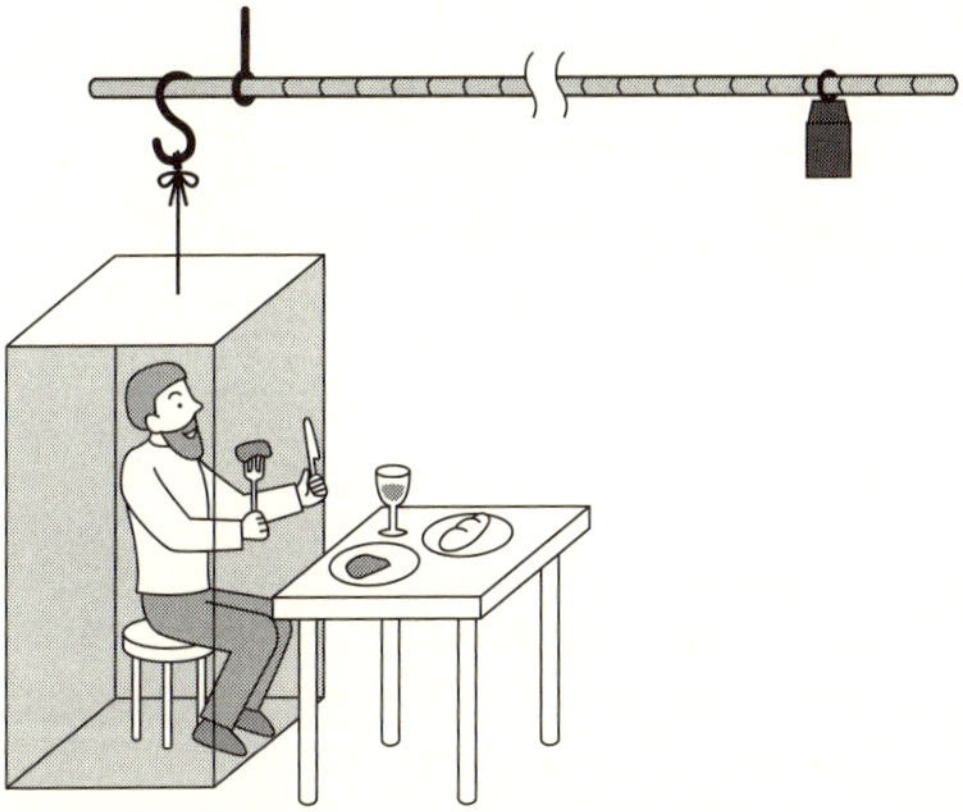

す（お腹をこわさないように注意してください）。飲む前の体重をはかっておき、次に一キログラムを飲み終わったら再度はかります。

体重計の目盛りが動いて落ち着かないときは、落ち着くまで待ちましょう。すると、ぴったり一キログラム増えていました。ここまでは当然と思うかもしれません。

それでは、時間がたったあとではどうでしょうか。食べた物が体の中でどうなるかを知るために、体重の変化を調べた科学者がいます。イタリア人のサントリオ・サントロ（一五六一～一六三六年）です。

サントリオは、検証のために、座席がついていて座ったままで体重がはかれる大きな天秤を設計してつくりました。この装置では、大便も小便の重さ（質量）もはかれます。その天秤の座席に、一日中座って食べたり飲んだり、大小便をしたりしました。そのたびに質量は変化していきます。彼は、食物・飲物・大小便——すべての質量をはかりました。

消えた質量の行方

食べれば食べた分だけ質量が増えて、大小便をすればその分は減ります。ところが、一日に食べた量より、大小便で外に出した量は、ずっと少なかったのです。

それならば、体中に取り入れた食物や飲み物の質量から、大小便の質量を引いた分だけ体重は増えているはずです。ところが、一日たつと体重は前日とほぼ同じになるという結果でした。残りの質量は、一体どこへ行ってしまったのでしょうか。

彼は次のように考えました。

「おそらく、体の中に取り入れた食物や飲み物の一部は、人間の目に見えない形で体の外へ出ていってしまったのだ。だから、その分だけ体重の増加が少なかったのだ」

と。

人間の目には見えずに体の外に出ていくモノとは何か――。それは皮膚の表面から蒸発する水分です。じっとしていても、一日当たり、約一リットルの水が私たちの皮膚の表面から大気中に逃げ出していきます。それは質量でいえば約一キログラムになるわけです。

発汗や排尿がまったくなくても、成人では皮膚表面や呼吸気道から一日約九〇〇ミリリットルの水分蒸発があります。このような水分の蒸発は、尿や汗などと異なり感覚されないので不感蒸散（不感蒸泄）と呼ばれます。

現代では最小目盛りが一〇〇グラムの体重計を持っている人が多いことでしょう。起きてから、一日の体重変化をはかってみるのも面白いと思います。

体重が変化しそうなことをした後には「どのくらい変わるかな」と予想を立てて体重計に乗るのです。基本的に食べたり飲んだりした分が増えて、大小便で出したら減るということになりますが、「お風呂に入ったらどうなるか」「寝て起きたらどうなるか」など試してみると様々な発見があり、なかなか楽しいのでオススメです。

空気の重さをはかる

空気の重さをはかったガリレオ・ガリレイ

地動説で有名なイタリアの科学者ガリレオ・ガリレイは、一六三八年に出した『新科学対話』という本の中で、空気の重さ（質量）をはかったことを記しています。

彼は、押し込まれた空気が出ないように弁をつけた入れ物（皮でできた袋）に手押しポンプで「ぎゅーっ」と空気を詰め込みました。こうすると、入れ物の容積の何倍もの空気を詰め込むことができます。重さをはかってから弁を開いて空気を外に出して、また重さをはかると、外に出した空気の分だけ袋は軽くなりました。

現在であれば、入れ物にスプレーの空き缶を使えば同じことができます。空き缶の頭に自転車の空気入れの口がねの先を直接入れて、スプレーの頭を押しながら空気をどんどん入れます。その後、そのスプレー缶の重さをはかり、桶に水を入れて逆さにした一リットルのペットボトルに、スプレー缶から一リットルの空気を出してから、

◆空気の重さのはかり方

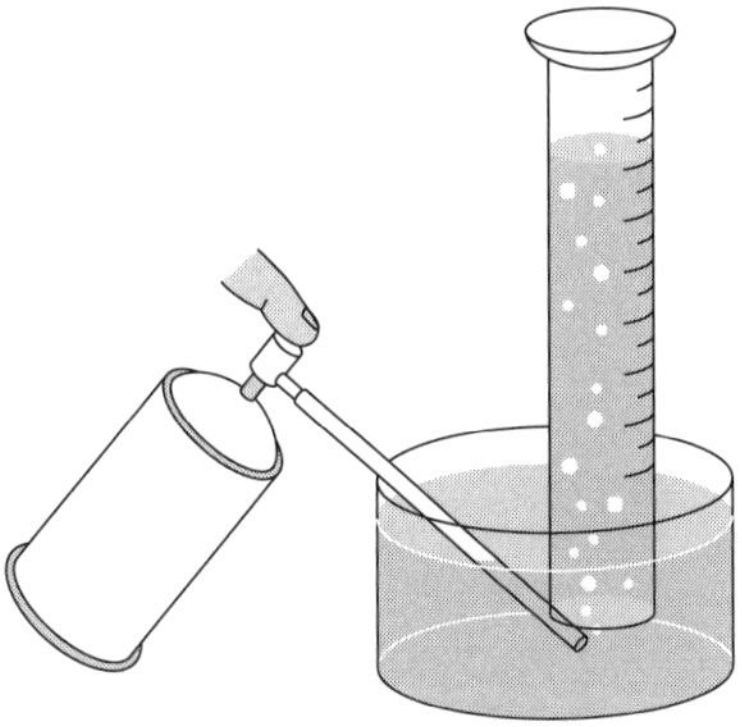
① 空気入れで空気を入れて、
スプレー全体の重さをはかる
② 水上置換で空気を１リットル
出したあとスプレー缶の重さ
をはかる
１リットルの空気の重さ＝
① の重さ－② の重さ

また重さをはかると空気一リットルの重さがわかります。空気一リットルは一・二グラムくらいになります。

教室の空気を集めたら何グラム？

空気一リットルの重さ（質量）は、一・二グラムでした。一円玉一個がちょうど一グラムですから、固体のモノや液体のモノと比べて、気体の空気は軽いのです。

学校の教室の大きさは、縦と横が八メートル、高さが三メートルくらいです。

一般的な教室の空気の重さは、全体でどのくらいになるでしょうか。

教室の容積を、

八（メートル）×八（メートル）×三

（メートル）＝一九二（立方メートル）として設定します。

縦・横・高さ各一メートルの立方体の体積一立方メートルは、一〇〇〇リットルにあたりますから、(＊)この教室の空気の体積は、一九二×一〇〇〇リットルになります。

空気一リットルの重さが一・二グラムなので、あとは全体の体積がわかれば、

全体の重さ＝一・二グラム／リットル×全体の体積（リットル）
＝一・二グラム／リットル×一九二×一〇〇〇リットル
＝二三万四〇〇グラム＝二三〇キログラム

になります。

教室程度でも、そこにある空気の重さは二〇〇キログラム以上になるのです。〝チリも積もれば山となる〟ということわざがあるように、軽い空気もたくさん集めればかなり重くなるのです。

（＊）一リットル＝一〇〇〇立方センチメートルなので、
一（メートル）×一（メートル）×一（メートル）
＝一〇〇（センチメートル）×一〇〇（センチメートル）×一〇〇（センチメートル）
＝一〇〇〇〇〇〇（立方センチメートル）
＝一〇〇〇（リットル）

空気にも重さがあるんだ!!
考えたことなかったけど面白い！

万有引力と重力のはなし

万有引力はニュートンが発見

あらゆるモノ同士は、お互いに引き合っています。このモノ同士が引き合う力を万有引力と呼びます。万有引力の〝万〟は「あらゆるモノ」、〝有〟は「持っている」という意味です。

万有引力は十七世紀にアイザック・ニュートンによって発見されました。

あらゆるモノ、つまりすべてのモノの間に引き合う力（引力）がはたらいているということは、たとえば机やイスや本やノートの間にも引力がはたらいていることになります。机とイスの間にも、机とその上の本の間にも、本とノートの間にも引力がはたらいています。

もちろん、私たちとまわりのモノとの間にも引力がはたらいています。しかし、引力が弱すぎるので、私たちはその力を感じることはありません。万有引力は質量が大きいほど大きくなります。

物体一と物体二の間の万有引力は、次のようになります。

（万有引力）＝（万有引力定数）×（質量一）×（質量二）÷（距離の二乗）

万有引力には法則性があり、質量が大きいモノほど、近くにあるモノほど、強く引っぱるのです。

地球は、地上にあるモノに比べて非常に大きな質量を持っています。そのため、地球と地球上にあるモノが引き合う力は大きくなります。

地球と地球上のモノ間の万有引力のため、地球は地球上のモノをすべて地球の中心方向へ引っぱります。それは、人も石もおもりも同様です。だからモノは支えがないと下に落ちてしまうのです。地球が、地球上のモノを地球の中心方向に引っぱる力――それが重力です。

地球上だけで考えても、地域によって重力の大きさは変わります。地球の自転による遠心力の影響、均一な成分ではないこと、中心までの距離が違うことなどが影響して、場所によって重力が違うのです。

例えばある人が、東京で自分の体重をはかったらちょうど六〇キログラムの目盛りを指したとしましょう。しかし、そのまま体重計を持って沖縄に飛んでもう一度体重をはかると、約四〇グラム軽い値を示します。札幌に飛んで同様に測定すると、逆に約四〇グラム重い値を示します。同じ日本国内の札幌と沖縄でも重力の大きさは違うのです。

そこで、重力を元にはかる「秤」はその補正がされています。重力の値によって全国は十数区のブロックに分けられており、各都道府県の計量検定所が「秤」の検定を行っているのです。そのため、「秤」の会社は、地域ごとに調整してはかりを出荷しています。

月では体重が約六分の一になる

月に行くと私たちの体重（重量）は、約六分の一になります。月面では地球上に比べて重力がおよそ六分の一しかないからです。

これを万有引力の法則から確認してみましょう。

地球は半径（赤道半径）が六三七八キロメートル、月が一七三八キロメートルです。

地球の質量は「五・九七四二×10^{24}」キログラムで、月の質量は「七・三四七七×10^{22}」

◆60キログラムの人が地球上と月面上で受ける万有引力の比

$$\frac{7.3477 \times 10^{22}}{1738000^2} \div \frac{5.9742 \times 10^{24}}{6378000^2} = 0.1656$$

キログラムです。

同じ六〇キログラムの人が地球上で受ける万有引力と月面上で受ける万有引力の比（月面上の万有引力÷地球上の万有引力）は、上の式のようになります。

つまり、地球上の重力一に対して、月面上では〇・一六五六しかないのです。これは、約六分の一です。だから、月では大きな宇宙服を着ても軽々とジャンプできるのです。

地球との万有引力＝重力

地球上のモノは、日本、中国、アメリカなど、どこでも引っぱられる方向は地球の中心方向です。

本書がこのページを開いて机の上に置いてあるとします。このページの「下」とはどこでしょうか？

あなたは、このページのページ数が記載されているところが「下」と考えていませんか？

◆万有引力と重力

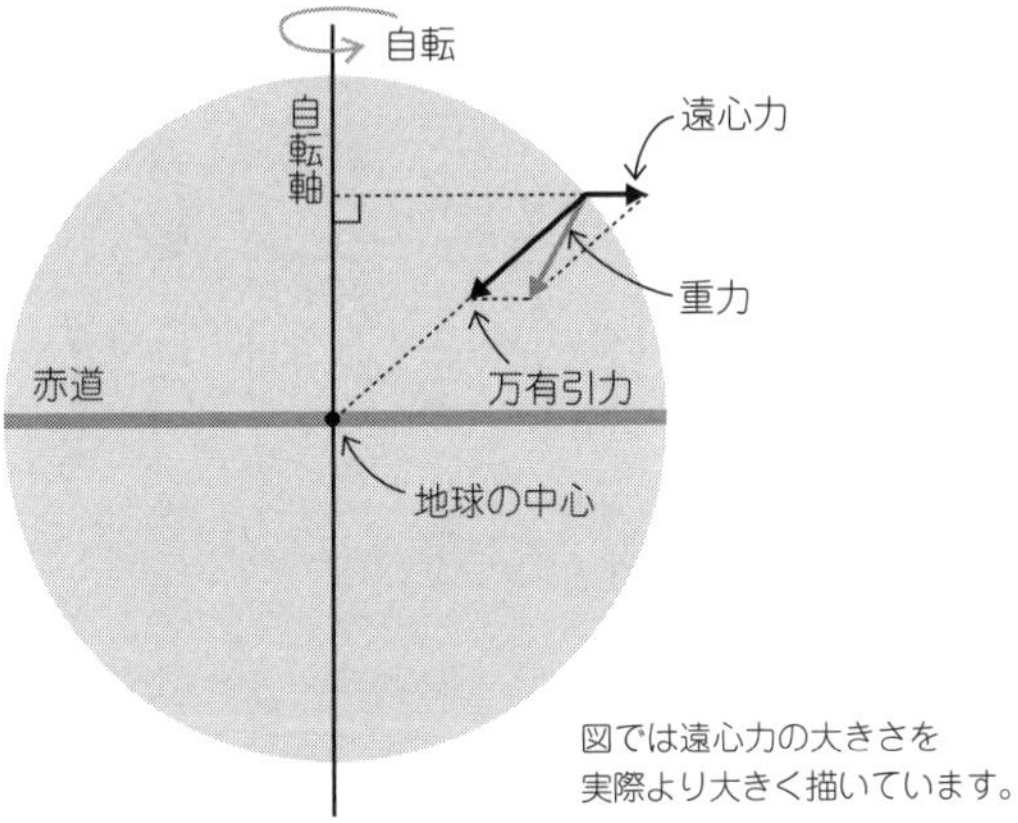

図では遠心力の大きさを
実際より大きく描いています。

本当の「下」は、開いた本の紙面と垂直な地球の中心方向が「下」なのです。「上」は、その反対です。

何かモノを持ち上げて手を離すと下に落ちていきます。地球の裏側の南アメリカや、南のほうにあるオーストラリアでもそれは同じです。地球上のどこでも、モノは、地球の中心方向、つまり下向きの重力を受けているのです。

重力は、正確には地球上に静止しているモノが受ける力で、地球の万有引力と地球の自転による遠心力を合わせた力です。遠心力は赤道上で最大となりますが、それでも引力のおよそ二九〇分の一です。また、重力という言葉を、万有引力の意味で用いることも多いので、地球との万有引力＝重力と考えてもかまいません。

「重さ」は実はあいまいな言葉

私たちが日常生活の中で「重さ」という言葉を使うときには、質量の場合、力の場合（モノが受ける重力の大きさ）、どちらでもかまわない場合があります。

理科の教科書では、小学校では「重さ」を質量の意味で使っていますが、中学校以降では「モノが受ける重力の大きさ」の意味で使っています。日常生活の使い方と異なりますから、混乱を避けるためには、あいまいな「重さ」を使わずに、質量と重量を使うことをおすすめします。重さを使うときは、重さ（質量）などとして使うとよいかもしれません。

質量は、モノが持っている、どこでも変わらない量です。単位はグラム（g）やキログラム（kg）などです。

一〇〇グラムのモノは、どこでも一〇〇グラムで、地球上だろうが宇宙船の中だろうが変わりません。

体重が質量で五〇キログラムならば、宇宙船の中や月面上でも五〇キログラムです。体をつくっている原子の数や種類は変わらないので、どこでも質量は同じなのです。

ところが、重力は宇宙船の中や月では小さくなるので実質の量、つまり質量は変わらなくても、地球上より宇宙船の中や月ではずっと軽くなることになります。

ーニュートンとは？

国際単位系では、万有引力を発見したニュートンの名前から、力の大きさの単位はニュートン（N）を使います。

かつては、中学校理科で、「グラム重（g重）」や「キログラム重（kg重）」を使っていました。二〇〇二年度から中学校理科教科書は、「ニュートン」に統一されています。

国際単位系とは　各種の単位系に分かれたメートル法の単位を整理し、基本単位・組立単位、およびこれらの倍数・分数の単位を一つにまとめた単位系です。メートル（長さ）・キログラム（質量）・秒（時間）・アンペア（電流）・ケルビン（温度）・カンデラ（光度）・モル（物質量）の七つを基本単位としています。

一ニュートンは、質量がほぼ一〇〇グラムのモノが地球上で受ける重力の大きさです。より正確には質量一〇二グラムのモノが地球から受ける重力の大きさです。

つまり、質量一キログラムのモノの重量は、九・八ニュートンになります。

そこで、質量xキログラムのモノの重量［ニュートン］は、「九・八N／kg×質量$x$kg」で計算できます。

質量が〇・一キログラムのモノの重量は、九・八N／kg×〇・一kg＝〇・九八ニュートンになります。

そして、質量が一〇キログラムのモノの重量は、九・八N／kg×一〇kg＝九八ニュートンになるのです。

無重量状態ってなに？

国際宇宙ステーション（ISS）の中で宇宙飛行士やモノがふわふわと浮かんでいる様子をテレビで見たことがあるでしょう。あれが無重量状態（無重力状態）です。

それでは、どうして国際宇宙ステーションの中は無重量状態になっているのでしょうか。

◆1億分の1縮小地球と国際宇宙ステーションの位置

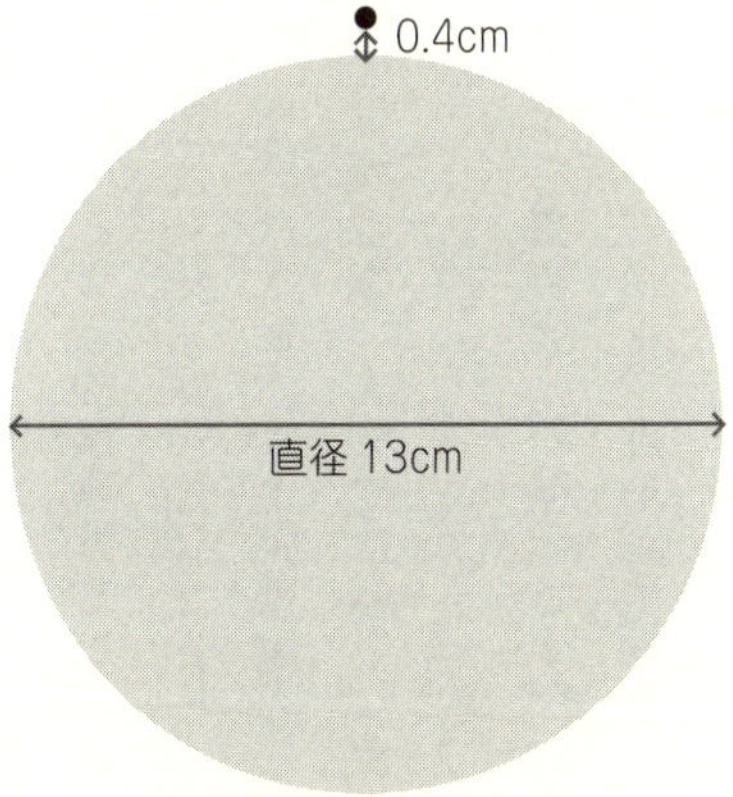

地球から遠く離れているからでしょうか。
国際宇宙ステーションが回っているのは、地上から約四〇〇キロメートルの高さのところです。その高さを、地球を一億分の一に縮めて表してみましょう。
地球は、直径が約一万三千キロメートルの球なので、一億分の一に縮めると直径が一三センチメートルになります。国際宇宙ステーションは、その一三センチメートルの縮小地球の地面から〇・四センチメートル上空にあるだけなのです。

無重量状態になるわけ

万有引力の法則から、重力は距離の二乗に反比例しますが、地球からこの程度離れたくらいでは、重力の大きさは地上に比べてわずか一割減っただけにすぎません。国際宇宙ステーションが受ける地球の重力はあまり変わらないのです。つまり、「宇宙空間だから真空だから、無重量状態になっている」のではありません。真空でも宇宙空間でも万有引力の法則は成立しています。

それでは、どうして無重量になるのでしょうか。

その秘密は「第一宇宙速度」というスピードにあります。

ボールを投げると、ボールは重力によって落下しながら飛び、最後には地面に落ちますね。もっと強い力で投げると、ボールはより遠くに到達します。

もっともっと強い力でボールが投げられたとしましょう。ボールは、地球表面に沿って大きな弧を描いて進みます。さらにそれよりももっと強い力で投げて、スピードを上げると、ボールは地球表面を一周して元に戻ってくるようになります。地球が丸いために、落ちる先に地面がなくなり、落ち続けながら地球をぐるぐる回るようになるのです。

このときのスピードを「第一宇宙速度」と呼びます。国際宇宙ステーションは、秒

◆「第一宇宙速度」で投げられたボール（C）

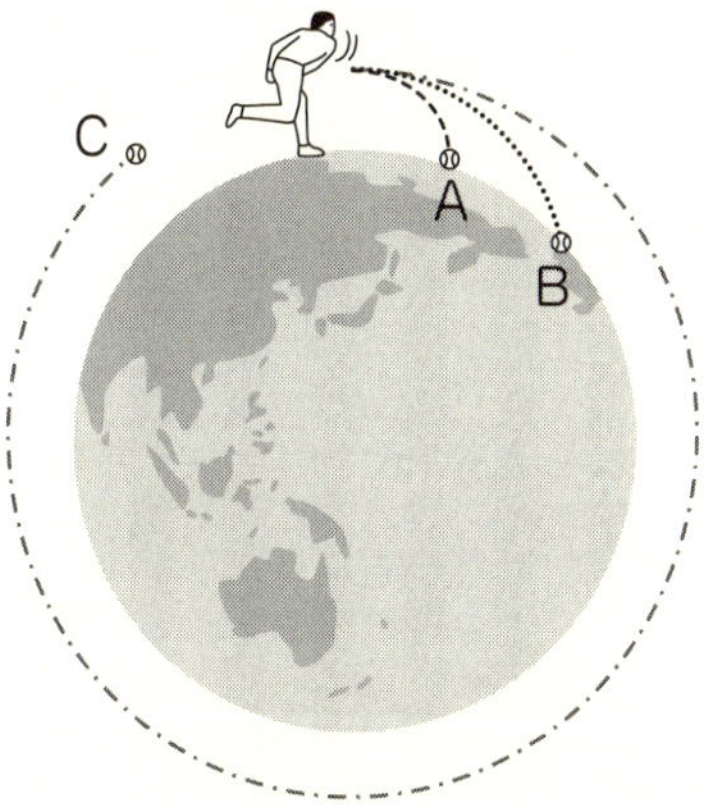

速七七〇〇～七九〇〇メートルという速さで地球のまわりを回っています。船体も、その中の宇宙飛行士も、地球の重力を受けながら、すべて同じように落下しているのでモノを支える必要はありません。目の前のモノも、宇宙飛行士と同じように落下するので、その場でふわふわ浮いているように見えます。これは、「地球の重力と軌道を回る遠心力が打ち消し合っているため」という説明ができますが、ややこしくなりますから深入りしないでおきましょう。

この無重量状態を、地上でつくることができます。自由落下するエレベーターや飛行機の中では無重量状態になり、人はやはりふわふわと浮くのです。宇宙船が登場する映画を撮影するときは、飛行機の中にセットをつくってその飛行機を落下させます(もちろん、地面に激突するほどの落下はさせません)。そうすると、セットの中は無重量状態になり、人や工具などのモノがふわふわ浮かぶシーンを撮影できます。

無重量状態ではロウソクの炎はどうなる?

重力がある世界では、重い(正確には密度が大きい)空気は下に、軽い空気は上に動いて、対流が起こります。しかし、無重量状態ではこのような対流が起こりません。

重力がある世界でロウソクに火をつけると、ロウが液体になって芯を伝わり、液体から気体になって燃えています。燃えればロウの気体やまわりの空気は暖められて軽くなり、重い空気に支えられて上昇します。炎は、ロウの気体や空気の動きで上に向かって細長い形になります。軽い空気が上に行けば新しい空気が供給されて、ロウソクは燃え続けます。

しかし、無重量状態では対流が起こらず、上昇する空気の動きもありません。そこで、ロウソクの炎は丸くなり、新しい空気も供給されないので消えてしまいます。

国際宇宙ステーションの中では、自分の吐いた息(呼気)が自分のまわりから動か

◆地上と無重量状態でのロウソクの炎の違い（NASA 提供）

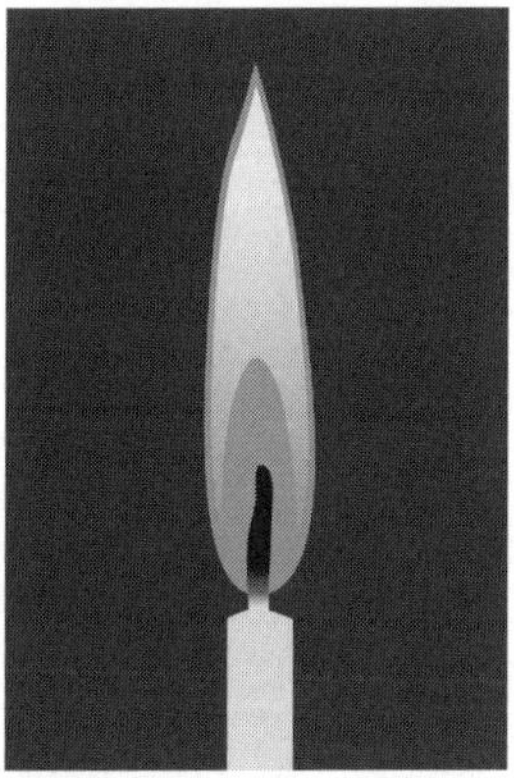
重力下（1G）

無重力下（0G）

ないために、その呼気を吸い続けて酸欠になることがあるということです。そこで、空気の循環を起こすようにしています。

それでは、無重量状態で次のような場合にはどうなるかを考えてみましょう。正しいと思うものを選んでください。

（田崎真理子さん出題）

①体を固定していない二人がハイタッチをすると、二人は互いに遠ざかる。
②体を固定していない二人が綱引きをすると、お互いが引き寄せられる。
③振り子はゆっくりとゆれる。
④油と水をよく振り混ぜると分離しない。
⑤紙飛行機は飛ばした向きにまっすぐに飛んでいく。

正しいのは、①②④です。

①互いに相手から力を受けるため、逆向きに運動を始めます。

②人は綱に引っ張られ、踏ん張れないため互いに近寄ってしまいます。

③おもりは重力を受けないため、初速を与えると支点を中心に回転運動を始めます。

④地上では水と油の比重の差で分離しますが、重力がはたらかないので分離しません。

⑤紙飛行機は空気の流れによって生ずる揚力を受けますが、重力を受けないので、上向きに飛んでいきます。

【参考URL】
若田光一さんのおもしろ宇宙実験
http://iss.jaxa.jp/iss/jaxa_exp/wakata/omoshiro/
【参考文献】
田崎真理子「無重力がおもしろい」『RikaTan（理科の探検）』二〇一一年三月号

地球の大きさのはかりかた

古代から「地球は丸い」と考えられていた

古代ギリシャの人たちにとって自分たちが住んでいる世界がどうなっているか、宇宙がどうなっているかは大きな関心事でした。彼らは、実によく自然を観察してその結果に基づいて様々な考察をしています。

例えば地球の形についても、古代から中世を通じて最大・最高の哲学者で万学の祖といわれているアリストテレスは「地球は丸い」と述べています。

その証拠の一つは、月食のときに月に映る地球の影の縁が丸いことでした。

・月と太陽の位置関係と満月・半月・三日月と変化する月の形から、月は自ら光を放っているのではなく、太陽の光に照らされて光って見える。

・月食のときに月を隠す影は地球のものである。つまり月面に落ちる影は、間接的に地球を見ていることになる。

・月食という現象は年におよそ二度起こるが、そのどちらも地球の影は必ず円形である。どちらの方向から照らしても影が円である形、それは球である。

海上貿易が開始されると、他にも多くの事実が「地球は丸い」ことを示しました。例えば、次のようなことです。

・陸地に向かう船から、陸地が見えないうちに山の頂上が見えてきて、港に近づくにつれて山の下のほうまでだんだん見えてくる。

・船が北に進むにつれて、北の水平線に低く輝く星が、次第に空高く輝くようになる。

地球の大きさをはかったエラトステネス

初めて地球の大きさをはかったのはギリシャの天文学者エラトステネス（紀元前約二五〇年）です。アリストテレスが活躍したおよそ百年後のことです。

彼は、エジプトのアレクサンドリア（現在のカイロ近郊）にある図書館の司書で、南北に連なる二地点の太陽の高度を比べるのに必要な報告を入手できる立場にありました。

夏至の日の正午に、アレクサンドリアのほぼ真南にあるシエネ（現在のアスワン）という街では、井戸の底に太陽が映りました。つまりこのとき、太陽が非常に正確に天頂にあることになります。

同じ日、シエネのほぼ真北にあるアレクサンドリアで、半球のボウルの真ん中に棒を立てた装置を使い、夏至の正午に影の長さを測定しました。その結果、垂直な棒と影のなす角度は七・二度でした。

太陽光線は、平行光線なのでシエネとアレクサンドリア間の弧の長さ（両地点の緯度の差七・二度）は、地球全周の七・二度÷三六〇度＝五〇分の一になります。

あとは、シエネとアレクサンドリアの距離がわかれば地球の大きさを決定することができます。エラトステネスは旅行者の記録を総合して五〇〇〇スタジアと見積もりました。スタジアは運動競技場〈スタジアム〉由来の単位です。一スタジアがどの程度の距離を指すのかは諸説ありますが、一スタジア＝一八五メートルという有力説の値を採用すると、地球の全周は以下のようになります。

◆地球、太陽光線とシエネ、アレクサンドリアの関係

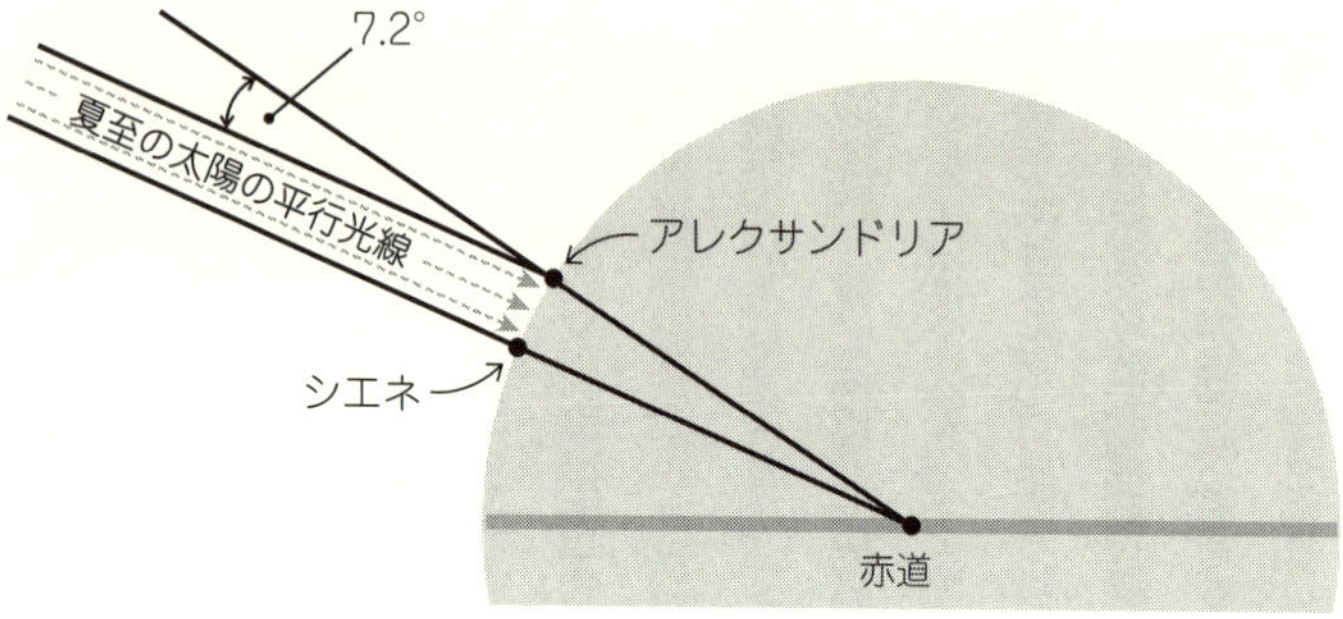

◆シエネ、アレクサンドリアと太陽の高度

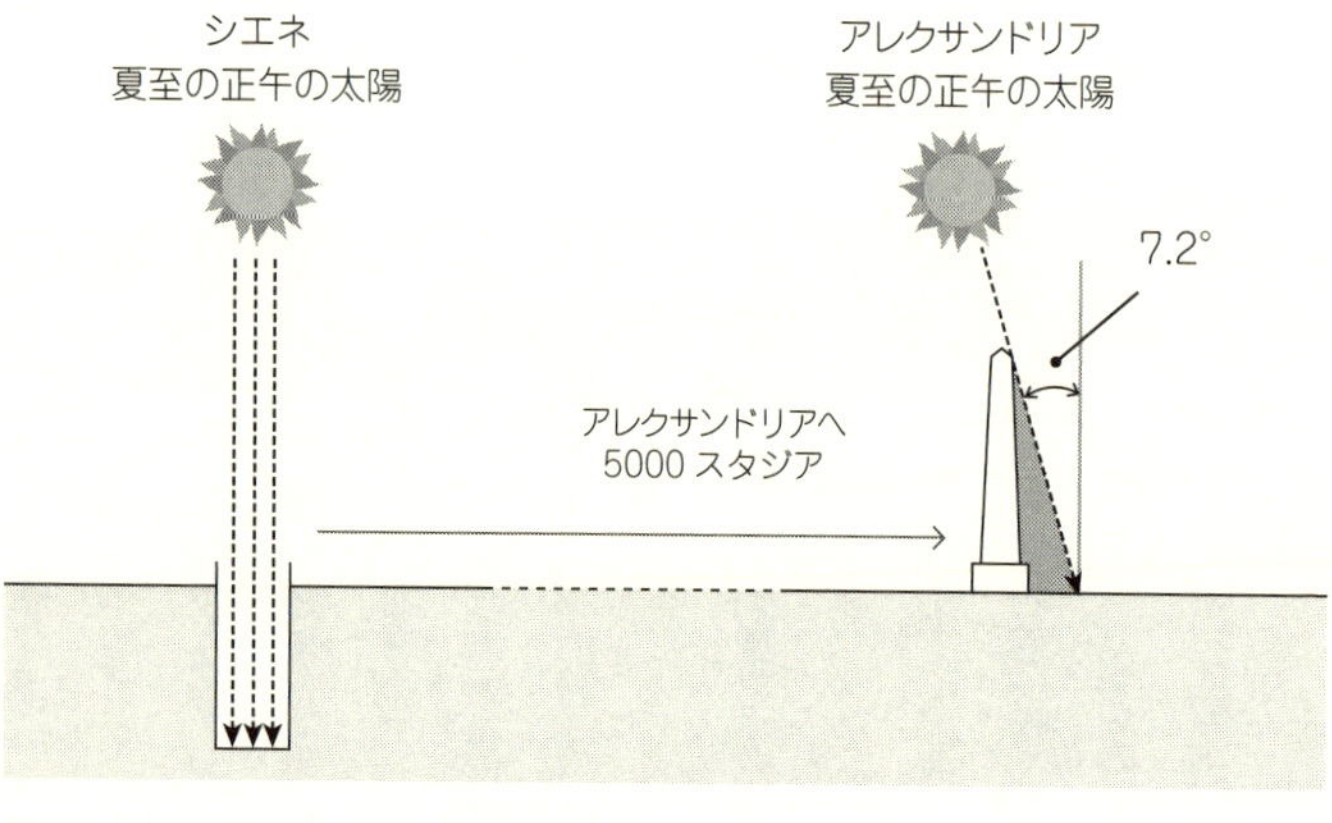

地球の全周＝五〇〇〇スタジア×五〇＝二五万スタジア
二五万×一八五＝四六二五万メートル＝四万六二五〇キロメートル

実際の地球の全周は四万八キロメートル（北極と南極を通る円周をはかった場合）なので、一五％ほど大きめの値ですが、当時の測定精度を考えると驚くべき正確さといえるでしょう。

ニュートンが予想した地球の形

イギリスのニュートンは、彼の著書『プリンキピア』で、地球の自転による遠心力のため、地球の形は完全な、まん丸な球（真球）ではなく、やや赤道方向にふくらみ、南北につぶれた回転楕円体（楕円をその軸を中心に回転させたときにできる形）になっているはずだと主張しました。

地球がまん丸な球なら、どの地点で緯度一度の距離をはかっても同じになるはずです。実際にいくつかの地点で正確に測量してみると、緯度一度の距離は赤道でわずかに短く、極で長かったのです。

◆ニュートンが予想した地球楕円体

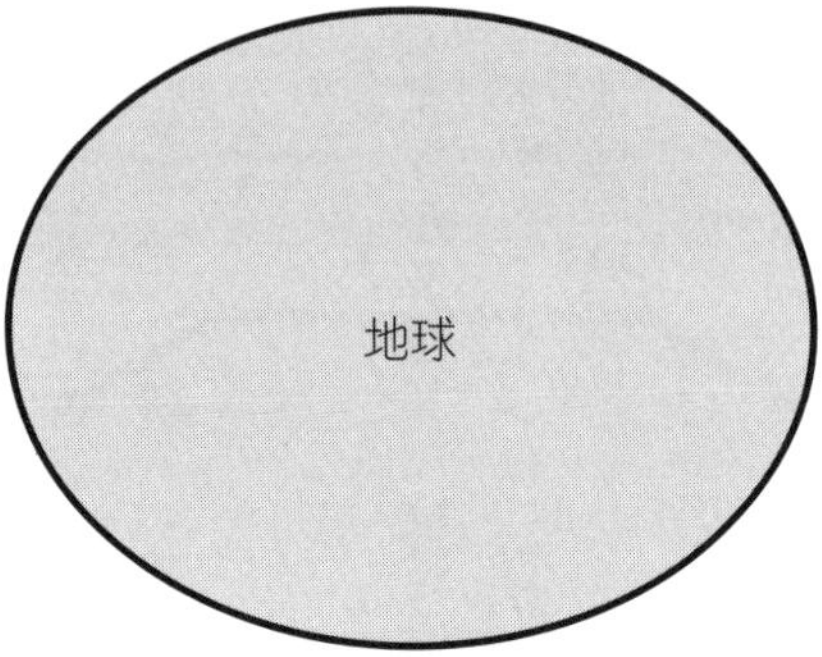

回転楕円体である地球を「地球楕円体」と呼びます。

ジオイドの形は極端にいうと西洋梨型

海洋の表面は、波や潮の干満などにより絶えず変動していますが、長い年月の平均をとれば、まったく凹凸がない非常に滑らかな面（平均海水面）となります。陸地も、この平均海水面を延長して考えて、陸地内に溝を縦横に掘って海水を導いたときの平均海水面を地球表面と考えることにします。そうして、地球全体を一続きの平均海水面でおおったときにできる曲面が「ジオイド」です。

ジオイドの凹凸は、地球内部の密度が不

◆ジオイド

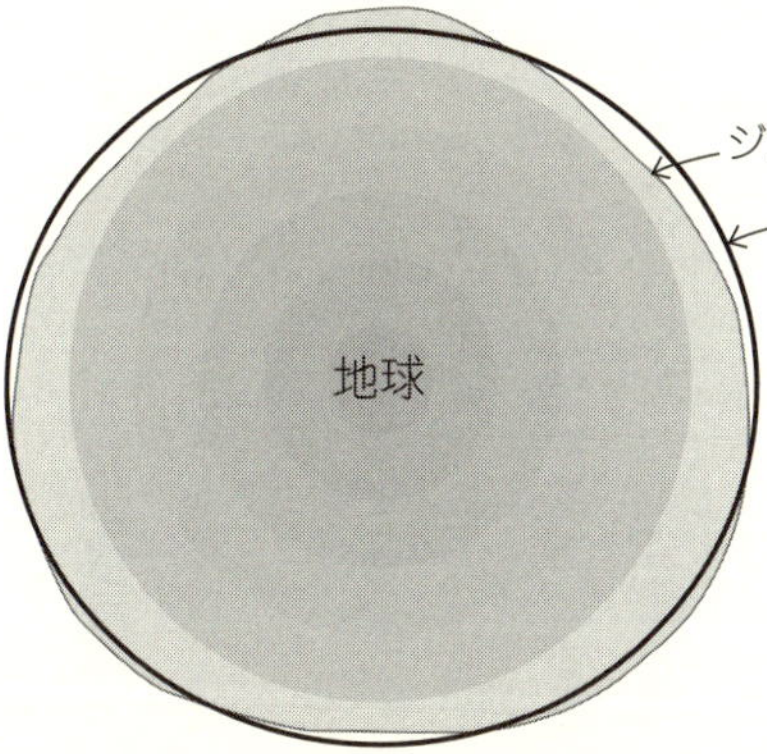

均一であることが原因です。地下の構造がまわりより高密度なところは引力が局所的に大きくなり、海水をたくさん引きつけてジオイド面が凸になります。ジオイド面と地球楕円体にはほんのわずかですが、ずれがあります。北極では地球楕円体より一六メートル高く、南極では二七メートルへこんでいます。そこで、極端にいうと、地球は西洋梨型だといわれます。

地球を一億分の一に縮めると……

地球は赤道半径が六三七万八一三七メートル、極半径が六三五万六七五二メートルで回転楕円体に近い形です。極半径よりも赤道半径のほうが二万一三八五メートル大きく、扁平率は「二八九・二五七二二二一〇一分の一」です。

それでは、地球を一億分の一に縮めてみたら、どんな形、どんな立体になるでしょうか。

一億分の一にすると赤道半径は六・三七八一三七センチメートル、極半径は六・三五六七五二センチメートルになります。

その差はおよそ〇・〇二一センチメートル。コンパスで六・三六センチメートルの円を描いたら、先が細い鉛筆で描いてもその線の幅に入ってしまいます。

一番凸なエベレスト山＝八八四八メートルも、その円で〇・〇九ミリメートルですから、一億分の一に縮めると、まん丸で凸凹のないすべすべの球になるのです。

ジオイドの西洋梨型は、非常に極端な呼びかただとわかるでしょう。地球楕円体というのも、こうしてみるとまん丸な球（真球）に近いのです。

一メートルは地球の大きさから決まった

半径がわかれば「二×円周率×半径」から円周もわかります。計算すると地球の周囲はほぼ四万キロメートルです。これには深いわけがありました。

十八世紀の末フランスで大革命が起こったとき、フランスの科学者たちが、長さの単位を世界中で使えるようなものにしようと議論を重ねました。そこで、地球の大きさを長さの単位にすることに決めたのです。

もともと長さをはかるものさしは人の体のいろいろな部分の長さが基準でした。例えば「フィート」は足の大きさでした。人によっても、国によっても基準はまちまちでした。世界中が交流するようになり、商取引が行われるようになると、世界共通のものさしが必要となってきました。

そこで、北極点から赤道までの長さの一〇〇〇万分の一を一メートルとしたのです。実際に測量隊を派遣し、六年間かかって地球の大きさをはかることができました。白金とイリジウムの合金で、長さの基準となる「メートル原器」という一メートルのものさしをつくって各国に配布しました。つまり、北極点から赤道までの長さは一万キロメートルで、地球の周囲はその四倍の四万キロメートルと、切りがいい数字になるのは当たり前のことなのです。

その後、人工衛星を使ってはかり直していくなかで、少しずれてきましたが、ほぼ四万キロメートルは変わりません。

現在では、一メートルは、一秒の二億九九七九万二四五八分の一の時間（約三億分の一秒）に光が真空中を伝わる距離として定義されています。

【参考URL】
山賀進「地球の形」
http://www.s-yamaga.jp/nanimono/chikyu/chikyunokatachi-01.htm

浮き沈みが起こるのはなぜ?

質量と密度

私たちが日常的に使用する「重い・軽い」という言葉には「全体での質量」と「ある体積あたりの質量」という二つの意味があります。

モノの浮き沈みでは「重いモノは沈み、軽いモノは浮く」のですが、この場合の重い・軽いは、ある体積あたりの質量です。

モノ一立方センチメートルあたりの質量(グラム)を「密度」といいます。物質の密度がわかれば、液体の密度とそこに入れるモノの密度の大小で浮き沈みを予想することができます。液体の密度より入れるモノの密度が小さければ、そのモノは浮くということです。

あるモノの密度を求めるには、質量と体積をはかります。たとえば、あるモノは、三九三グラムの質量と、五〇立方センチメートルの体積でした。

一立方センチメートルあたりの質量を計算するには、三九三グラムを五〇立方センチメートルで割ればよいので、

三九三グラム÷五〇立方センチメートル＝七・八六グラム／立方センチメートルとなり、密度は七・八六グラム／立方センチメートルになります。つまり、質量÷体積の値は密度になります。

$$密度 = \frac{質量}{体積}$$

密度の単位はグラム／立方センチメートルです。この単位は「一立方センチメートルあたり何グラム」ということを表します。グラム毎立方センチメートルあるいはグラムパー立方センチメートルと読みます。

氷が水に浮かぶのは実は……

ほとんどの物質は、同じ体積をとると固体のほうが液体より重いのです。つまり、固体のほうが液体より密度が大きい。原子・分子のレベルでのギッシリ度が固体のほうが大きいので、密度も大きいのです。

ロウを融かしたロウの液体に固体のロウを入れると沈みます。高温にして融かした塩化ナトリウム（食塩の主成分）に、その固体は沈みます。液体窒素でエタノール（お酒の成分のアルコール）を冷やしてできたエタノールの固体は、液体のエタノールに沈みます。

ところが、水やビスマスなどごく少数の物質はその逆で、固体のほうが密度が小さく、液体の水に固体の氷が浮かんでしまいます。同じ体積で固体の氷のほうが液体の水よりも軽いということは、物質の中では非常に珍しいのです。

氷の密度は、〇℃で〇・九一六八グラム／立方センチメートル。この氷がとけて液体になると、約一〇％近く体積が小さくなり、〇℃で〇・九九九八グラム／立方センチメートルの水になります。温度が上がるにつれて水の密度は大きくなり、四℃で最大値〇・九九九七三グラム／立方センチメートルになります。

さらに、液体の場合、ほとんどの物質は、温度が上がると膨張して軽くなりますが、水は四℃でもっとも重くなります。

もしも、氷が四℃の水よりも重かったら、湖水や川や海でも底から凍ってくることになります。そうならないので、水中の生物は、氷のカバーに保護されて気温が低くても暮らしていけるのです。

水がほとんどの物質のように、同じ体積で固体のほうが液体より重くならない理由は、水から氷になるときにはすき間が多くなるような構造をとるからです。氷が水になると、その構造が部分的にこわれてすき間が小さくなりますから、固体のほうが液体より軽くなるのです。

水に沈む木片はあるか？

水の密度は一グラム／立方センチメートルなので、それより大きい密度の固まりを入れると水に沈みます。

黒檀《こくたん》という高級な仏壇や杖などの材料になる木があります。名前の通り黒っぽい色をしていて、ずっしりとした重みと硬さがあります。その密度は一・一〜一・三グラム

／立方センチメートル。水の密度より大きいので、その木片は水に沈みます。

たいていの木片は中にすき間があり、平均の密度は水より小さいので水に浮きます。たとえばヒノキの密度は〇・四九グラム／立方センチメートルです。しかし、ヒノキに大きな圧力をかけると空気が追い出されてギューッと縮むので水に沈むようになります。

軽いモノの代表として扱われることもある綿は、空気をたくさん含んでいるので、平均の密度が小さいのですが、ぎゅっと押しつぶして完全に空気を抜いてしまえば、密度一・五グラム／立方センチメートルです。水に入れれば、空気が泡となって追い出されるので水に沈みます。綿は軽いイメージがありますが、水に浮くほど軽いわけではないということですね。

浮き沈みで卵の鮮度がわかる！

この浮き沈みを使って、卵の鮮度を確かめる方法をご紹介します。

新鮮な卵の密度は、一・〇八〜一・〇九グラム／立方センチメートルです。卵は古くなるほどカラの穴から水分が蒸発し、代わりに気室（卵の丸い方の空気が入ったところ）が大きくなります。液体の水より空気の方がずっと軽いので全体は軽くなりますが、体積は変わりませんから全体として密度が小さくなります。

卵を一〇％の食塩水（質量で水九に対して塩一を溶かす）に入れてみましょう。一〇％の食塩水の密度は約一・〇七グラム／立方センチメートルです。新鮮な卵の密度一・〇八〜一・〇九グラム／立方センチメートルより小さいので、新鮮な卵であれば必ず沈みます。古くなると卵の密度が一・〇七グラム／立方センチメートル以下になり、食塩水のなかで立ったり、浮いたりするようになるのです。

ちなみに、一五％食塩水の密度は約一・一グラム／立方センチメートル。こうなると、新鮮な卵も必ず浮いてしまいます。

◆食塩水（二〇℃）の濃度と密度（単位：グラム／立方センチメートル）

濃度	密度
1%	1.00
5%	1.034
10%	1.071
15%	1.109
20%	1.149

砂糖水に卵が浮く?

それでは、砂糖水に卵を浮かすことはできるでしょうか。砂糖水(二〇℃)の密度を一五%の食塩水とほぼ同じにするためには、二五%砂糖水(一・一グラム/立方センチメートル)を用意する必要があります。質量で水四に対して砂糖一の割合です。かなりの量の砂糖を溶かす必要がありますね。このような砂糖水では卵を浮かせることができるのです。

◆砂糖水(二〇℃)の濃度と密度(単位:グラム/立方センチメートル)

濃度	密度
5%	1.018
10%	1.038
15%	1.059
20%	1.081
25%	1.104
30%	1.127

ヒトの体の密度はどのくらい？

中学生の太郎君は、学校で「自分の体の密度をはかりなさい」という宿題を出されて困ってしまいました。「密度は、質量を体積で割れば出る、質量は体重計で簡単にはかれる。でも体積はどうやってはかればいいのだろう」と考えこんでしまいました。

太郎君は、「形の定まっていない小石の体積は、水を入れたメスシリンダーに小石を入れて、増えたぶんの水の体積を求めればいい」ということを思い出しました。それならば、お風呂を使えばいい！　太郎君はやってみました。

先ずヘルスメーターに乗りました。体重は四九・〇キログラムです。

次に、お風呂にお湯を入れて、水面の高さに印をつけました。早速、裸になってもぐります。このときは、お兄さんに手伝ってもらいました。「ヘンな宿題だなあ」とぶつぶつ言いながらも、兄さんは手伝ってくれました。

太郎君がもぐると、水面があがります。そのあがったところに印をつけてもらうのです。

「息を大きく吸ったとき」と「息を大きく吐いたとき」の二種類の印をつけてもらいました。「息を大きく吸ったとき」の方が、「息を大きく吐いたとき」よりも少しだけ水面が上でした。

それからが大変です。「はじめの水面」から「もぐってつけた印」のところまで桶で水を入れていきました。一リットル升ではかると、この桶はちょうど三リットルの水が入ります。

息を大きく吸ったときは、桶一七杯に一リットル升半分くらいでした。つまり、五一・五リットルです。息を大きく吐いたときは、桶一六杯と一リットル升七分目くらい、つまり四八・七リットルです。完全に正確とはいえませんが、大体は合っていると思います。

それでは、計算してみましょう。密度を〔グラム／立方センチメートル〕の単位で求めるために、質量は〔グラム〕、体積は〔立方センチメートル〕を使いました。どちらの場合も、水とほとんど同じ密度であることがわかりました。これで太郎君の話は終わりです。

私たちの体は、だいたい水の密度一グラム／立方センチメートルと同じ平均密度ですが、息を大きく吸ったときと吐いたときでは、平均密度が少し違うのです。

息を大きく吸ったときは、湯舟のなかにもぐるとどうしても体が浮きそうになるの

◆呼吸したときの密度

（1リットル＝1000立方センチメートル）

息を大きく吸ってそのままのとき

$$密度 = \frac{49.0 \times 1000〔グラム〕}{51.5 \times 1000〔立方センチメートル〕}$$

$$= 0.951〔グラム／立方センチメートル〕$$

息を大きく吐いてそのままのとき

$$密度 = \frac{49.0 \times 1000〔グラム〕}{48.7 \times 1000〔立方センチメートル〕}$$

$$= 1.006〔グラム／立方センチメートル〕$$

で、完全に沈むことはなかなか大変です。水よりも密度が小さいので、どうしても浮いてしまうのです。

私たちの体は、肺にいっぱい空気が入っていれば水に浮かびます。そして、肺からほとんどの空気を吐きだしてしまえば水に沈むのです。水に浮かぶといってもプカプカ浮かぶわけではありません。仰向けに浮かんで顔と体の一部が水面に出るくらいです。

もし、肺に空気をいっぱいに入れても体の密度が水の密度より大きかったら、その人はどんなにもがいても沈んでいくだけでしょう。それが本当のカナヅチではないでしょうか。私たちが、溺れると水中に沈ん

◆金属の密度

金属の名前	密度（単位：グラム／立方センチメートル）
アルミニウム	2.7
鉄	7.9
銀	10.5
鉛	11.3
水銀	13.6
タングステン	19.1
金	19.3

でしまうのは、水が肺に入ってしまうからなのです。

鉄の球がぷかぷか浮く液体

鉄の球は、水に沈むのが当たり前というイメージがありますね。しかし、水銀という同じ体積で重い（密度が大きい）液体では、鉄の球がぷかぷか浮いてしまいます。その水銀にタングステンは沈みます。タングステンは白熱電球のフィラメントに使われている金属です。

水銀より密度が大きい物質と言えば金があります。ぼくの友人は、金の結婚指輪を水銀の中に入れました。また、父親が持っていたゴルフの景品の金の小判を入れた知人もいます。金は水銀に沈みますが、水銀から取り出すと小判や結婚指輪の金色は消え、銀色になってしまいます。これは、金は水銀とアマルガム（水銀との合金）をつくりやすいので、表面がアマルガムになってしまったためです。

アルキメデスは密度の違いから冠の不正を見破った？

次のような伝説があります。

今から二千年以上前のことです。ギリシャにシラクサという小さな国がありました。その国のヒエロン王は、「すばらしい金の冠をつくろう」と思いたち、職人に金のかたまりを渡して、つくらせることにしました。

いよいよ金の冠ができてきました。ところが、よからぬ噂が王の耳に入ってきました。職人が金に銀を混ぜて、混ぜた質量の金をくすねたというのです。王が渡した金のかたまりの重さとできあがった冠の質量は同じです。

王は「アルキメデスに調べさせよう」と調査を依頼しました。アルキメデスは引き受けたものの、よい知恵が浮かびません。ただ、日数だけが過ぎていきます。

ある日、お湯がいっぱいまでたたえられていた風呂に入ったとたん、ザアーッとあふれたお湯を見て、ある考えがひらめいたのです。「わかったぞ。わかったぞ！」と叫びながら、裸のままアルキメデスは風呂を出て、金の冠のところへまっしぐらに駆けだしました。金の冠を、アルキメデスは預かっていたのです。

一体、何がわかったのでしょうか。アルキメデスは、いっぱいに水を入れた容器に、金の冠を沈めました。正確に、あふれ出た水の体積をはかりました。それは金の冠の体積と同じです。

冠と同じ質量の純粋な金のかたまり、銀のかたまりを入手して、金の冠のときと同じ方法で、あふれ出た水の体積をはかりました。純粋な金のかたまりの方が、金の冠よりも、あふれ出た水の体積が小さかったのです。同じ質量の金と銀では、銀の方がかさばっているのです。こうして職人のごまかしを見破ったのでした。

この話では、アルキメデスは同じ質量のモノの体積を水を使って求めています。つまり密度を求めたということですね。

もう一つ、同じ質量の金のかたまりと冠を、天秤の両端に吊るして、それらを水に入れたという話になっている場合もあります。水の中では、金のかたまりと銀が混ざった冠では、水から受ける浮力が違い、天秤では金のかたまりが下に、銀が混ざった冠が上に傾くというのです。
こちらの話は、アルキメデスの原理（次項を参照）につながります。

一キロの綿と鉄はどちらが重い？

科学クイズ「どちらが重い？」

「綿一キログラムと鉄一キログラムはどちらが重いか？」という科学クイズがあります。この「一キログラム」をモノの実質の量である質量と考えると、「どちらも同じ」が答えになります。

それでは、同じ質量の綿と鉄を実際に持ったとき（あるいは、秤の上に置いた場合）には、どちらが重いでしょうか。

ポイントは、この二つのモノが真空中ではなく空気中にあることです。

空気中にあると、空気から受ける浮力に影響を受けます。つまり、空気中での浮力が違うので「鉄のほうが重い」となるのです。

◆浮力と重力がつりあって静止

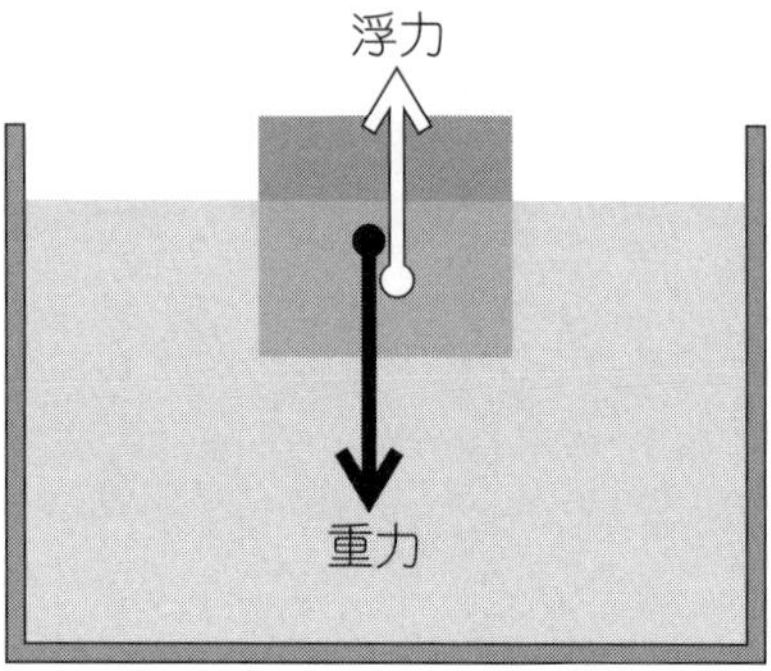

浮力とアルキメデスの原理

浮力は、気体中や液体中にモノを置いたときに、モノが上向きに気体や液体から受ける力です。浮力は、空気中ではほとんど感じることがありません。水素やヘリウム入りの風船を持ったときや飛行船を見るときくらいでしょうか。

私たちが力を感じるのは、お風呂やプール、海に入ったときでしょう。九九ページ以降の「浮き沈みが起こるのはなぜ？」は、重力と浮力の関係でもあります。気体中や液体中でモノが受ける浮力の大きさは、アルキメデスの原理から求めることができます。

アルキメデスの原理は、「気体中や液体

◆綿１キログラムと鉄１キログラムはどちらが重いか？

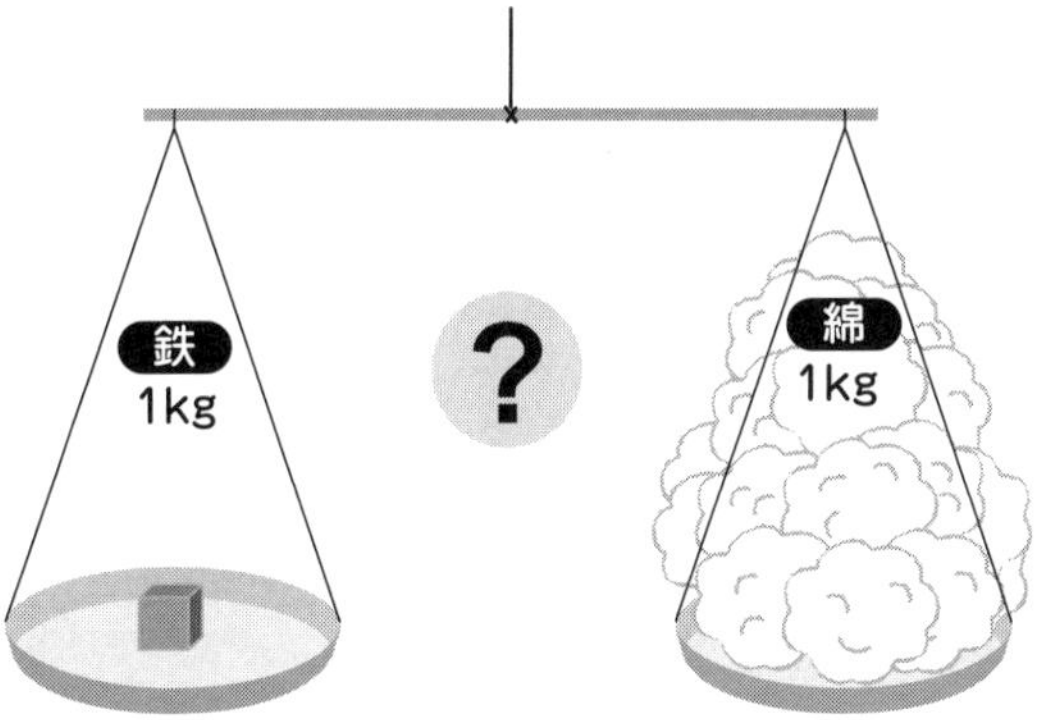

中のモノは、モノによって押しのけられた気体や液体が受ける重力と同じ大きさの浮力を受ける」ということです。気体と液体は固体のように形が決まっていなくて形を変えやすいので、まとめると流体となります。「流体中のモノは、モノによって押しのけられた流体が受ける重力と同じ大きさの浮力を受ける」ということもできます。

例えばモノが水に浮かんでいるとき、そのモノが受ける浮力は、水面下のモノの体積と同じ体積の水の重量に相当するということです。

それでは、もう一度クイズです。「綿一キログラムと鉄一キログラムはどちらが重いか？」。綿は鉄よりも密度が小さいので、体積は大きいですね。体積が大きいほうが、空気中に置いたときに多くの空気を押しのけます。

つまり、綿のほうが大きな浮力を受けるので、はかってみると綿のほうが軽い（鉄のほうが重い）ということになるのです。

死海を再現する実験

海水の塩分濃度は約三％です。淡水と比べて密度が大きいので、受ける浮力が淡水より大きくなります。自然界にはヨルダンとイスラエルの国境に死海という塩分濃度が表面で二〇％、低層では三〇％という湖があります。平均するとほぼ水と同じ密度の人間は、ぷかぷかと浮いてしまいます。

死海では、仰向けになって手を胸におき、水面に長々と体を伸ばすことができます。体の大部分は水面に出して、頭をぐっと持ち上げることもでき、さらには仰向けになって左手に日よけの傘をさし、右手で本を持って読書をする人さえいるようです。二〇〇七年八月に、死海の岸から三キロメートルも流された男児が、六時間もの間漂流しましたが、沈まなかったために救出されたというニュースもありました。

ぼくは、かつてテレビで「死海を再現する」という番組に出たことがあります。巨大なガラス張りのプールの底に攪拌《かくはん》機を入れて、塩をどんどん溶かしていきながら、比重計で時々チェックします。二〇℃の水一〇〇グラムに、食塩は約三六グラムまで溶けます。そのときの密度は一・二二六グラム／立方センチメートル。飽和食塩水に近づいたとき、アナウンサーがプールに入りました。すると、仰向けに浮かびながら、雑誌を読むことができました。

ヘリウム風船で人は浮く？

夜店などでは、ヘリウム風船が売られていることがありますね。そのヘリウム風船の浮力を考えてみましょう。力の大きさは、よりわかりやすくするために、ニュートン単位ではなく「質量一グラムのモノは地球から重力として一グラム分の力（重量）を受ける。これを一グラム重とする」として数値化していきます。

空気は〇℃、一気圧、一リットルで一・二九三グラム、ヘリウムのほうは〇・一七八グラムです。実験条件を二〇℃で考えるために、二七三／（二〇＋二七三）をかけて（シャルルの法則）、空気一・二グラム、ヘリウム〇・一七グラムになります。

ゴム風船一個のゴムの重量を、約二グラム重とします。これにヘリウムを約四リットル入れて膨らませて口を閉じます。中身のヘリウムの重量は、〇・六八グラム重です。合計で、下向きに二・六八グラム重です（実際は、入れた約四リットルは一気圧より少し大きくなっているので、これより少し重くなりますが、無視できる程度です）。

膨らんだ風船は、約四リットルの空気を押しのけます。その重量は、四・八グラム重です。これと同じ大きさの浮力を風船が上向きに受けるのです。

上向きの力－下向きの力＝四・八グラム重－二・六八グラム重＝二・一二グラム重

一円玉一個の重量がちょうど一グラム重ですから、風船一個で一円玉二個を持ち上げることができます。

それでは、体重六〇キログラム重の人を持ち上げるには何個の風船が必要でしょうか。六万グラム重÷二・一二グラム重＝約二万八三〇〇個です。

二万八三〇〇個！　かなり多いと思いませんか。ヘリウムより密度が半分程度の水素にしても上向きの力は変わらないので、二万四四〇〇個の風船が必要です。

この計算をして思い出した事件があります。風船おじさんといわれた鈴木嘉和氏が

◆浮力の原因は圧力差

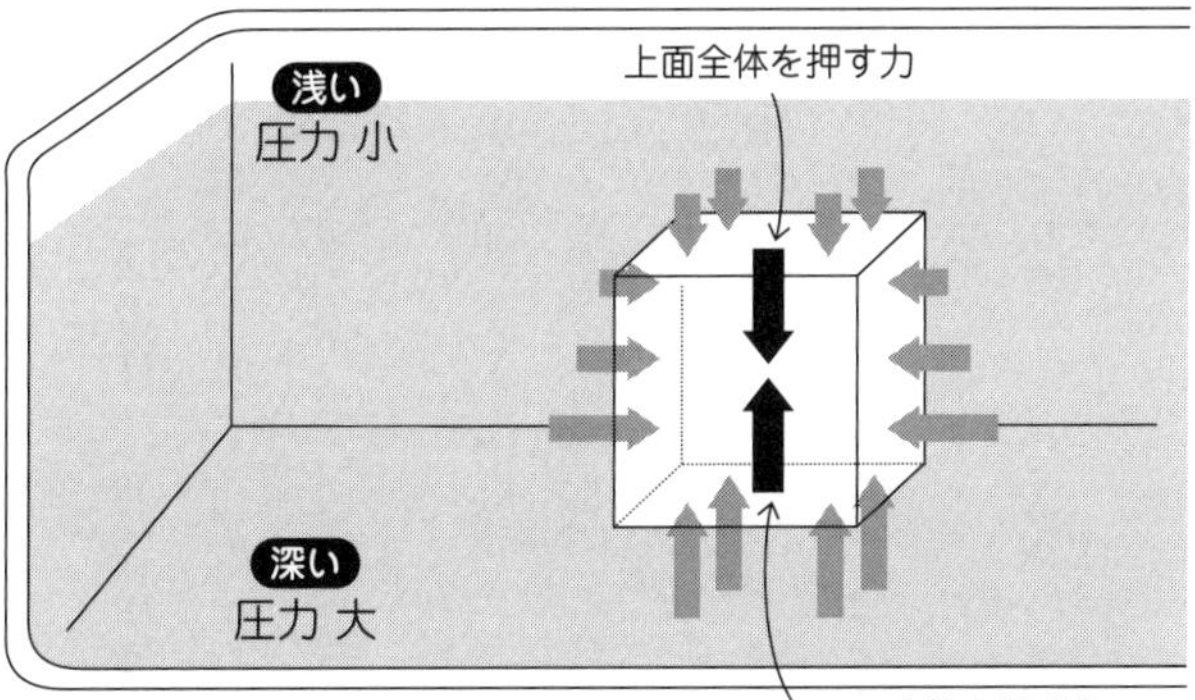

消息不明になった「ファンタジー号事件」です。

一九九二年十一月二十三日に、アメリカを目指した風船おじさんは、直径六メートルのビニール製のヘリウム風船を六個、直径三メートルのヘリウム風船を二〇個装備（膨らませるための計二八〇万円分のヘリウムボンベは、トラック三台で運搬されたそうです）したゴンドラに乗って、琵琶湖畔から飛び立ちました。

翌日、海上保安庁の捜索機が宮城県金華山沖の東約八〇〇メートル海上で飛行中のファンタジー号を確認しましたが、約三時間の監視後にファンタジー号は雲間に消えたため、捜索機は追跡を打ち切りました。

以後消息不明となっています。

浮力が生じるのは圧力差が原因

水の中では、深くなればなるほど、大きな水圧が加わります。

直方体が水の中にあるとき、まわりの水から受ける圧力は、前頁の図のようになります。

右と左から加わる水圧は同じ大きさなので、打ち消しあっています。ところが、上からの水圧より下からの水圧のほうが大きいので、モノは上向きの力を受けることになります。これが浮力です。圧力＝力÷面積ですので、水圧の差に面積をかけて出た力が面全体を押す力になり、下面を押す力と上面を押す力の差が浮力になります。

水中での浮力の大きさは、上と下の水圧による力の差なので、水の深さには関係ありません。また形が同じならば、木でも鉄でも浮力の大きさは変わりません。モノによって浮いたり沈んだりするのは、モノが受ける地球の重力がモノによって変わるからです。

重力が浮力より小さいと浮き、大きいと沈むのです。

地球の時速は何キロメートル？

地球の自転スピードは？

私たちは宇宙船「地球号」に乗っています。地球は自転しながら、太陽のまわりを回っています。同時に太陽も太陽系の星々をひきつれて銀河系宇宙の中で、ある方向に向かって、ものすごいスピードで進んでいるのです。

私たちは巨大な「運動」の真只中にいますが、そんなことを私たちは全然感じていません。

例えば、地球の自転を考えてみましょう。地球の自転で、東京が一日東へ回って元の場所へ戻ってくる間に動いた距離は約三万三〇〇〇キロメートルです。一日は二十四時間だから速さを求めると、三三〇〇〇キロメートル÷二十四時間≒一四〇〇キロメートル／時になります。

これは、電車や飛行機よりもずっと速いということです。東京―博多間（一〇七〇キロメートル）は、新幹線のぞみ号で五時間程度かかりますが、もし時速一四〇〇キロメートルであれば、一時間もかからないで到着してしまう速さです。

私たちは、地球号の乗組員として約一四〇〇キロメートル／時を体験しているのです。しかし、揺れたりすることなく、まわりの空気共々同じ速さで動き続けているから、気がつかないだけなのです。

飛び上がるだけで世界一周？

そうすると「地上で真上へ飛び上がれば、落ちてくる間に地球が東へ動いて、中国かどこかにちょっと行けるのではないか？」なんて考えてしまいたくなります。そうすれば、世界一周旅行などは難なくできるわけです。

しかし、この考えは実行してみると誤りだということがすぐにわかります。一生懸命真上に飛び上がったとしても、私たちはまた元の位置に降り立ってしまいます。

似たような例で、走っている電車のなかを考えてみましょう。走っている電車のなかで真上に飛び上がっても元の位置に落ちるし、小石を落としても、落とした真下に落ちます。

新幹線の中で弁当を食べていて、もしも箸から卵焼きを落としたとしても、卵焼きが自分の方へ向かってきたり、前へ逃げ出したりはしませんね。卵焼きはまっすぐ弁当の中に落ちたはずです。

モノは、一度動いたらいつまでも同じ速さで動き続ける性質を持っているのです。この性質が慣性です。その慣性について、慣性の法則が成り立っています。

「モノに他から力が加わらなければ、あるいは加わっても合力ゼロならば、静止しているときにはいつまでも静止し続けようとし、運動しているときにはいつまでも等速直線運動を続けようとする性質を持っている」ということです。等速直線運動とは、等しい速さでまっすぐ進む運動のことです。

自動車の運転時に、突然犬が飛び出してきたりして、あわてて急ブレーキをかけてもすぐには止まれずに何メートルか進んでやっと止まります。そんなとき、シートベルトをしていなかったら、フロントガラスに当たってしまうかもしれません。これも慣性によって、これまでの運動を続けようとするからです。

◆電車の中の落下物を外から見ると

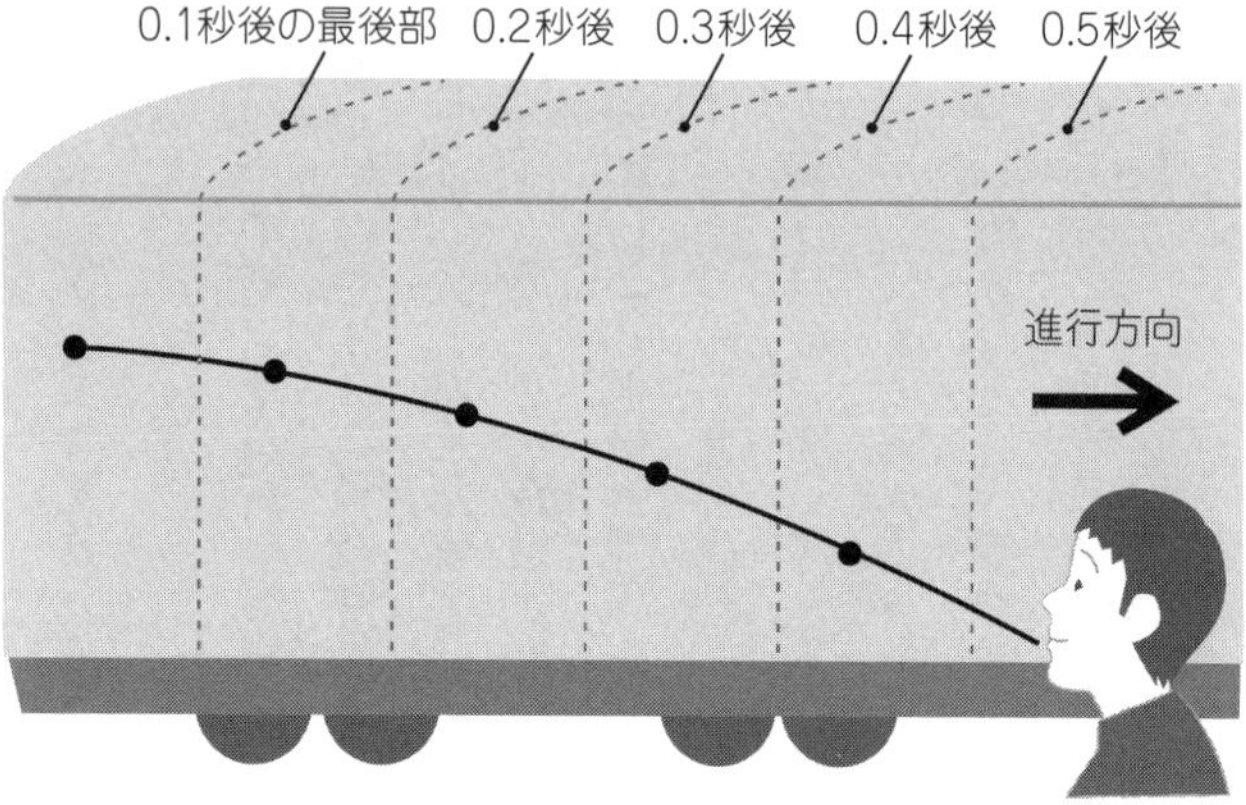

小石の時速は？

電車が時速六〇キロメートルで走っているとすると、電車に乗っている人も小石も時速六〇キロメートルで走っています。小石を落とすと、小石は慣性のため時速六〇キロメートルの速さで走りながら落ちていくのです。地球が何十億年もの間、自転・公転をエンジンなしで続けてこられたのも、慣性という性質のおかげです。

電車は走っているのに小石が真下に落ちるとき、地面の上に立って電車を見ている人にはどう見えているのでしょうか。

わかりやすくするために、電車の最後部のところで小石を落とすことにします。

小石が真下に落ちるということは、走っ

ている電車とまったく同じ速さで、電車の進行方向に進みながら落ちていくということです。その運動を結ぶと放物線になります。

私たちのまわりでは、運動するモノは、いつまでも運動しないで、いつかは止まってしまいます。私たちが生活している場所では、摩擦力がつきものなので、力がはたらかないのにいつまでも等速直線運動を続けるという場面に出会うことはほとんどありません。

しかし、どんなモノも慣性を持っているし、慣性の法則は成り立っているのです。摩擦のせいで、そう見えないだけなのです。

また、地球の外に目を向ければ摩擦力のない世界があります。それは宇宙空間です。宇宙ロケットは、地球の重力圏を脱出するのに燃料を使いますが、脱出してしまえば慣性でいつまでも等速直線運動を続けるのです。あとは、目的の星に着陸するときに逆噴射するだけでいいのです。

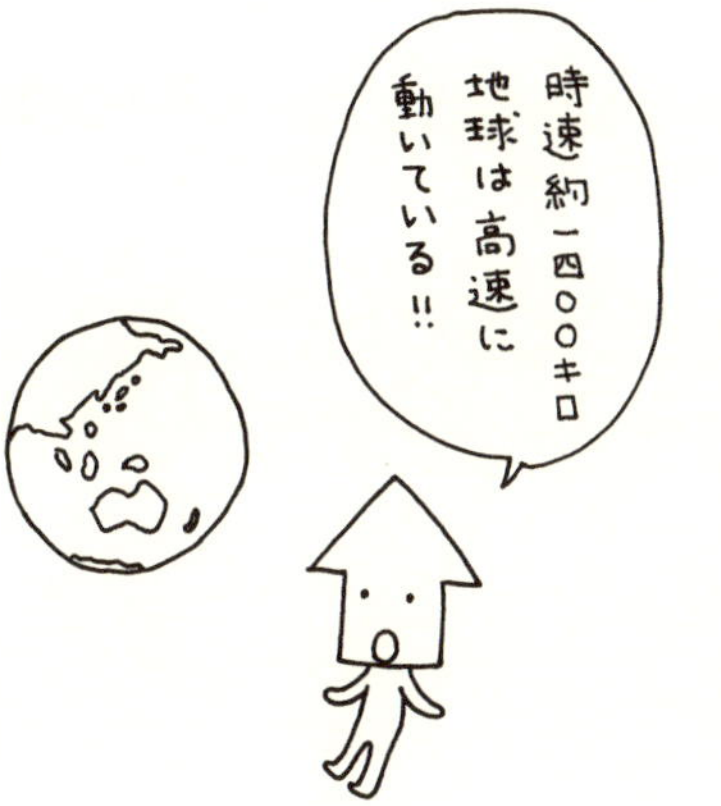
時速約一四〇〇キロ
地球は高速に
動いている!!

ピサの斜塔の実験はウソだった⁉

ガリレオの実験の真実

一五九〇年のある日のことです。

イタリアのガリレオ・ガリレイは当時二十六歳。ピサ大学の専任講師の職についたばかりの数学・物理学の研究者でした。

ピサの町にあるドゥオモ広場。ここには一一七三年から建設中でありながら、地盤沈下で傾いたために、その後長い中断を経て傾斜を修正しながら一三五六年に完成した塔、いわゆるピサの斜塔がありました。ガリレオは、七階のバルコニーにのぼり、一つの弾丸とその一〇倍の重さの弾丸とを同時に落としました。

広場では、ピサ大学の教授や学生をはじめ黒山の群衆が見守っていました。重い弾丸のほうが先に落ちるだろうというのが大方の予想でした。ところが二つの弾丸はほとんど同時に地面に落ち、音は一つしか聞こえなかったのです。

◆ガリレオ・ガリレイ

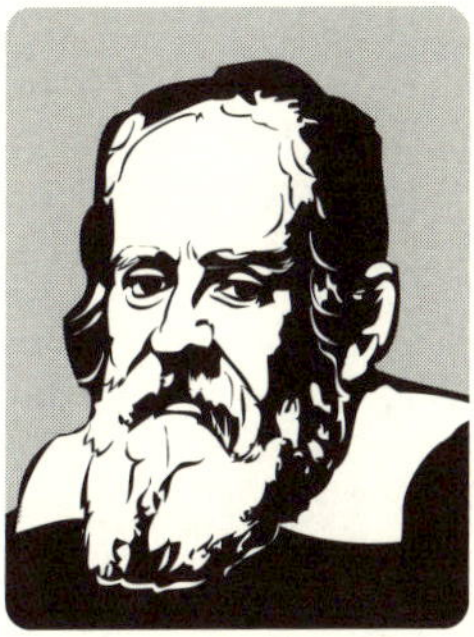
ガリレオ・ガリレイ
（1564～1642）

このガリレオのピサの斜塔での落体の実験は、非常に有名です。
当時の物理学ではアリストテレスの「モノは重いモノほど早く落ちる」という考えが支配的でした。ガリレオの実験は、最高権威とされていたアリストテレスの著作の内容をくつがえした実験として語り継がれてきました。読者の皆さんもご存じの方が多いでしょう。
ところが、このエピソードはどうも怪しいのです。
この実験の記録で最も古いものは、実験から六十年以上経った一六五四年に刊行された、ガリレオの弟子ヴィヴィアニの『ガリレオ伝』です。これ以前の、ガリレオが実験を行った時期の記録をいくら探しても、斜塔での実験は出てきません。

ヴィヴィアニの記述が本当なら、実験が行われた当時、大きな話題になって当然のはずです。それなのにガリレオの著作においてすら一言も触れられていないのです。

一体どういうことなのでしょう。

実は、落体の実験は、一五八七年にオランダのシモン・ステヴィンによって行われていたのです。彼は、質量の違う二つの鉛の玉を二階から落とし、同時に着地することを確かめていました。そして、この事実をガリレオは知りませんでした。

結局、ヴィヴィアニは、ガリレオを尊敬するあまりステヴィンの功績をガリレオのものにしてしまったらしいのです。しかも、かのピサの斜塔を舞台に……。

なぜ雲は浮いている？

雲はいったい何からできているのでしょうか。水蒸気ではありません。水蒸気は水分子がばらばらになった気体状態で無色透明で、その粒（分子）を見ることはできません。

雲は、水滴や氷の粒からできています。水滴や氷の粒からできているのに、空に浮いています。

雲をつくる雲粒は大変小さな水滴や氷の粒からできます。雲粒の直径はふつう〇・〇五ミリメートル程度で、雨粒の二〇分の一くらいの大きさです。二〇分の一というと、たいしたことはなさそうですが、体積にすると三乗倍ですから、八〇〇〇分の一になってしまいます。コップ一杯の水でも、八〇〇〇倍するとドラム缶一〇本相当。大変な違いです。

モノが落下するときには、空気の抵抗を受けます。このため、水滴の落ちる速さは、粒の大きさによって決まります。

雨滴を直径一ミリメートルとすると霧雨は〇・二ミリメートル、雲粒は〇・〇五ミリメートルです。最終の落下速度は、雲粒では毎秒〇・〇〇三メートルであり、霧雨では毎秒一・五メートル、雨滴では毎秒四メートルです。粒が大きくなると、落下の速度が急激に大きくなります。

雲粒の場合、落下速度が毎秒〇・〇〇三メートルですから、上方に向かって毎秒〇・〇〇三メートルの風があれば下に落ちずに空に浮くことができます。これならば、息を吐いたり、手を動かしたりするだけで起こりうる風の速度です。

雲をつくる水滴は大変小さいため、ほんの少しの空気の流れがあれば空中に浮かぶことができます。雲があるところには、そうした上昇気流があり、雲が落ちないのです。

雨粒の落下速度はどれくらい?

落下する雨粒が受ける力は、重力と空気の抵抗力および浮力になります。重力は、地球から離れるにしたがって次第に小さくなりますが、ここでは説明を簡単にするために一定として考えます。

また、浮力はアルキメデスの原理により、雨粒の体積分の空気の重量ですから、これも小さいので無視することにします。そこで考えるのは、重力と空気の抵抗力の二つです。

空気の抵抗力は、落下物の速さに比例することがわかっています。すなわち、雨粒が落下を始めて最初のうちは、落下の速さが小さいので空気抵抗もそれほど大きくありません。しかし、速さが大きくなってくると空気抵抗は速さに比例するので、無視できない大きさになってきます。重力は一定なので、それと反対向きの空気抵抗が徐々に大きくなることを意味します。

空気の抵抗力が、雨粒が受ける重力に等しくなると、上向きの力と下向きの力を合わせるとゼロになります。そうすると、慣性の法則――「モノに他から力が加わらなければ、あるいは加わってても合力ゼロならば、静止しているときにはいつまでも静止し続けようとし、運動しているときにはいつまでも等速直線運動を続けようとする性質を持っている」――から、そのときの速度での等速直線運動、つまり同じ速度のまま落下します。

激しいドシャ降りの雨粒の直径は五ミリメートル程度あり、時速三二・六キロメートルにもなります。直径〇・四ミリメートルの小雨の雨粒ならば時速五・八キロメートル程度、直径〇・八ミリメートルの並の雨粒であれば時速一一・八キロメートル程度です。

六七〇〇メートルから墜ちて助かった!?

以下は、友人の滝川洋二さん（東海大学教授）から教わった話です。

ギネスブックによると、人間が自由落下した「生還記録」は高度六七〇〇メートル（富士山の二倍くらいの高度）とのことです。六七〇〇メートルの上空で空中分解した飛行機からパラシュートなしで飛び降りて奇蹟の生還を果たした人は、落ちた所が雪におおわれた渓谷の斜面であったため、そのまま谷底まで滑り落ち、骨盤を折り背骨に重症を負いながらも助かったそうです。

雪の斜面に落ちたので、クッション効果が大きかったのでしょう。また、雨粒同様に、人間も空気の抵抗力で、落下してもどこまでも速度が大きくならずに、あるところで等速運動になります。

人間が落下する場合、五七三メートル落下すると、その後は一定の速度になります。頭を下にしての姿勢がもっとも速く、時速二九八キロメートル（秒速八三メートル）になりますが、その他の姿勢でも時速一八八〜二〇一キロメートル（秒速五二〜五六メートル）となります。このことが、六七〇〇メートルの高さから落下して助かったもう一つの理由となっています。

水に落ちた場合は、雪や森の斜面のようなクッション効果は弱く、例えば一〇〇メートル程度の高さからではコンクリートにぶつかるようなもので、おそらくは助からないでしょう。

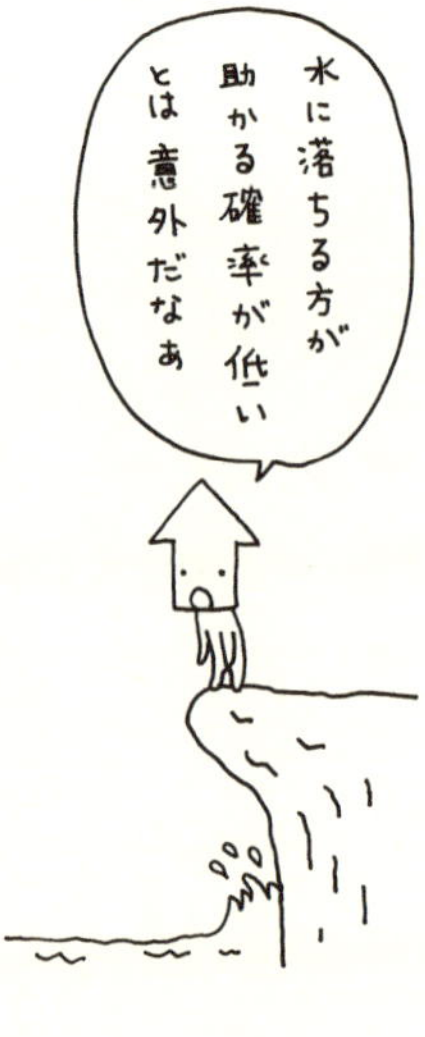
水に落ちる方が
助かる確率が低い
とは意外だなあ

象よりもハイヒールに踏まれるほうが痛い？

スノーシューが歩きやすい理由

同じ大きさの力でも、その力がかかる面積が違うと効果は違います。その効果を圧力といいます。面積が同じならば、かかる力が大きい方が圧力は大きくなります。また、かかる力が同じでも面積が小さい方が圧力は大きくなります。

深い新雪の上を、ふつうの靴のままで歩くと雪の中にめり込んでとても歩きづらいものです。しかし、スノーシューという「かんじき」のような雪上歩行具を履くと、あまり雪の中にめり込まずにさくさくと歩くことができます。スノーシューは、靴よりも面積が大きいので、歩くときにかかる力が広い面積に分散するからです。

例えば、スノーシューが雪に接する面積が私たちの靴底の面積の八倍なら、雪の上に直接靴で立っている場合の八分の一の圧力で雪を押すことになります。靴の場合だと雪にめり込むところでも、スノーシューはめり込み方が小さいので歩きやすくなる

◆圧力の公式

$$\text{圧力〔パスカル〕} = \text{圧力〔ニュートン／平方メートル〕} = \frac{\text{面を垂直に押す力〔ニュートン〕}}{\text{力を受ける面積〔平方メートル〕}}$$

のです。

鋭いナイフはなぜ切れる?

刃の鋭いナイフは、鋭くないナイフよりもよく切れます。刃が鋭いナイフの刃先の狭い面積に力が集中して、圧力が大きくなるからです。

圧力は、面積一平方メートルあたり垂直に押す力の大きさです。圧力という言葉から「力の一種」と思う人もいるかもしれません。圧力は力の大きさと関係がありますが、そのはたらきも単位も力とは異なります。

圧力は、面を押す力（ニュートン）÷面積（平方メートル）で求めることができます。

すると、圧力の単位は、ニュートン／平方メートル（ニュートン毎平方メートル）になります。このニュートン／平方メートルを一つの単位にするとパスカル（Pa）となります。一ニュートン／平方メートル（N／m^2）＝一パスカル（Pa）になります。

私たちの生活空間の気圧は、パスカルで表すとだいたい「一〇万パスカル」になります。これだと数字が大きすぎるので一〇〇倍を表す「ヘクト」をつけたヘクトパスカル（hPa）を使っているのです。そうすると私たちの生活空間の気圧は、一〇〇〇ヘクトパスカル程度ということです。

剣山に乗ることはできる？

剣山とは、生け花を刺して固定する道具です。鋭い針が台にびっしり埋め込んであります。

剣山には様々な大きさ・形がありますが、角形で大きさが縦・横七一ミリメートル×五四ミリメートルを四個用意してみましょう。次頁の図を見てください。剣山は、このような形です。

この剣山の上に裸足で立つことができるでしょうか？　例えば針一本の上に立ったら、きっと足に針が突き刺さります。しかし、針がたくさんあると一本あたりにかかる力は小さくなるから大丈夫かもしれませんね。

それでは検証してみましょう。

剣山の上に立ったとき、少し足を開いて体が安定するように、剣山を二個ずつ平行に並べます。両脇には机や椅子を置きます。剣山の横に立ち、両脇の机や椅子に両手をおいて自分の体重（重量）を支えながら、ゆっくり足を剣山の上に移します。体重が両足に均等にかかるように注意します。

両手を支えから離してみましょう。剣山から降りるときは、両脇の机や椅子に両手をおいて、体重を支えながら、ゆっくり降ります。

検証に使った剣山一個の針の数は二六二本です。四個使いましたので、合計約一〇〇〇本の針で体重を支えたことになります。体重五〇キログラムの人なら、かかる力は約五〇〇ニュートンです。五〇〇ニュートン÷一〇〇〇本＝〇・五ニュートン／本ですから、一本あたり〇・五ニュートンになります。針が足の裏に刺さるには、一本あたり、もっとずっと大きな力が必要です。

◆剣山

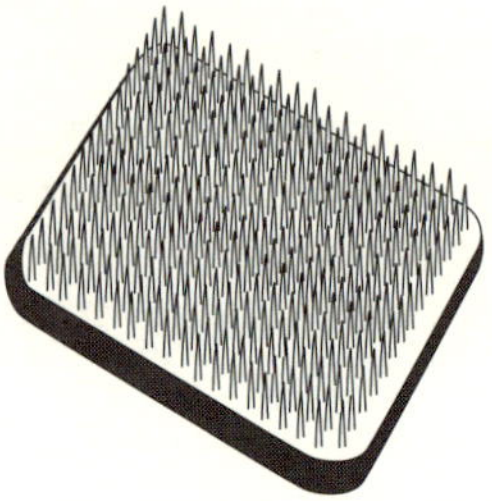

剣山の針は顕微鏡で拡大してみると、とがっているので

はなく、丸くなっています。だから、一本の針でも、足の裏に接している面積はある程度あります。五センチメートル釘で確かめたら、足の裏が痛くなるのに数ニュートンの力が必要なようです。剣山の針は釘より鋭いかもしれませんが、約一〇〇〇本もあるのですから、足の裏に触れている合計面積はかなりありますね。

結局、モノにかかる力は、触れあう面積が大きいとその面積によって分散されることがわかります。

象とハイヒールの圧力を比較する

私の友人は、象の足型のコピーを動物園から送ってもらって足の面積を計算し、象に踏まれた場合とハイヒールで踏まれた場合の圧力を計算しました。

どちらの圧力が大きいでしょうか。

象の足一つは一〇六〇平方センチメートル、約一〇〇〇平方センチメートル（＝〇・一平方メートル）、体重（質量）は三〇〇〇キログラム（力で約三〇〇〇〇ニュートン）、踏まれた足一つには四分の一の体重がかかるとします。

一方、ハイヒールを履いたお姉さんのほうは、体重四〇キログラム（力で約四〇〇

◆象とハイヒールに踏まれたときの圧力を比較

象

$$圧力 = \frac{30000\ ニュートン}{0.1\ 平方メートル \times 4} = 75000\ パスカル$$

ハイヒール

$$圧力 = \frac{400\ ニュートン}{0.0001\ 平方メートル \times 2} = 2000000\ パスカル$$

ニュートン)、ヒールの底面積を縦・横各一センチメートル、つまり一平方センチメートル(=〇・〇〇〇一平方メートル)とします。これに体重の二分の一がかかるとします。

計算してみると、象のほうの圧力よりハイヒールのほうがずっと大きくなります。つくづく「満員電車のハイヒールは怖い!」と思いませんか?

なお、この計算は、象の足によって踏まれる足からはみ出た部分は地面を押すとしています。もし、象の足の圧力が、踏まれる足(面積は一五〇平方センチメートル)だけにかかるとしたら、先の圧力の約七倍になります。

ジュースを飲むときに大気圧？

空気の圧力が大気圧

地球は、大気と言われる厚い空気の層で囲まれています。私たちは、その底（地表）に住んでいます。空気も重量を持っているので、地表近くの空気は、その上の空気の重量によって押し縮められて圧力を生じています。この圧力が大気圧です。大気圧は、ミクロに見ると、運動している空気の分子がぶつかることで生じています。

水圧と同じで、大気圧はあらゆる方向にかかります。屋根の下にいる人も、外にいる人も、同じ高さにいるなら同じ大気圧がかかります。

大気圧の大きさは、地表近く（海面の高さ）で約一〇一三ヘクトパスカル（一〇万一三〇〇パスカル）で、これを一気圧ともいいます。

日頃、私たちはジュースなどを飲むとき大気圧を利用しています。ストローでジュースを吸い込んで飲んでいますね。これは、実はストローと口の中の空気を追い出して空気を薄くして気圧を下げているのです。

コップのジュースの表面には大気圧がかかっていますので、大気圧がジュースをストローと口に押し上げているのです。

缶つぶしの実験

大気圧の大きさを簡単に実感することのできる実験の一つに、大気圧によるアルミ缶つぶしがあります。

材料はアルミ缶と水、道具はガスコンロと缶バサミ、たらいです。

まずアルミ缶に少量の水を入れ、ガスコンロで加熱します。中の水が沸騰してアルミ缶の中が水蒸気で一杯になるのを待ちます。そのアルミ缶を飲み口が下になるようにして水を入れたたらいに入れると、グシュッと音を立てて一瞬でアルミ缶がつぶれます。

加熱する前のアルミ缶には、外側と内側に同じ大きさの大気圧が加わっています。水を中に入れて加熱することで、缶の中が水蒸気で満たされます。このとき、缶の中の空気が押し出されます。

◆大気圧で缶つぶし

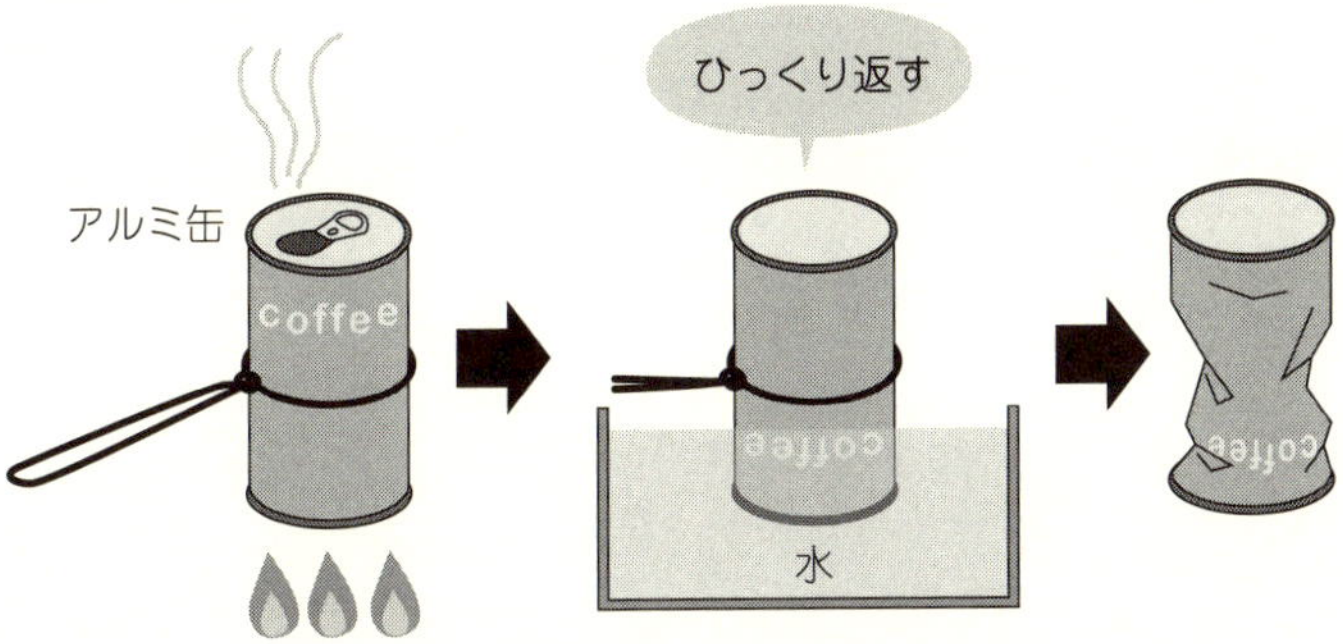

このアルミ缶をひっくり返して水の中に入れると、缶の口は水で閉じられ、しかも缶の中に入っていた水蒸気が冷やされて水に戻ります。このため、缶の内側にはたらく圧力が小さくなります。その結果、アルミ缶は大気圧によって一瞬でつぶれるのです。

ドラム缶でも同じ効果

私は、同じような方法で、小さなアルミ缶ではなく、もっと大きなドラム缶を何個もつぶしました。最初に試したときは、庭にブロックで炉をつくり、水を少量入れたドラム缶を置き、炉に薪を入れて燃やして熱しました。

ドラム缶の口から勢いよく湯気が出てきたら、しばらく加熱をして、口にふたをはめます。加熱を止めて待っていると、バーンという音がしたかと思うと、ぐしゃぐしゃにつぶれていきました。

Part 3

読みだすと眠れなくなる物理

地球を貫通する穴にボールを落とすと？

穴をあけるための条件

地球は、ほぼまん丸な球体で、内部は表面から地殻、マントル、核という層構造をとっていると考えられています。例えると、リンゴのようなものです。リンゴの実をイメージしてください。リンゴの皮が地殻、実の部分がマントル、種子が入った芯の部分が核という感じです。実際に人類が掘ることができた最も深い穴は、今のところロシア北部のコラ半島の一万二二六一メートルで、マントルまでも到達していません。

なお、二〇〇五年に就航したわが国の地球深部探査船「ちきゅう」は、陸地より地殻がうすい海底を掘り進めてマントルに到達することを狙っています。

現在、実際に地球を貫通する穴をあけるのは難しいのですが、「もしできたら」という仮定で考えてみましょう。

地球は自転しています。回転軸の極は別として、他の場所では軸に垂直に遠心力がはたらくため、万有引力と遠心力が合わさった力である重力は、地球の中心へは向かいません。遠心力を考えないですむように、北極と南極を貫通する穴をあけ、ボールを落とすという条件にします（重力と遠心力が同一線上にあるので、赤道を貫通するという条件でもかまいません）。

さらに、穴の中は真空だとします。空気があると空気の抵抗力で運動が邪魔されますし、空気との摩擦による熱の発生で、ボールは融けたり蒸発してしまうからです。

実際の地球は、中心に行くほど温度が高く、中心部は太陽の表面温度の約六〇〇〇℃もあると考えられていますが、それも考えないことにします。また、実際は地球の密度は中心へ行くほど大きくなっていますが、それも均一でどこも同じ密度だとします。

こうして、この思考問題を考える条件が揃いました。

ボールは往復運動をする！

北極からボールを落とすと、ボールは重力を受けるので、だんだんと速くなりなが

◆地球を貫通　北極と南極

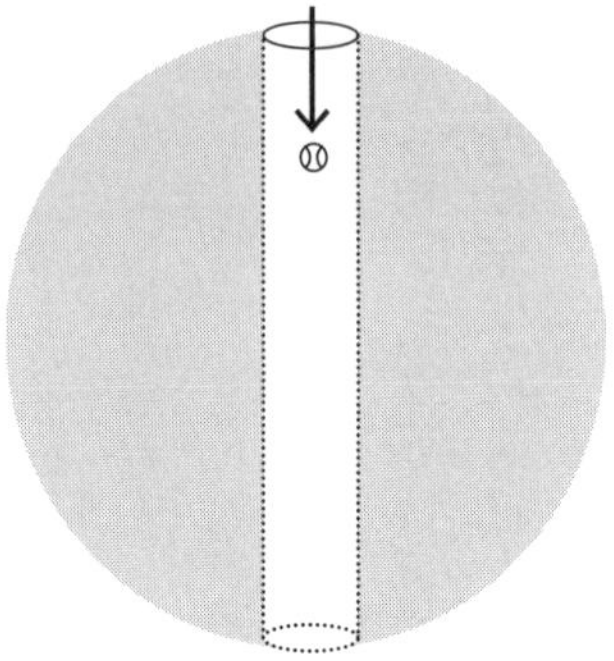

ら落下していきます。

このとき、ボールが受ける重力は、中心に向かうほど小さくなります。ボールが受ける重力は地球との万有引力によるものですが、ボールが地球の内部にある場合、まわりにある地球の物質には偏りがあり、運動方向と反対向きにも引っぱられるからです。

地球の中心部では、地球との万有引力は、どの方向も互いに打ち消し合って消えてしまい無重量状態になります。北極ではゼロだったボールの速度は、中心で毎秒約七・九キロメートルです。

地球の中心を通り過ぎると、今度は運動方向と反対向きに引っぱられる力のほうが

◆地球に横穴

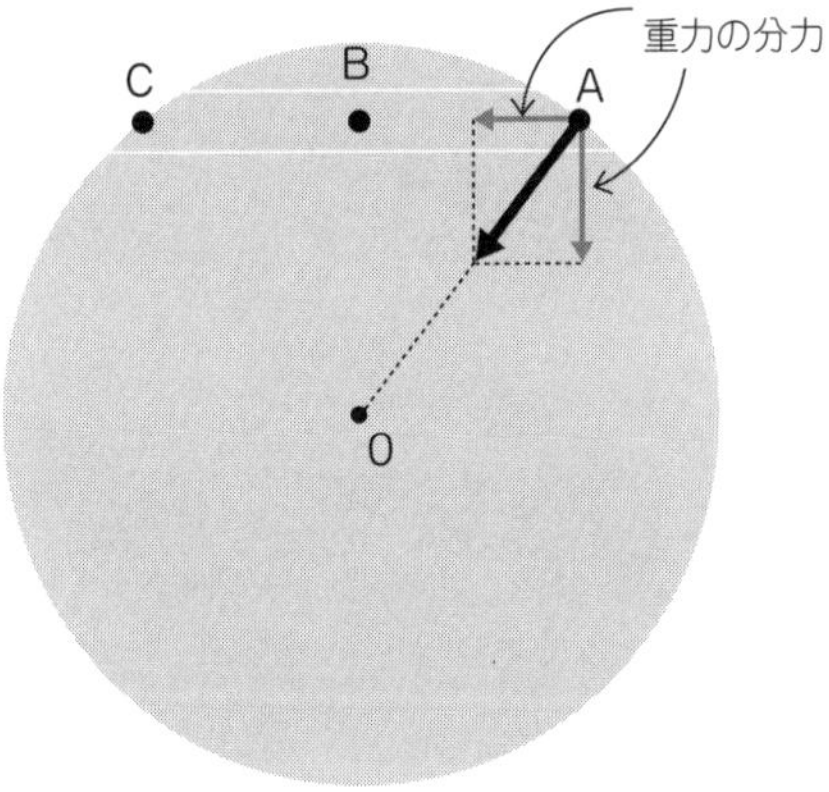

大きくなり減速していきます。そして、ついには南極で速度ゼロになり、またそこから北極へと運動していきます。この往復運動をくり返します。

空気の抵抗だけを加味する（熱で融けたりすることは無視）と、北極から落としたボールは折り返しの距離を縮めながらついには中心で停止します。

飛行機より速い！　真空チューブ列車

空気の抵抗や摩擦、遠心力を無視できたとして、地球の中心を通らないトンネル（図のA—B—C）ではどうなるでしょうか。

一つの力を同じはたらきをする二力に分

◆真空チューブ列車

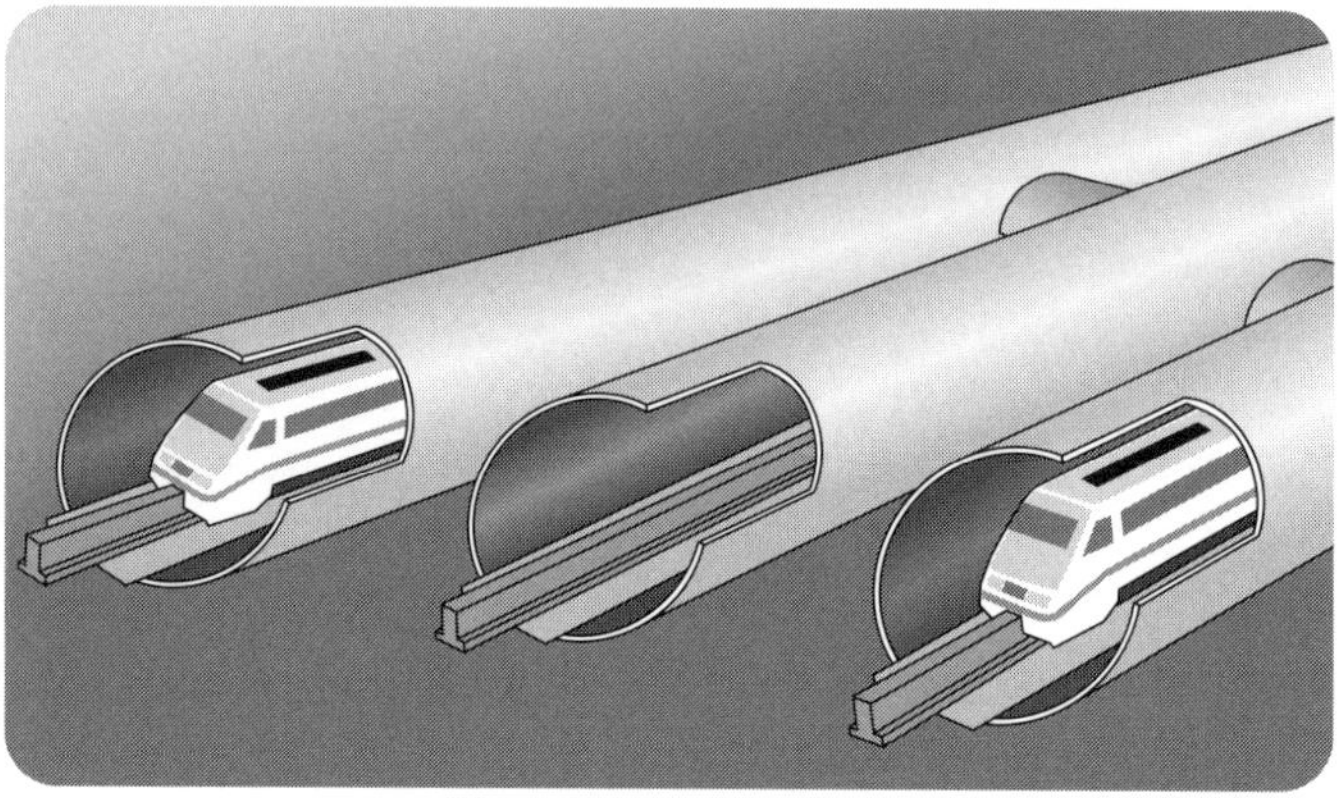

けて考えることができます。分けた二力を元の力の分力といいます。ここで、A、B、C各点の重力を前頁の図のような分力で考えてみましょう。A点にあるモノは重力のA―B―C方向の分力を受けていますから、B点へ向けて運動します。重力の分力はB点に近づくにつれて小さくなりますが、それでも力を受け続けるので加速します。B点では、重力のA―B―C方向の分力はゼロになります。B点を超えると減速して、C点で速度ゼロになります。

結局、受ける力の大きさが違うので速度は違いますが、北極―南極の穴と同様の運動をします。

そこで、中を真空にしたチューブを地下

や海底に埋めて、リニアモーターカーを走らせることが構想されました。地球の重力を利用して、最低限のエネルギー付加でモノを輸送するシステムです。

例えばロンドン－ニューヨーク間をこれで結べば、理論上は飛行機より速く輸送できると考えられます。構想されたときには、マッハ五～六（マッハ一で時速約一二〇〇キロメートル）でした。しかし、トンネルの建設や真空状態の維持、チューブの強度、真空部分と駅など真空でない空間の区分けなど、コストと技術、安全性などに課題が多く実現していません。

静電気と動電気

どんな物質にも電気の元がある

すべての物質は原子からできています。原子には種類があります。原子の種類は「元素の周期表」にまとめられています（二〇二四年十二月現在で一一八種類）。

原子はいくつかの粒が結びついてできています。原子の中心にはプラス（＋）の電気をもった原子核という粒があります。原子核は陽子と中性子という粒からできていますが、そのうち陽子が（＋）の電気を持っています。原子核のまわりには、陽子や中性子よりずっと小さく軽い電子というマイナス（－）の電気を持った粒があります。陽子一個の持つ（＋）電気と電子一個の持つ（－）の電気は、合わせるとちょうど（＋）と（－）が打ち消し合ってゼロとなります。

元素によって陽子の数、電子の数が違いますが、同じ元素では陽子の数と電子の数は同じです。ですから、原子全体では（＋）と（－）がうち消し合って電気はゼロと

◆原子の構造

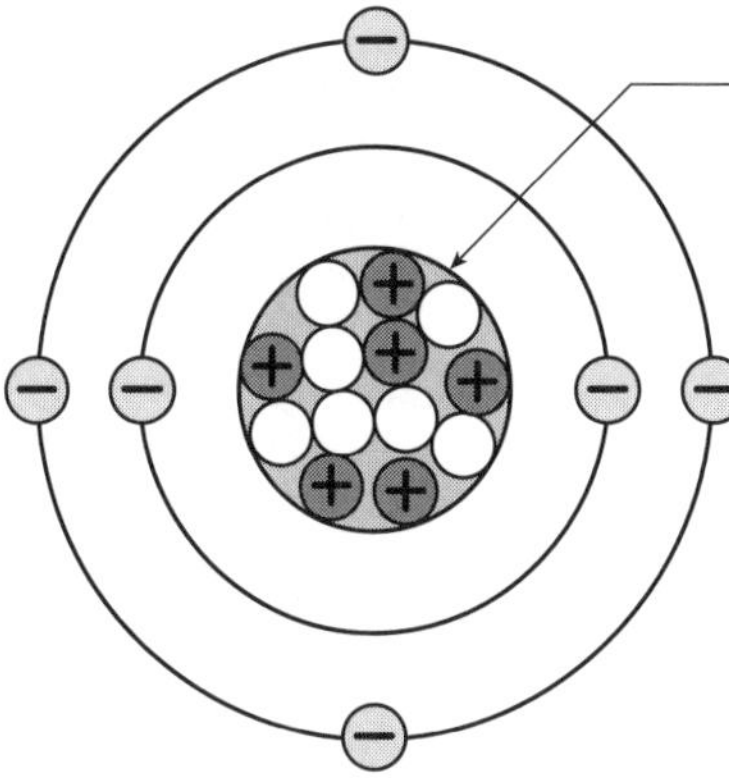

なり、電気を持っていないように見えるのです。

見かけは電気がないように見えても、物質をつくっているのは原子ですから、どんな物質でも電気の元はあるのです。モノをこすったり、くっつけたりすると、物質の中の原子にある軽い電子が飛び出したり、相手のモノに入り込んだりします。

そのとき、原子の中心にある原子核の重い陽子は動かないのでそのままです。すると、電子をもらった方の物質は（－）の電気が多くなるために、（－）の電気を帯びる（帯電する）ことになります。逆に、電子をあげた方の物質は、原子核の陽子の（＋）の電気はそのままで（－）の電気が

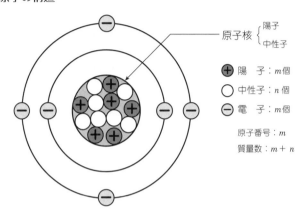

◆帯電列

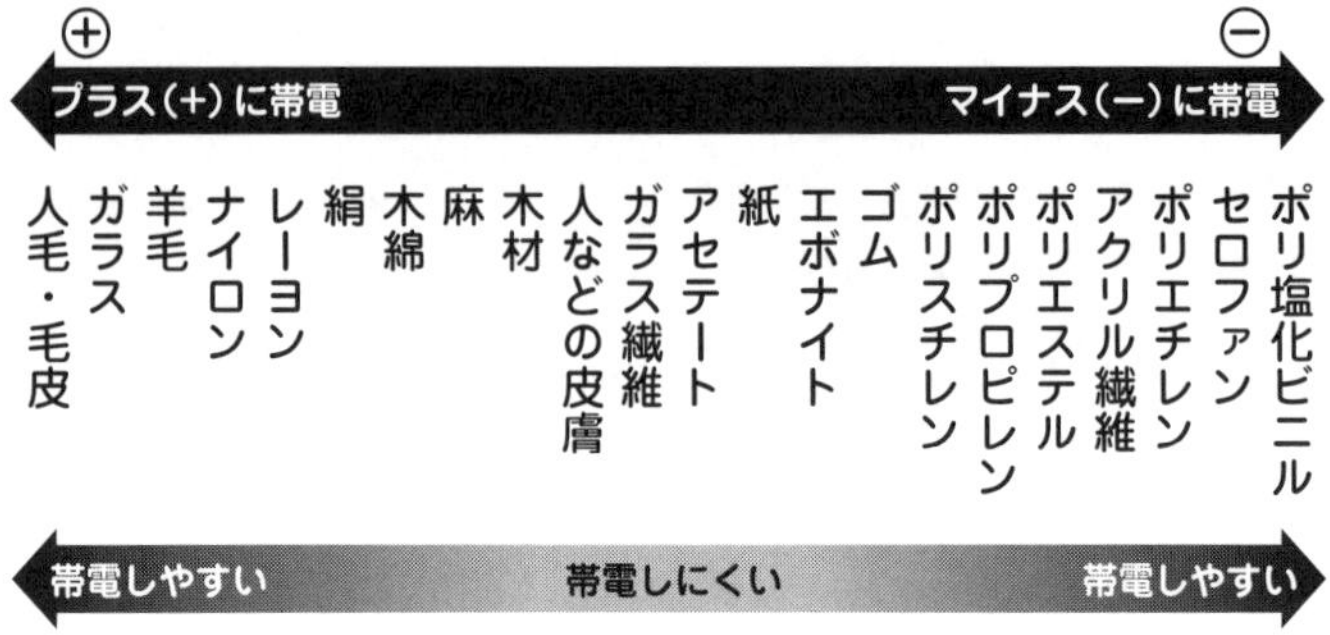

少なくなるために（＋）に帯電します。

例えばストローと紙の場合は、紙からストローに電子が移動します。紙は（＋）に、ストローは（－）に帯電します。アクリル繊維と紙の場合は、紙からアクリル繊維に電子が移動します。アクリル繊維は（－）に、紙は（＋）に帯電します。

このようにモノをこすり合わせたときにできる電気を静電気、または摩擦電気といいます。これに対し、電池やコンセントにつないだときに流れる電気を動電気といいます。

こすり合わせたときに、どちらが（＋）になり、どちらが（－）になるかは、こすり合わせる物質の組み合わせによって決まります。こすり合わせる物質の種類で電子の移動方向が決まります。

静電気で工場の煙を取る

帯電したモノも、空気中に湿気があると持っていた電気が空気中に逃げていきます（放電します）。電気が流れるモノなら、放電しやすいところへ各所から電気が動いていき、どんどん放電していきます。しかし、電気が流れないモノ（絶縁体）ではそうはいきません。電気がたまるだけで動きません。乾燥した冬に静電気がたまりやすいのは放電しにくいからです。

日常生活で起こる静電気と、電池やコンセントにつないだときの動電気は、電気の正体としては、基本的にどちらも電子で同じです。

電気を考えるときに、電気の流れる量（電流の量：単位はアンペア〈A〉）と電気が流れようとする勢い（電圧：単位はボルト〈V〉）を考えますが、静電気では電圧が数千～数万ボルトあるのに対し、電池は一個一・五ボルト、家庭のコンセントは一〇〇ボルトです。雷を除けば、静電気のとき電流はとても小さいのですが、電池やコンセントからの電流は静電気のときの電流と比べるとずっと大きくなります。

また、電流は、静電気では一瞬に流れますが、電池やコンセントからは流れ続けます。冬、金属製のドアノブにさわろうとしたときにバシッとショックを受けることがありますが、このとき電圧は数千ボルトでも電流は数ミリアンペア（一ミリアンペアは、一〇〇〇分の一アンペア）といわれています。一〇〇ワットの電球をコンセントにつないで、一〇〇ボルトの電圧をかけると電流は一アンペアです。

静電気を使った技術は、コピー機の内部で活躍しています。また、工場やごみ焼却場の煙突から煙を取るのにも利用されています。

静電気は
上手に使うと
暮らしを
助けてくれる

タンクローリー車のアースベルトは無意味

タンクローリー車のアースベルト

ガソリンを運ぶタンクローリー車が走行するとき、タンク内ではガソリンと内壁がこすれ合って静電気が起こります。そこでタンクローリー車は、静電気を地面に逃がすためだとして車体からアースベルト（接地導線）や鎖を地面にたらして地面を這わせながら引きずって走っていました。ところが、いま、タンクローリー車がアースベルトや鎖を引きずって走っているのを見なくなりました。それはアースベルトや鎖が無意味だったからです。

ゴムタイヤもゴム自体は絶縁体ですが、電気を通すカーボンブラックを混ぜたり、スチールを入れたりしていますから電気を流します。金属製のタンクは、金属部分がゴムタイヤまでつながっています。ということは、地面に接しているゴムタイヤがアースベルトや鎖と同じはたらきをするはずです。

◆タンクローリー

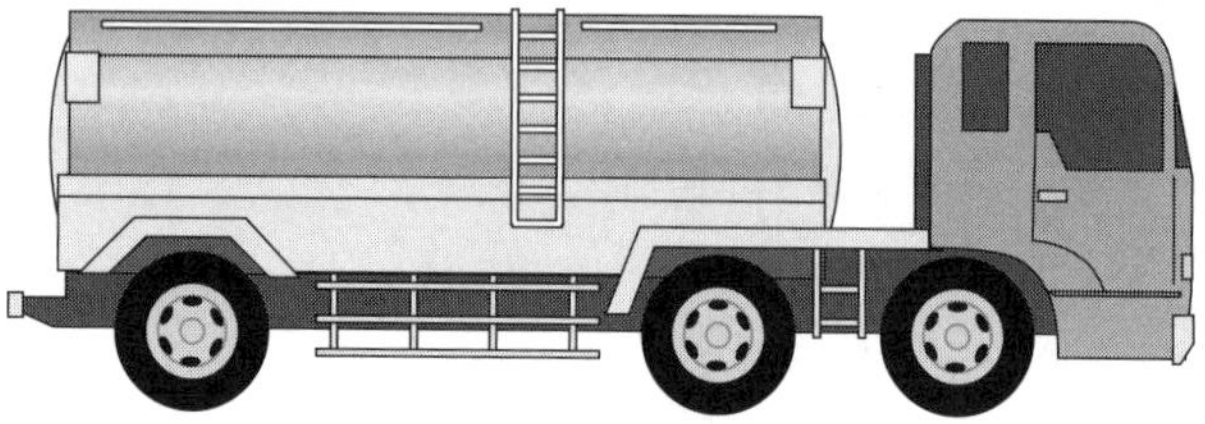

ゴムタイヤが
電気を流すから
鎖は 不要なんだね

雷が落ちても車の中にいれば大丈夫

雷の電流は車体やゴムタイヤの表面を流れて中の人間は平気です。これを静電遮蔽といいます。科学館の高電圧火花ショーで、金網の籠に高電圧をかけても中に入った人間は平気というものがあります。

静電気が原因で火事が起こる

ガソリン入りのタンクローリー車に雷が落ちても大丈夫でしょうが、注意しなければならないのは給油時です。

静電気の逃げ場所がないと、静電気の量は増えていき、ついに放電が始まります。この放電には高温の火花を伴いますので、燃えやすい物質が近くにあれば火災発生となります。

セルフ式ガソリンスタンドは、車の運転手が自分で燃料を給油するものであり、一九九八年四月に規制緩和の一環で登場し、安さと手軽さから急増しました。

新聞記事データベースで調べたところ、例えば二〇〇二年四月二十七日付け朝日新聞大阪本社版に、「セルフ式給油、いきなり炎　犯人は静電気」という記事がありました。

「セルフ式ガソリンスタンドで乗用車の給油口キャップを緩めたら、いきなり炎が立ち上がる――。こんな発火トラブルが起きている。利用者の体にたまった静電気が指先から放電し、ガソリン蒸気に引火したらしい。幸いけが人は出ていないが、発火の恐れがまだ十分知られていないとして、総務省消防庁や石油、自動車業界などは注意喚起に動き始めた。」

二〇〇七年八月十八日付け朝日新聞東京本社版夕刊には「セルフ式ガソリンスタンド、静電気対策を義務化／消防庁」とあります。

「総務省消防庁は十八日、セルフ式のガソリンスタンドの防火対策を強化するため、給油ノズルを静電気を逃がす構造にすることなどを義務付けることを決めた。危険物

◆セルフ式ガソリンスタンドの給油装置

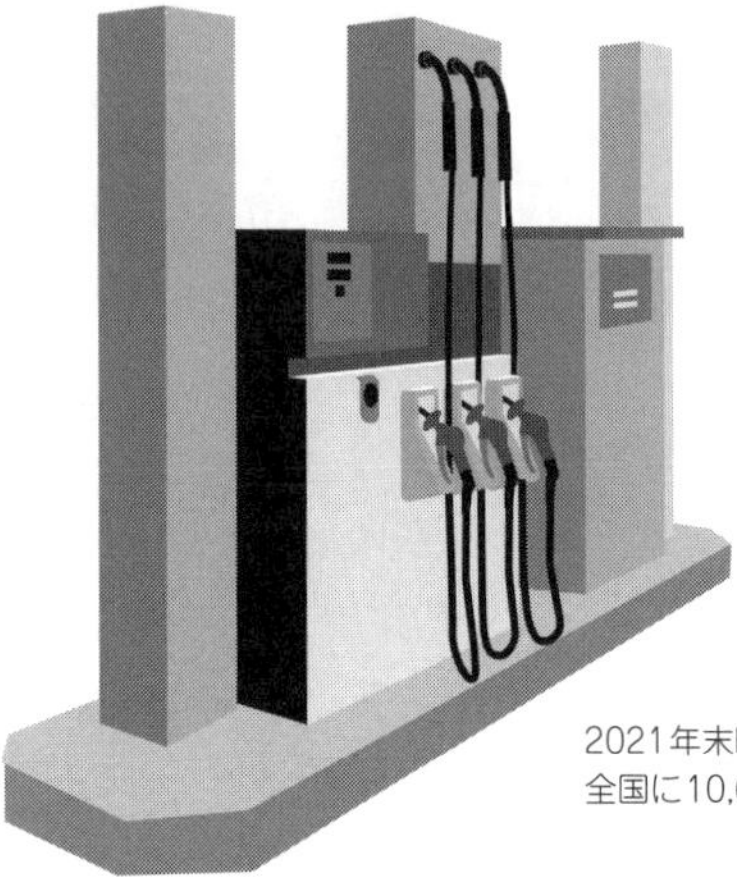

2021年末時点で
全国に10,608ヵ所ある。

規制規則を改正、新規の施設には十月から、既存の施設に対しては十二月から義務付ける。

セルフ式ガソリンスタンドは価格が割安なため消費者に人気があり、全国で現在約五〇〇〇か所ある。一方で、車体の一部が焼けるような小規模な火災が、二〇〇四年に六件、〇五年に四件起きている。

同庁によると、火災原因の大半は、給油ノズルと手の間で発生した静電気がガソリンに引火したものだった。これまで業界団体へ対策を要請してきたが、大きな事故につながる危険性もあり、対策を強化する。

具体的には、給油ノズルの握りやレバーを、静電気を確実に逃がす樹脂やステンレス製にすることを義務付ける。静電気を除去しにくい材質を使っている場合は、交換させる。

利用者が操作に慣れておらず、ガソリンが噴きこぼれる事例も年に数件あり、操作方法を掲示させるとともに、こぼれても人体に飛び散るのを防ぐ部品を取り付ける対策も徹底させる。」

こうした静電気による危険性は従来から知られています。一般のガソリンスタンドの従業員は、静電気を逃がす専用の靴（靴底などが導電性）を履いている上、ガソリンスタンドの敷地に水をまいて静電気を逃がしやすくしているといわれます。

ユーザー側としては静電気がたまった状態で給油作業をしないことが必須です。自動車工業会は、

（1）車体などの金属部分に触れて、静電気を逃がしてから給油口を開ける
（2）再び静電気を帯びないように、給油中は座席に戻らない
（3）給油扉（リッド）と給油キャップは同じ人間が開ける

などの防止策を冊子などで呼びかけています。

そこで、セルフ式ガソリンスタンドでは、給油装置に静電気除去シートが取り付け

られています。これで静電気を逃がしてから給油作業を……ということです。

衣服にかける帯電防止スプレーの正体

衣服の繊維の帯電列は一五二頁の図のように、プラス（＋）からマイナス（－）方向にウール・レーヨン・絹・綿・ポリエステル・アクリルとなっているようです。ここで隣り合っているモノ同士は静電気が起こりにくく、離れているほど静電気が起こりやすいことになります。ですから、ウールとアクリルの重ね着は、とくに静電気が起こりやすい組み合わせになります。

モノAとモノBとを摩擦することによって、モノAとモノBにそれぞれ（＋）の電気と（－）の電気が分離してたまったのが静電気です。静電気をふせぐためには、分離したこの電気を、例えば電気を通しやすい水分で逃がしてやればいいのです。湿度四〇％以上なら静電気は起こりにくいですし、天然繊維の絹や綿なら繊維自体に水分が多く含まれているのでトラブルは少ないことになります。天然繊維は、その分子の中にヒドロキシ基（-OH）など水と仲がよい部分（親水性の基）をたくさん持っていて水と仲がいいからです。

◆衣服の帯電防止スプレー

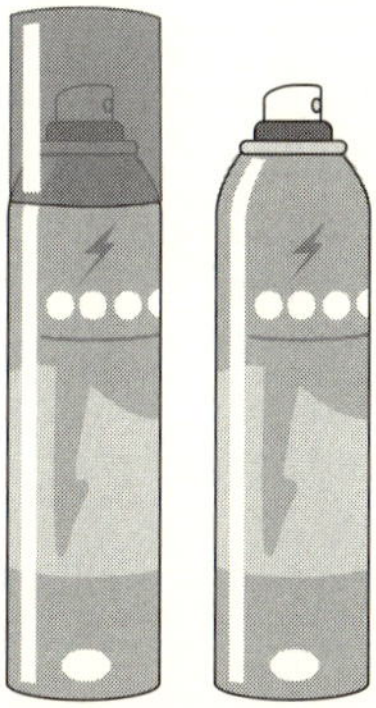

◆帯電防止スプレーのしくみ

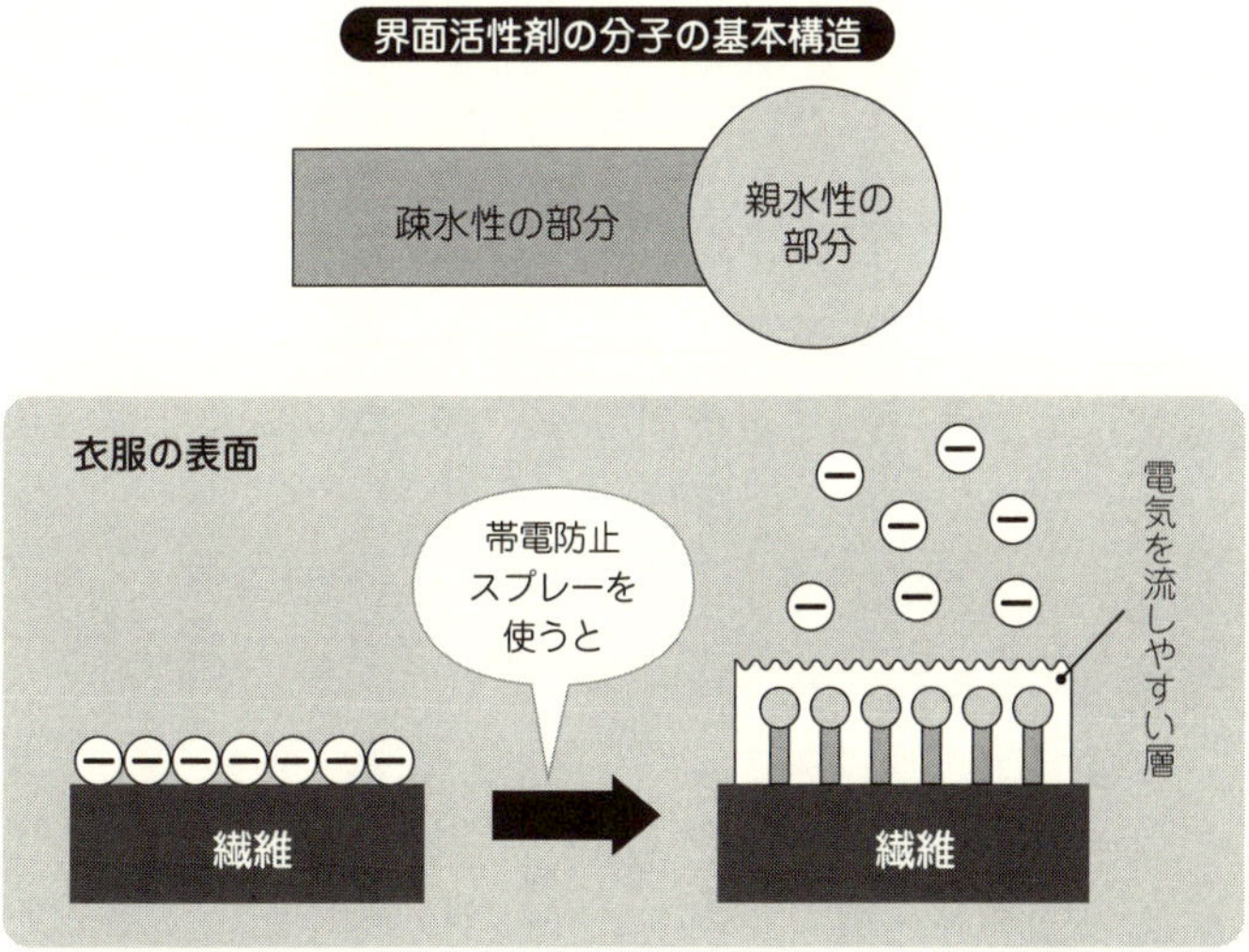

吸湿性の少ない繊維では静電気トラブルが起こりやすくなります。とくに安価で加工性のよいポリエステルは吸湿性が弱いのです。そこで、繊維メーカーは、カーボンブラックや金属化合物など導電性のよい物質を練り込んだ導電性繊維を開発しています。

帯電防止スプレーの場合は界面活性剤を活用しています。界面活性剤には様々な種類がありますが、石鹸、合成洗剤などの成分物質です。界面活性剤の分子は、水と仲が悪い疎水性の部分と水と仲がよい親水性の部分から成っています。これを合成繊維にかけると、疎水性の部分は繊維側に、親水性の部分は外側つまり空気側に並びます。親水性の部分には空気中の水分とくっついた被膜層ができます。それで衣服の表面から静電気が逃げやすくなります。

また界面活性剤のおかげですべりやすくなり、摩擦による静電気も抑えられます。

静電気防止商品にも効果の差

兵庫県立生活科学研究所の調査結果の概要を紹介しておきます（一九九九年十二月二十九日付け朝日新聞大阪本社版から要約）。

静電気を防止するとうたった商品には、
▽器具を使って体の静電気を空気中に放電する
▽器具を通して静電気を大地にアースする
▽スプレーで界面活性剤を吹きつけ、そこから空気中に放電する
▽高電圧を発生させて静電気をなくす
という四つのタイプがあります。

放電タイプは、キーホルダー型、カード型などがあります。電気を帯びさせたアクリル布で実験したところ、カードなどの接触面積が大きいモノほど効果が大きい、という結果でした。カード型商品には「服のポケットに入れておくだけでＯＫ」という説明のものがありますが、「厚着した場合は、効果が小さくなる。できるだけ体に接した部分に携帯すること」ということです。

アースタイプは、器具を手で持って地面などにアースするので、体の静電気を取り除くことはできますが、衣服の静電気を取り除くことは難しく、衣服から体に静電気が移ることもあります。

スプレータイプは界面活性剤が主成分で、衣服に付着した界面活性剤に空気中の水

蒸気が引き寄せられ、水分を通して静電気を空気中に放電します。実験では、スプレーした布に摩擦を加えても帯電しにくく、効果が持続することがわかりました。

最近登場した高い電圧を発生させるタイプは、電気の力で静電気を消してしまいます。実験では、帯電したモノに向けて使うだけで効果があるということでした。

ストローで科学遊び

ストローで空き缶が動く

身近なストローを用いた静電気の実験を紹介します。ストローはポリプロピレンという材質でできていて静電気がたまりやすくなっています。乾燥した冬だけではなく、湿度が高いときでも約三〇〇〇ボルトの静電気がたまります。

次に、友人の山田善春さん（大阪市立生野工業高校教諭）に教わった実験を紹介します。

①紙を引き付ける

ティッシュを小さくちぎってストローを近付けると、ティッシュがストローに引き付けられます。これで静電気が起こっているかどうかの確認ができます。もしティッシュが引き付けられなければストローに静電気が起こっていないので、もう一度ティッシュをしっかりこすって静電気を起こしてください。

（－）の電気を持ったストローが、紙、グラニュー糖、水、氷などの不導体に近づくと、不導体内で電子の偏りが起こり、帯電した物質の近い側に（＋）の電気が現れ、引き付け合います。これを誘電分極といいます。

②グラニュー糖を引き付ける

コーヒーなどに入れる細かなグラニュー糖の粉末にストローを近付けます。ストローにグラニュー糖が引き付けられますが、数珠つなぎでついているのがわかります。これはグラニュー糖に誘電分極の連鎖が起こっているためです。

③空き缶を引っぱる

ジュースの空き缶を、表面がすべすべのテーブルの上に横に寝かせて、ストローを横から空き缶に平行に静かに近付けます。すると、空き缶が転がりながらストローに近付いてきます。空き缶と常に距離が一定になるようにストローを動かすと、空き缶がその動きを追いかけて転がって行きます。

◆静電誘導

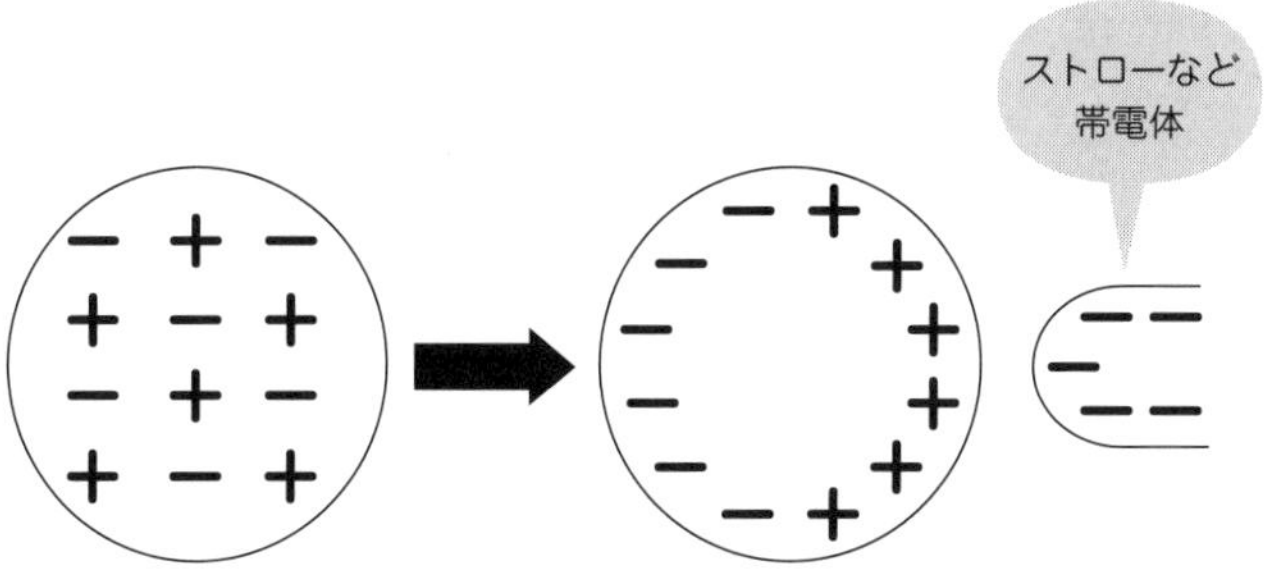

ストローが（－）に帯電しているとすると、それが金属に近付くと、金属内で自由電子の移動が起こり、ストローに近い側に（＋）の電気が現れ、（－）と（＋）の電気で引き付け合います。これを静電誘導といいます。

④湯のみを引っぱる

空き缶を引っぱる要領で、瀬戸物の湯のみを引っぱってみましょう。湯のみがゴロゴロと転がる様にはびっくりします。

⑤コップの水の表面を引っぱる

コップに水をぎりぎりいっぱい入れます。表面張力で盛り上がる状態になります。盛り上がった水面の端に上から静かにストローを近付けると、水面のふちが「にきび」のように盛り上がり、その瞬間、ストローと水の間でパチッと放電して元に戻ります。

コップのまわりについている水滴も、ストローを近付けると盛り上がるのが観察できます。

⑥水に浮かんでいる氷を引っぱる

コップの中に水をいっぱい入れて氷を浮かべ、ストローを水平にして静かに近付けると、氷がストローに近付いてきます。ストローを静かに動かすと氷がストローを追いかけます。氷を二個入れると、氷がつながって引き付けられてきます。これは氷の誘電分極が連鎖するために起こります。

静電気で蛍光灯がつく！

真っ暗な部屋で、下敷きをこすって蛍光管の一方の電極につけると、一瞬光ります。蛍光管を手に持って、生きている猫の背中をこすると、蛍光管が光ります。

二人一組で、一人は蛍光管を持ち、一人が帯電させたストロー（ティッシュでこする）を蛍光管の電極に近づけます。まわりを真っ暗にして行うと蛍光管がぴかっと光ります。

豆電球やふつうの電球が光るのは、電流が流れると、電球の中のフィラメントが約三〇〇〇℃の高温になり、高温になったフィラメントから光と熱が出るからです。

ところが、蛍光灯の蛍光管が光るしくみはまったく違います。蛍光管は、両端に電極をつけたガラス管に水銀蒸気とアルゴンガスを入れ、ガラスの内側に蛍光物質を塗ってあります。高電圧がかかるしくみを持っていて、その電圧で電極間にアーク放電が起こるようになっています。電極からは光速の電子が飛び出し、それが水銀原子とぶつかると、水銀原子中の電子はエネルギー的に高い励起《れいき》状態になります。こういう電子が元の低い状態に戻るときに、そのエネルギーの差を紫外線の形で放出します。そして紫外線が内側に塗ってある蛍光物質を発光させ、白色光が出るのです。

蛍光管は高電圧を出すしくみがないと光りません。キャンプなどで使われる電池で光る蛍光灯があります。電池を四個、つまり六ボルトで使いますが、そのままの電圧では低すぎて蛍光管に電流は流れません。そのため、トランジスタやＩＣやトランスなどで作ったインバーター回路によって、電池の電圧を上げているのです。
蛍光管が静電気で光るのは、静電気は数千～一万ボルトくらいの電圧は簡単に出るので、アーク放電と同じことが一瞬起こせるからです。

【参考文献】
山田善春「ストロー検電器で遊ぶ」『ＲｉｋａＴａｎ（理科の探検）』二〇〇七年十一月号

てこで地球を持ち上げるには何年かかる？

アルキメデスの宣言

「てこを使って、地球だって持ち上げることができる」と大言壮語した人がいます。古代ギリシャの科学者、数学者、技術者として大変に有名なアルキメデスです。

アルキメデスは、シチリア島シラクサ出身。シラクサの王ヒエロンとは親類の間柄でした。ヒエロン王の前での言葉が「私に支点を与えよ。そうすれば、私は地球を持ちあげてみせよう」だったのです。これにはさすがの王も家来たちも驚きます。誰もが、アルキメデスはホラをふいていると考えました。

その後、アルキメデスは、てこを使った様々な戦いのための道具を作り、シラクサのために活用しました。アルキメデスの話を理科的に考えてみましょう。

◆「私に支点を与えよ」

検証：てこで地球は動く？

それでは、実際に一人の人間が、てこを使って地球上で、地球と同じ質量の物体を持ち上げることができるのでしょうか。もちろん支点が用意されて、強くて丈夫な、そして非常に軽くて長い棒が用意されたと仮定してのお話です。

地球の質量は、およそ六、〇〇〇、〇〇〇、〇〇〇、〇〇〇、〇〇〇、〇〇〇、〇〇〇、〇〇〇キログラムです。もし、人間が、六〇キログラムのモノを持ち上げるのに必要な力（およそ六〇〇ニュートン）で、てこを押し続けることができるとします。

このモノを持ち上げるためには、支点からモノとてことが接する点までの距離を一ミリメートルとしても、支点から人間の手までの長さが一〇〇、〇〇〇、〇〇〇、〇〇〇、〇〇〇キロメートルのてこが必要ということになります。これでは地球からてこがはみ出してしまいます。それどころか、太陽系（直径は約一五〇億キロメートル）からさえもはみ出してしまう長さです。仮に宇宙空間にしっかりした土台があったとして、そこでこの棒を押すことにしましょう。

たったの一ミリメートルだけ地球と同じ質量のモノを持ち上げるとしましょう。このモノを持ち上げるためには、力で得しようとしているので距離では損をして、手はてこを一〇〇、〇〇〇、〇〇〇、〇〇〇、〇〇〇キロメートルの距離だけ押し続けなければならないのです。

ふつうの人間は、大まかに一秒間に一〇〇ニュートンの力（一〇キログラムのモノを持ち上げるのに必要な力）を出して一メートルの距離を動かすことができます。この場合は、六〇〇ニュートンの力を出し続けるので、一秒間には六分の一メートルの距離を動かせるということです。

一ミリ持ち上げるのに約十九兆年

一秒間に六分の一メートルずつてこを押し下げていっても、先ほどのものすごい距離を押し下げるには、六〇〇、〇〇〇、〇〇〇、〇〇〇、〇〇〇、〇〇〇、〇〇〇秒という時間がかかるということになります。

これを昼も夜もひたすらに続けたとしても約十九兆年かかります。地球上で地球と同じ質量のモノを一ミリメートル持ち上げるのに、これだけの年数がかかるのですから アルキメデスの話は現実的ではありません。あくまでも理論上の話なのですね。

人類は永久機関を夢見る

永久機関への挑戦

永久機関への挑戦の歴史は、エネルギー保存の法則などの自然法則の確立への歴史でした。特許局が「発明」に類しないとする永久機関ですが、現代でもくり返し発表されており、とくに出資者（企業や投資家）などの心をとらえているようです。

永久機関とは、外部からエネルギーを受け取ることなく、つまり電気などのエネルギー源を使わずに、仕事をし続ける装置です。

もし、このような装置があれば、資源を使い尽くす心配もなく、石油や石炭を燃やしたときにできる二酸化炭素や大気汚染ガスを出す心配もなくなります。

このような装置を人類は長い間夢見てきました。例えば、古代ギリシャに活躍したアルキメデス（前二八七〜前二一二）が発明したとされる「アルキメデスの螺旋《らせん》」とよばれる揚水用のポンプを元にした永久機関があります。このポンプは、一端を水中

◆アルキメデスの螺旋（揚水機）

に入れて人力で螺旋を回すと、下方の水がねじ状の溝の空所を通って汲み上げられます。

最初だけ上方に水を汲み上げると、その水を落として水車を回転させます。そして、この水車の回転の動力で螺旋を回すというしくみです。後は、人力をまったく使わなくても、そのくり返しで水がいつまでも汲み上げられるというわけです。

永久に動き続けるには、最初人力で汲み上げた水で水車を回すとき、汲み上げた水が持つエネルギーがまったくロスなく、水車を回すのに使われ、水車の回転でもまったくロスがなくさらに水を汲み上げることがくり返されなければなりません。しか

◆永久機関の例1（アルキメデスの螺旋の利用）

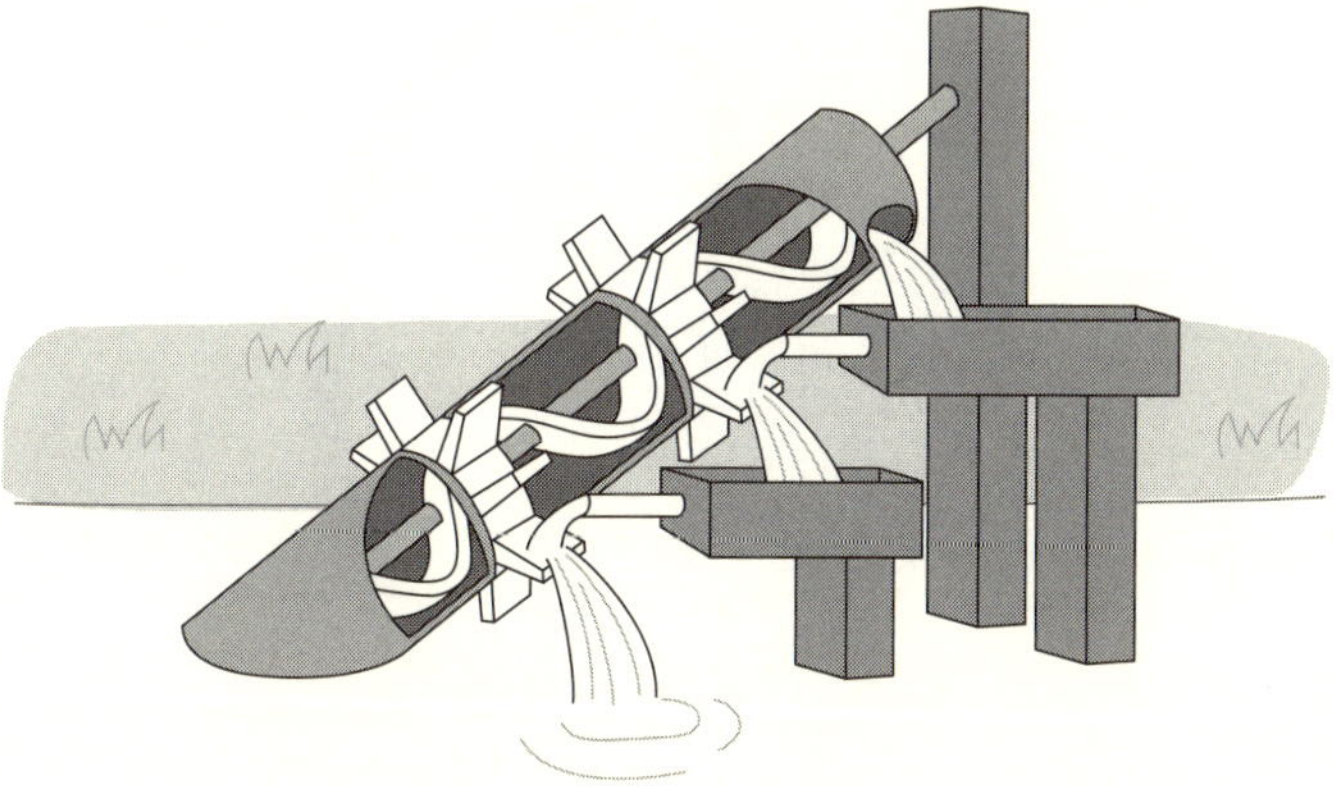

◆永久機関の例2（左右のつり合いの破れの利用）

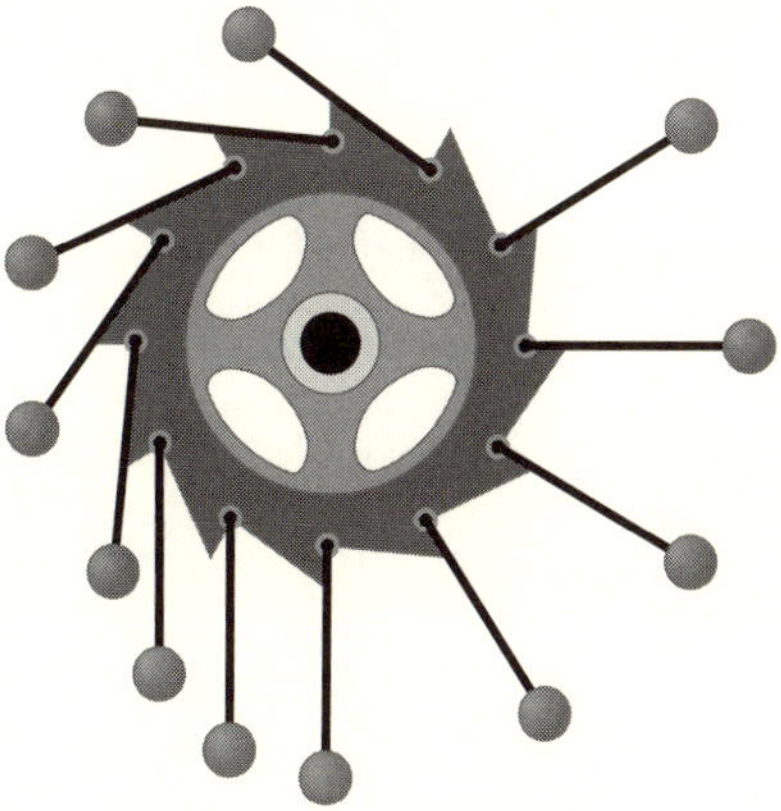

◆永久機関の例3（毛管現象の利用）

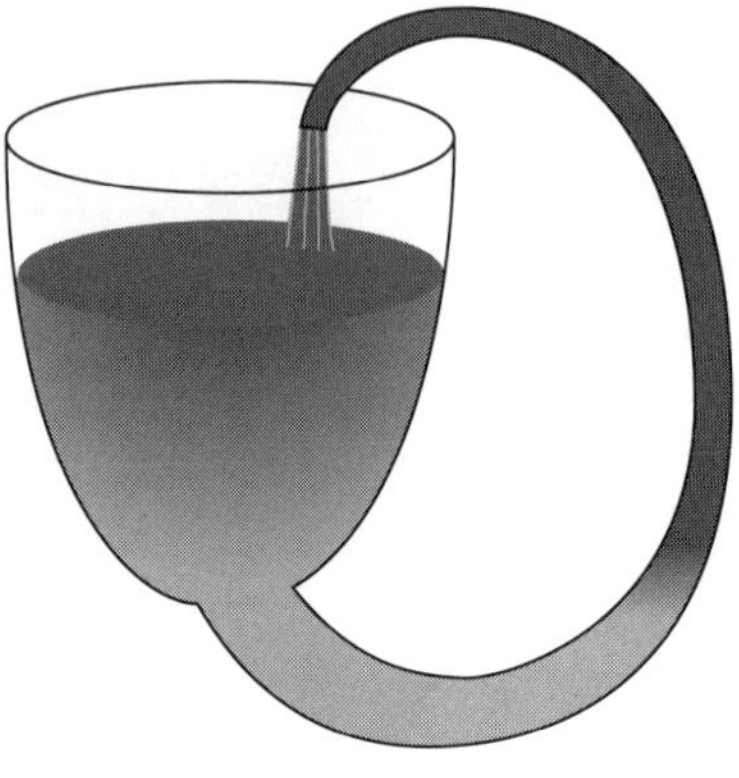

し、実際は最初に汲み上げた水のエネルギーの一部しか水車の回転に使われません。水車の回転による水の汲み上げでも熱の発生などエネルギーロスが出ます。ですから、すぐに止まってしまいます。

それでは、例2～3のような永久機関はどうでしょうか（*1）。

例2は、時計回りに機関を回転させると、上部でおもりを乗せた棒が倒れるため、支点からの距離が長くなり、機関の右側がさらに重くなって回転が続くというものです。

もちろん、実際には、機関の左のほうがおもりの数が多くなって、機関は左右がつり合って止まってしまいます。

例3のような毛管現象による永久機関もあります。毛管現象とは細い管を液体の中に立てると、液体が管内を上昇して外部の液面より高くなったり、あるいは下降して低くなったりする現象で、毛細管現象とも呼びます。お風呂でタオルをたらして半分湯につけても、湯につけていない上の部分にも湯が上がってきますが、これは毛管現象によるものです。

毛管現象によって細管を上がった水が落下して、反時計回りの水流が生じます。あるいは、水が落下するところに水車を置けば、水車を回して仕事をすることができます。

もちろん、条件にもよりますが、毛管現象で上がった水が細管から次々と落ちることはありません。

もしかしたら永久機関?

科学の歴史には「もしかしたら永久機関?」と考えられたものがあります。それはイタリアの物理学者ボルタが発明した電堆《でんたい》(でんついとも読む。英語ではpile)です。銅板とスズ板(または亜鉛板)を塩水でぬらした布を間に挟み、数十段に積み重ねたものでした。

当時、銅板とスズ板の接触によって電気が起こるという接触説と化学作用によって電気が起こるという化学作用説が存在していました。銅板もスズ板も変化しないで電気が起こるという接触説なら永久機関と考えることができます。

しかし、ボルタの電堆は長く使っていると金属が腐食することがわかってきました。イギリスの物理学者ファラデーは、摩擦電気、ガルバーニ動物電気、熱電気、電磁誘導によって生じた電気などを、生理作用や磁針のふれや電気化学作用について比較して「いずれもが同じものであり、ただ強さが違うだけである」と結論付けていました。さらにボルタの電堆について、接触説では「無から力を得ることになる。しかし、電気魚の場合でさえ、力の創造・発生は、他の力が消費しなければ起こらないのである。われわれは化学力を電流に変え、また電流を化学力に変えることができる」(筆者注：ここでの「力」はエネルギーの意味)と述べています。(＊2)

熱力学の第一法則、第二法則の確立へ

このように「あるいは永久機関？」と思われる現象への科学的な探究は続いてきま

したが、結局、様々な永久機関の試みがなされたものの、どれも成功しませんでした。

その結果、「効率一〇〇％以上の装置（第一種永久機関）はできない」ということがはっきりしてきました。「入力のエネルギーより出力のエネルギーが大きくなることはない」からです。

それが、熱力学の第一法則（エネルギー保存の法則と等価）です。

また、エネルギー保存の法則は満たしても「熱源から得た熱エネルギーを完全に他の形のエネルギーに転換する装置（第二種永久機関）はできない」こともはっきりしました。「熱現象が一般には不可逆的である」、つまり「低温のモノから高温のモノに自発的に熱が流れることはない」「熱機関が一〇〇％の効率で熱を仕事に転換することはできない」という熱力学の第二法則です。もしこのような装置が可能なら、海洋や大気の熱から無限にエネルギーを作れるようになります。

永久機関誕生を夢見た多くの挑戦は徒労に終わりましたが、その結果、エネルギー保存の法則などの自然法則が確立されました。

しかし、いつの時代にも、自然の法則にはどこかしら人間の本性に潜む反骨精神をよび起こすものがあるようです。次から次へと寄せられる永久機関の特許申請に悩ま

された米国特許商標局は、「今後その種の申請には実際に動く模型を添えなければならない」と宣言しました。(＊3)

日本の特許庁も、公式に「発明」に該当しないものの類型として永久機関を例に挙げています。

「(三)自然法則に反するもの

発明を特定するための事項の少なくとも一部に、熱力学第二法則などの自然法則に反する手段(例：いわゆる「永久機関」)が利用されているときは、請求項に係る発明は「発明」に該当しない。」

日本で永久機関の出願はあっても、審査を通って特許が成立したものはありません。

「無からエネルギーを生み出す」装置を発明？

新聞やテレビでときどき永久機関がニュースになることがあります。

古くは、十九世紀末にジョン・ウォレル・キリーが発明した「キリー・モーター」があります。

原子と原子の間にあるエーテルの力から巨大な力を取り出しているとして、電源をつないでいないモーターを回してみせました。出資者から多額のお金を巻きあげて死ぬまでペテンを通しました。彼の死後、床下から圧縮空気を使った仕掛けが発見されました。(＊4)

わが国でも、二〇〇一年にテレビ東京の「新エネルギー革命」という番組で湊弘平氏が開発した磁力回転装置を扱っていました。永久磁石を円盤に並べて、吸引力と反発力をコントロールし、永久磁石からエネルギーを取り出す装置のようです。

「無からエネルギーを生み出す」という装置なので、世界のエネルギー問題は解決……ということになりますが、磁石の磁力はどうもこういう「発明者」や科学素人の記者や番組制作者などの想像力をかき立てるようで、怪しげな装置に磁石がよく使われています。

その前から、このような装置がテレビなどで報道されたことが何件かあったようです。もちろん、過去の永久機関同様、実際には入力より大きな出力は達成されていません。時には、そういうものを「世紀の大発明」と持ち上げて報道する新聞やテレビがありますから、「発明者」は出資者を募ったり、株価操作に利用しているようです。

このような「無からエネルギーを生み出す」装置は、別名フリーエネルギーマシンといわれます。フリーエネルギーとは「空間に充満しているとされる未だ知られていない未知のエネルギー」です。このエネルギーを取り出そうというものです。

フリーエネルギーを研究している人たちは、エネルギー保存の法則が膨大な幾多の経験によって支えられて確立していること、つまり経験則であることをとらえて「エネルギー保存の法則に反した現象があってもおかしくはない」と主張します。しかし、その種の装置が「無からエネルギーを生み出す」例は確認されていません。エネルギー保存の法則をますます強固な法則にしているだけなのです。

二〇〇八年にも「水のエネルギーで走行する自動車」という報道がありました。なんのエネルギーも使わずに水を燃料化できたら、それは現代の永久機関といえるでしょう。

この自動車は、水と空気で燃料電池を作動させて、その燃料電池で自動車を走らせるのですが、水に金属を入れて反応させて水素をつくり、燃料電池の燃料にしていただけでした。結局は金属のもっているエネルギーの利用です。水が燃料になったわけではありません。

このような話は、科学に弱い投資家からお金を集める手段として昔からよくありました。水を燃料（油）に変える技術、ゴミを装置に入れただけで灯油に変える技術、入力より出力のエネルギーが大きいモーターなどでお金を集めるわけです。

ＳＦ作家の山本弘さんは「〝フリエネの歴史は詐欺の歴史〟と呼んでもいいくらい、昔からフリーエネルギーをめぐって数えきれないほどのトリック、大ボラ、詐欺が横行してきた（＊5）」と述べていますが、ぼくも同感です。ゆめゆめトリック、大ボラ、詐欺には引っかからないようにしましょう。

【引用・参考文献】
（＊1）ウィキペディア「永久機関」の項　図三・図四も引用
http://ja.wikipedia.org/wiki/%E6%B0%B8%E4%B9%85%E6%A9%9F%E9%96%A2
＊ウィキペディアの解説には問題があるものもあるが、この項は参考になる。
（＊2）青木国夫「電池こそ永久機関」『思い違いの科学史』朝日新聞社
（＊3）トレフィル「永久機関」『自然のしくみ百科』丸善
（＊4）アーサー・オードヒューム『永久運動の夢』朝日新聞出版
（＊5）山本弘「空間から無限にエネルギーを取り出す装置はすでに発明されている!?」『トンデモ超常現象99の真相』（と学会著）洋泉社

多くの挑戦の結果
永久機関は実現不可能だと
いうことが　わかったんだね

Puzzle I

物の重さ、体積、密度

乗り方が変われば体重は変わる?

Q 体重計(一〇〇グラム単位ではかれるもの)に図のような姿勢で乗ります。針が安定したとき、どの乗り方が指す目盛りがもっとも大きいでしょうか。

ア　ふつうに静かに乗る
イ　片足で静かに乗る
ウ　足を曲げて沈み込んだまま両足を踏んばる
エ　どれも同じ

モノの重さは保存される

答えは「エ」です。

八つ折りにしたアルミホイルを丸めても、ポリ袋に入れたせんべいを木づちで叩いて粉々にしても、水の入ったコップの横においた砂糖を水に入れて溶かしてもはかりの目盛りは変わりません。つまり、モノの重さは、形や状態を変えても変わりません。このことを〝モノの重さの保存性〟といいます。

体重計に乗ったときも、両足と片足、沈み込んだときもはかりの上のモノの形が変わっただけです。モノは、重さを持っていて、その重さが保存されるのは、モノがすべて原子からできていることから説明することができます。

いま私はパソコンに向かって文字を打って文章をつくっているわけですが、このパソコンをつくっている金属やプラスチック、液晶は、すべて原子からできています。それどころか、あらゆるモノが原子からできています。もちろん、生物の体、つまり私たちの体も同様です。

この原子は、非常に小さくて、しかも軽く、簡単にそれ以上分けることができません。同じ種類の原子は、すべて同じ大きさで同じ重さです。種類が違うと原子一個の大きさや重さが違います。つまり、原子は種類によって重さや大きさが決まっています。

放射性を持ったモノは別ですが、原子は、簡単に他の種類の原子に変わったり、なくなったり、新しくできたりすることはありません。

モノが原子からできているので、形が変わっても原子の総数は変わりませんね。水に溶けても、固体が融けて液体になっても、つまり状態が変わっても、その原子の一部がどこか別のところへ行ってしまえば別ですが、全部がはかりの上にあればはかりの目盛りは変わらないのです。

別のところからモノが付け加われば、そのモノの原子が全部付け加わるので、付け加わった物の重さがプラスされます。

重さ、質量、重量

「重さ、質量、重量」の共通性と違いを知っておきましょう。

質量は、物質そのものの量を示す言葉で、形が変わっても、状態が変わっても、運動していても、静止していても、地球上でも、月面上でも変わらない「モノ」の実質の量のことです。

重さは質量を表すこともありますが，重力の大きさ（重量）を意味することもあります。地球の表面で物体が受ける重力の大きさは物体の質量に比例します。日常生活で「重さ」という言葉をよく使います。質量の意味の場合が多いのですが、ときには重量の意味で使います。混乱するのは、理科の教科書では、小学校で「重さ」を質量の意味に、中学校で重量の意味で使っているからです。

ぼくは、質量でも重量でもどちらでもよい場合は「重さ」でもよいが、しっかり区別するときは質量と重量にしたほうがよいと考えています。あるいは、質量の意味で使うときは「重さ（質量）」にするといいのではないでしょうか。つまり、「重さ」は、日常語でもあり、ややあいまいな言葉なのです。

質量は、どんなところでも変わりません。重力が地球の約六分の一の月面上でも水中でも変わりません。体重六〇キログラムの人は、月面上でも水中でも六〇キログラムです。月面上や水中で小さくなるのは重量のほうです。

フラスコ内に水は落ちるのか？

Q 図のように、ろうとに水を入れて、ピンチコックを開けると、水はどうなるでしょうか。

ア　水はガラス管などに付着したぶん以外はフラスコの中に入る
イ　水はピンチコックで閉じていたところから下に下がるが、フラスコ内には入らないか少量入るだけ
ウ　水はピンチコックで閉じていたところで止まったまま

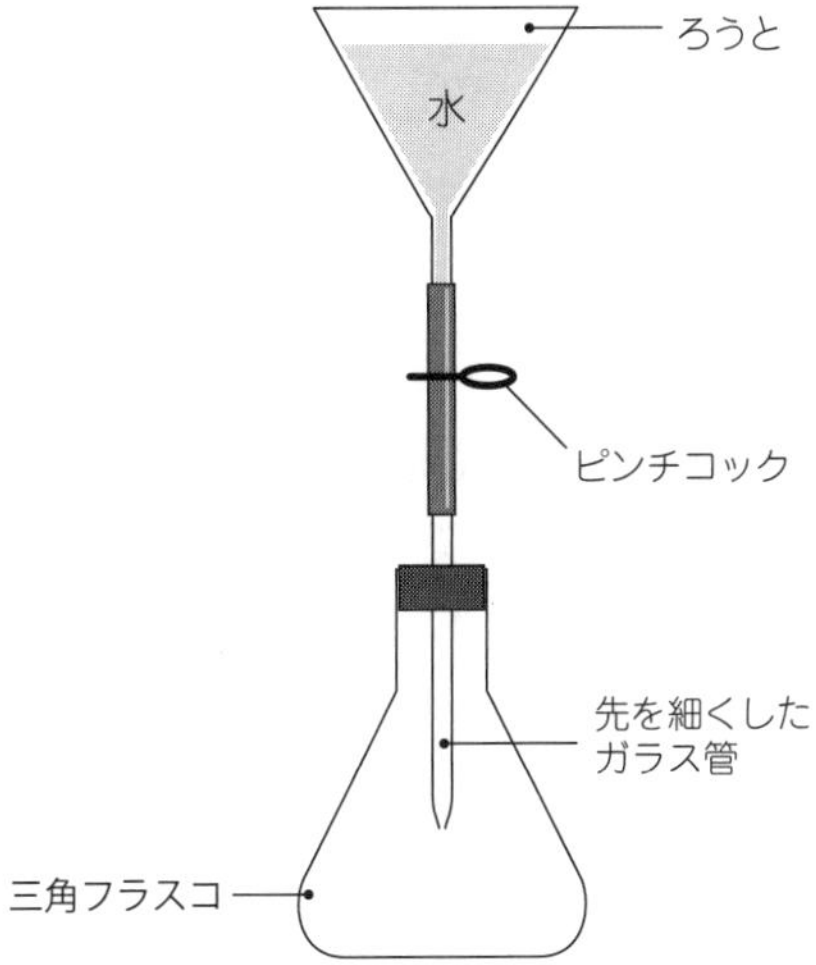

モノは体積を持っている

答えは「イ」です。モノは重さだけではなく体積を持っています。モノの体積は、そのモノがしめている空間の大きさです。モノがあれば、モノは空間をひとりじめしています。空気中にモノがあれば、モノは空間をひとりじめして、その分空気を排除しています。

水の入ったコップに水に沈むモノを入れれば、そのモノの体積と同じだけ水が排除されて、コップの水面が上がります。

モノは、重さと体積を持っています。逆に言えば、重さと体積を持っていれば、それはモノなのです。

空気のような気体も体積を持っています。ピンチコックを開けると、ろうとの水の重さでフラスコ内の空気が少し縮み、そのぶん水が入りますが、すぐに水は止まります。フラスコ内の空気が自分の空間をしめている、つまり体積を持っているからです。空気が出ていけるようにすると水はどんどん入ります。

ポリ袋内の空気の重さ

Q

同じポリ袋（容積五〇〇ミリリットル）が二枚あります。一つは空気が三〇〇ミリリットル入っていて口をしばって閉じてあり、もう一つは口が開いています。

〇・一グラムまではかれるはかりに乗せるとどちらが重いでしょうか。

ア　口を閉じたほう
イ　口が開いているほう
ウ　同じ

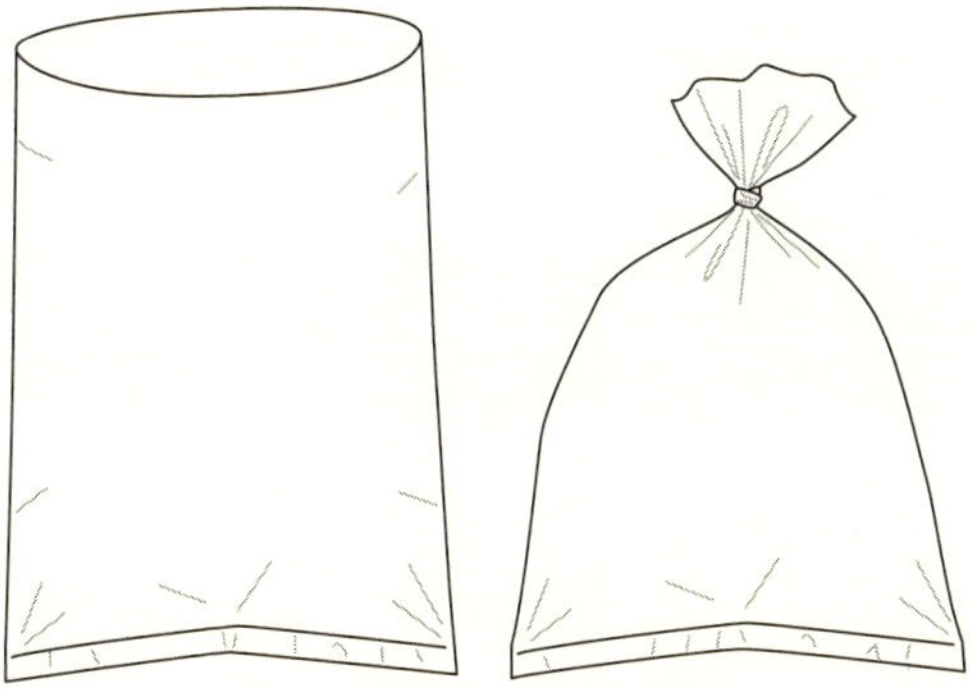

※ビニール袋自身で口を結ぶ

空気の重さのはかりかた

答えは「ウ」です。ポリ袋の重さをはかってから、そこに空気を入れて口をしばるとポリ袋内の空気のぶん重くなるように思えますが、その方法では空気の重さははかれません。ポリ袋の中の空気は、口が開いた袋の中の空気と同じですね。口をしばっても、口が開いていたときの空気に囲いをしたのと同じです。容器にまわりと同じ空気を入れても「空気中では空気の重さははかれない」のです。

同様に水の中では、水の重さははかれません。水を入れて口をしばったポリ袋も水中では水にポリ袋の囲いをしただけです。

空の缶にはまわりと同じ空気が入っています。それで、空の缶をはかりに乗せても、その重さは缶のスチールやアルミニウムなどの重さだけで、缶の中の空気のぶんは含まれません。口をしばったポリ袋と同じです。

そこで、空気の重さをはかるとしたら、容器にまわりの空気よりずっと圧縮して詰め込む方法があります。空のスプレー缶に自転車の空気入れで空気をばんばん入れて重さをはかり、スプレー缶から空気を出す方法です。もう一つ、容器の中を真空にして重さをはかってから空気を入れて重さをはかるという方法もあります。

水素の重さ・真空の重さ

Q 非常に軽くてとても丈夫で気体を出し入れできる同じ容器が二つあります。一つに水素を入れて、もう一つは真空にします。真空にしてもつぶれたりせず容器の形は変わらないものとします（現実には真空にするとつぶれてしまうでしょう。仮定のパズルです）。

水素を入れたほうを空気中で離すと上がっていきました。真空にしたほうは離すとどうなるでしょうか。

ア　上がらないで落ちる
イ　水素を入れたほうより早く上がる
ウ　水素を入れたほうより遅く上がる

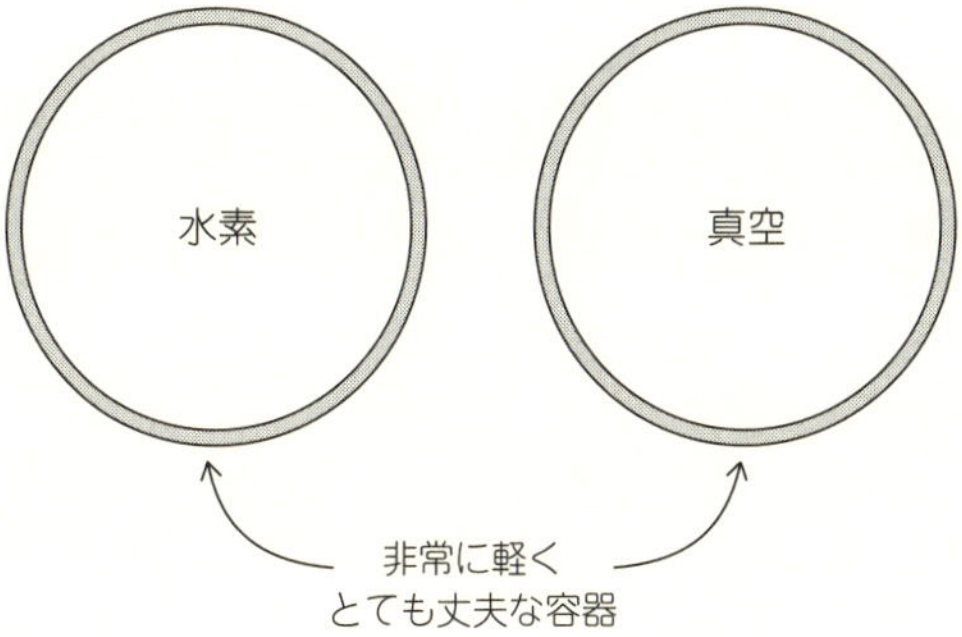

もっとも軽い水素でも重さがある

答えは「イ」です。

常温・常圧で気体の物質の中でもっとも軽い（密度が小さい）のは水素です。その次がヘリウムです。ヘリウムは同体積で水素の約二倍の質量です。

いくら軽くても水素には質量があります。ですから、水素入りの容器は、水素＋容器の質量ですが、真空の容器は容器だけの質量です。

同じ容器なので、水素入りのほうが空気中を上がったならば、真空のほうはより早く上がることになります。

かつて水素は飛行船に使われた

第二次世界大戦前、ツェッペリン飛行船は「空の花形」でした。もっとも密度が小さい水素を使ったものでした。しかし、一九三七年五月に九七人を乗せたヒンデンブルク号がドイツからアメリカに到着寸前に、水素に火がついて爆発し、三六人の死者を出した事故をきっかけに飛行船にはヘリウムを使うようになりました。

水が持つふしぎな性質

Q

外気がマイナス一〇℃のとき、湖が凍っています。このとき湖の底の水温をはかると何℃になっているでしょうか。

ア　四℃
イ　二℃
ウ　〇℃

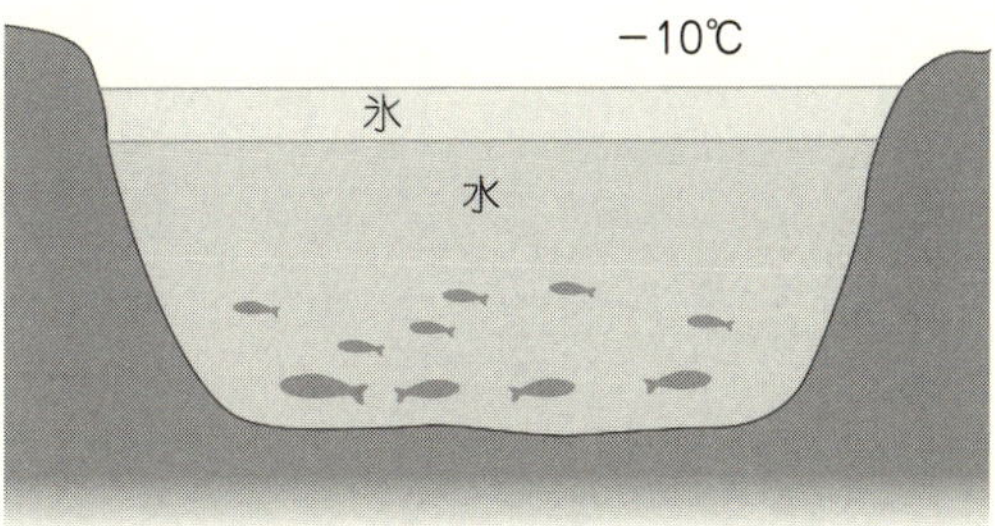

水の密度は四℃が最大

答えは「ア」です。湖の氷の下の水温は〇℃ですが、四℃の水の密度が最大なので底に沈んでいきます。

氷の密度は、〇℃で〇・九一六八グラム／立方センチメートル。この氷が融けると、約一〇パーセント近く体積が小さくなり、〇℃で〇・九九九八グラム／立方センチメートルの水になります。温度が上がるにつれて水の密度は大きくなり、三・九八℃で最大値〇・九九九七三グラム／立方センチメートルになります。

以後温度が上がると水の密度は小さくなっていきますが、水の沸点一〇〇℃になっても〇・九五八四グラム／立方センチメートルで、氷と比べると約五パーセント大きい値です。水のように密度が固体より液体のほうが大きい物質は、ビスマスなどごく限られています。

寒い冬の夜、水道管が凍って破裂するのは、水から氷になるとき体積が増えることが原因です。

このように水がふつうの物質と違うおかげで、水中の生物は、冬を安全にすごせます。池や湖などでは、表面の水は外気で四℃までは冷やされるにつれて密度が大きくなり沈んでいきます。

最大密度を示す四℃の水が底の方にいき、水面付近は、〇℃近い水が上がってきます。さらに気温が下がれば、水面付近から氷になっていきます。氷の密度は、水よりも小さいので水面に浮いたままです。水面に氷の層ができれば、氷の層が断熱剤のはたらきをして、外気が身を切るように寒い夜でも、水が底まで凍ってしまうのを防いでくれます。

もし、ふつうの物質のように、温度が下がるにつれて密度が大きくなるとしたら悲劇です。冷たい液体は底にたまり、底から凍っていくことでしょう。断熱剤のはたらきをするものがないので、やがて上から下までがちがちに凍ってしまいます。これでは、水中の生物は生きられないでしょう。

水から氷になるときに体積が増える、つまり密度が小さくなるのは、水分子が規則的に結びついた氷は隙間が多い構造をしているからです。

融けて液体になると部分的に結晶構造が崩れて、隙間の一部に水分子がより緊密に詰め込まれるので、水が氷よりも高い密度を持つようになるのです。

温度が上がると、隙間を水分子が埋めることは密度が大きくなることに、水分子の

◆水の分子の集まり方

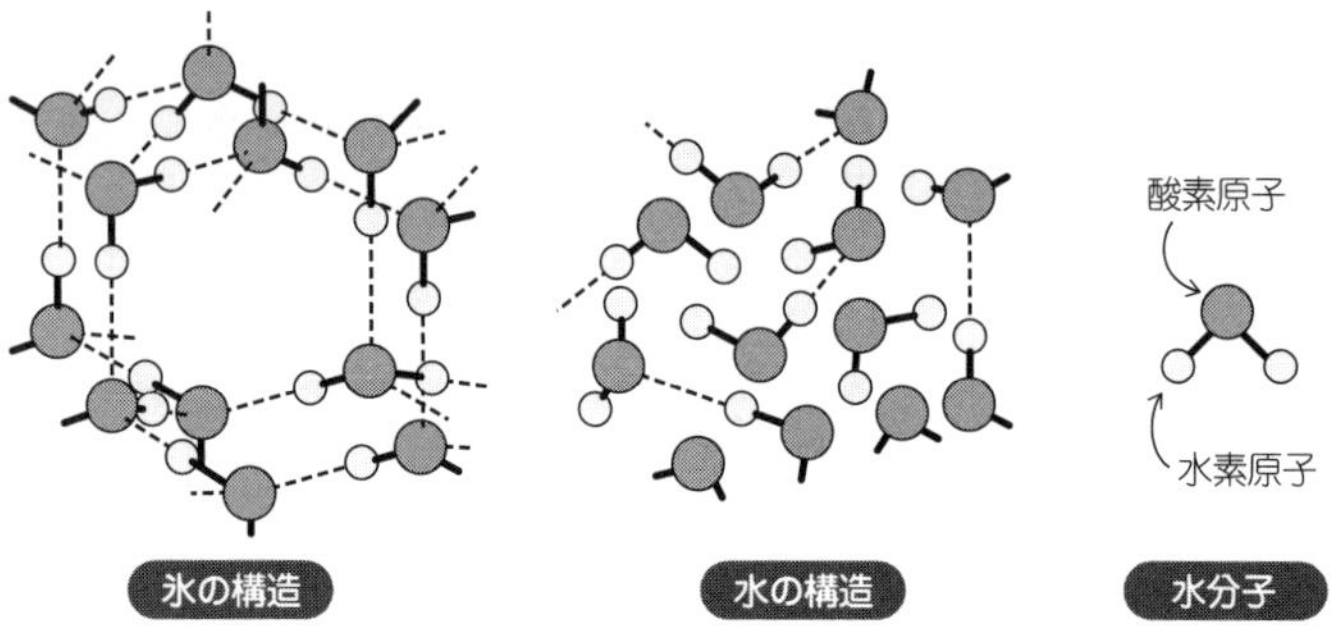

熱運動が激しくなることは分子の運動空間が大きくなることなので膨張する、つまり密度が小さくなることになります。そのバランスで、四℃までは密度が大きくなり、四℃を超えると密度が小さくなっていきます。

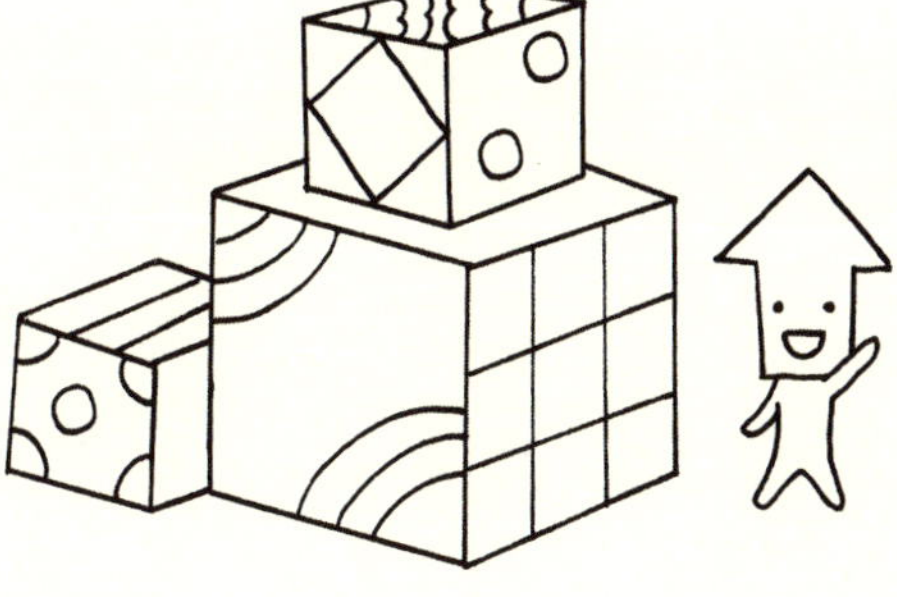

Puzzle Ⅱ

光と音

アポロ宇宙船とコーナーキューブ

Q アポロ宇宙船が月面に設置した反射鏡に地球からレーザー光線を発射し、その往復時間から月－地球の距離を測定しています。地球や月の位置が変わっても観測できるためにどんな工夫をしているでしょうか。

ア　地球からの電波で月の反射鏡の角度などをコントロール
イ　光が元の方向へ戻るように反射鏡を組み合わせている

◆２枚の鏡面による反射とコーナーキューブによる反射

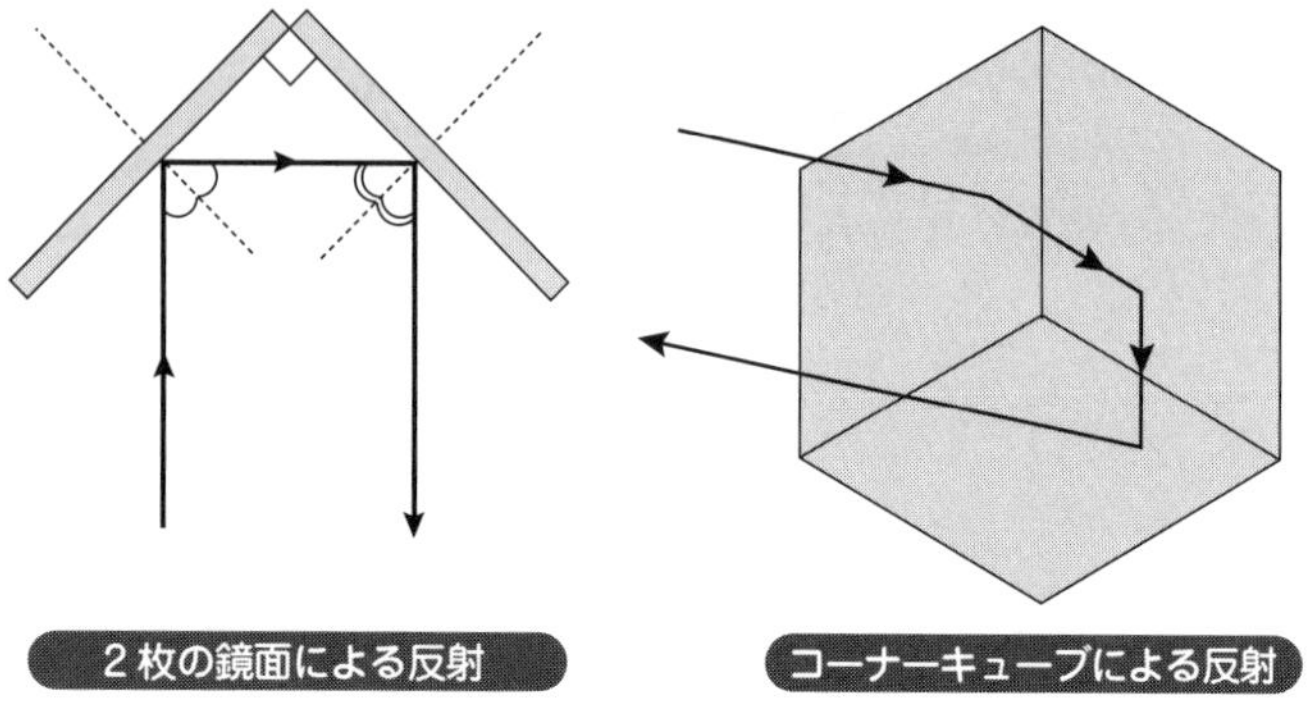

コーナーキューブは身近にある

答えは「イ」です。三枚の鏡をお互いに九〇度に置いたコーナーキューブという器具が置いてあるのです。上下左右どちらからの光も元の方向に戻ります。その基本は九〇度に開いた二枚の鏡と同じです。

コーナーキューブは、アポロ宇宙船（一一号、一四号、一五号）が月面に設置しており、地球からレーザー光線を発射して、光の往復時間から地球と月との距離を正確に測定しています。

人工衛星にコーナーキューブをつけた場合、日本のある点からレーザー光線を発射すればその点のほうに、アメリカのある点から発射すればやはりそのアメリカの点の

◆乱反射

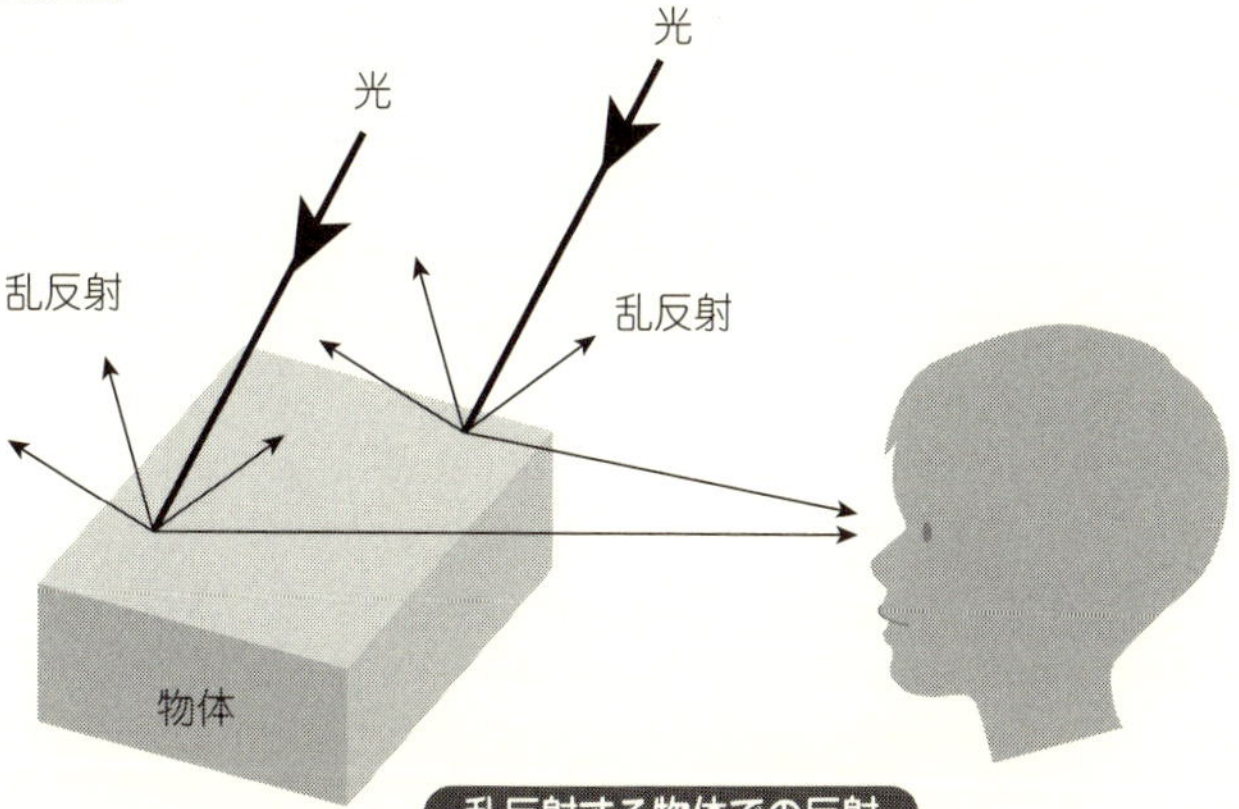

乱反射する物体での反射

ほうに、レーザー光線を戻すことができます。

身のまわりにも、コーナーキューブは多く見ることができます。自転車の後部に付ける赤い反射板や、道路脇・道路上に設置されているオレンジあるいは無色の反射板も、ごく小さなコーナーキューブを数多くつけてあるのです。

正反射と乱反射

物にやってくる平行光線束が、ある一定方向に反射する場合には正反射するといいます。念入りに磨きあげた平らな金属、鏡（これも平らな金属表面で反射）では正反射します。

たとえば紙のような物の表面ではその凹凸によって同じ方向からの光であっても、いろいろな方向に反射されます。このような反射を乱反射といいます。乱反射をする表面は、様々に配置されたいろいろな角をなす小さな平面からなっていると考えることができます。

水中メガネと屈折

Q

海水浴のときに水中メガネをかけると、目が直接海水にふれないようにして目を保護することができますが、かけないときと比べて海中の物の見え方はどうなるでしょうか。

ア　はっきり見える
イ　少しぼやけて見える
ウ　見え方は変わらない

◆水中メガネをかけて見ると……

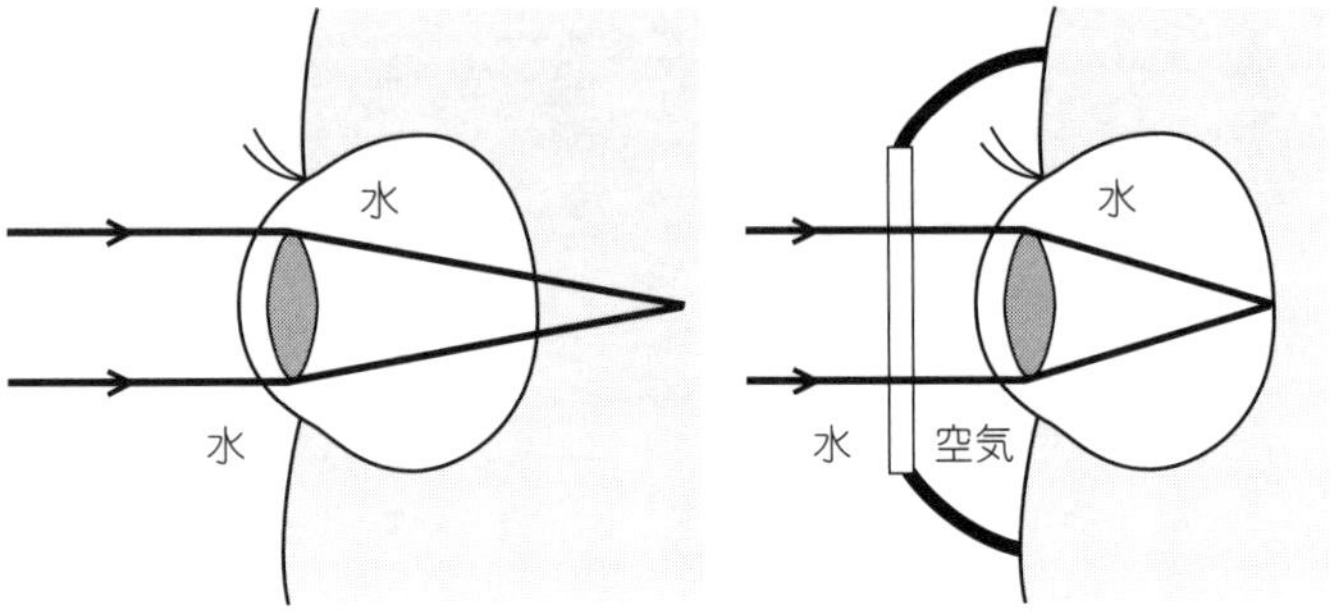

水から水では屈折しにくい

答えは「ア」です。人間の目は水中で物を見るのには適していません。なぜならば、目の角膜、レンズ（水晶体）もほとんど水からできているので、目が直接水に接すると、水から入射した光をレンズがあまり屈折できないのです。それで、ぼけて見えるのです。水中メガネをかけると、メガネ内の空気を通して光が入ってくるのでレンズでちゃんと屈折できます。空気中で見ているのと同じになります。

ただし、水中メガネをかけると、いつもは一八〇度近くある視野が劇的に狭くなるので、サメなどの危険生物などに注意する必要がありますね。

夕立後の虹の見つけ方

Q 雨の後には、まだ空気中に水滴が残ってただよっています。この水滴に太陽の光があたれば、虹が見られるのです。天気が「晴れ↓雨↓晴れ」と急変するような場合に虹が出やすいです。とくに夕立のようにザーッと雨が降ってからまた晴れて太陽の光が水滴にあたったときは、虹を見る絶好のチャンスです。夕立後の虹はどの方角の空に出るでしょうか。

ア　東の空　　イ　西の空
ウ　南の空　　エ　北の空
オ　どの方角にも出る可能性がある

◆プリズムで光の帯

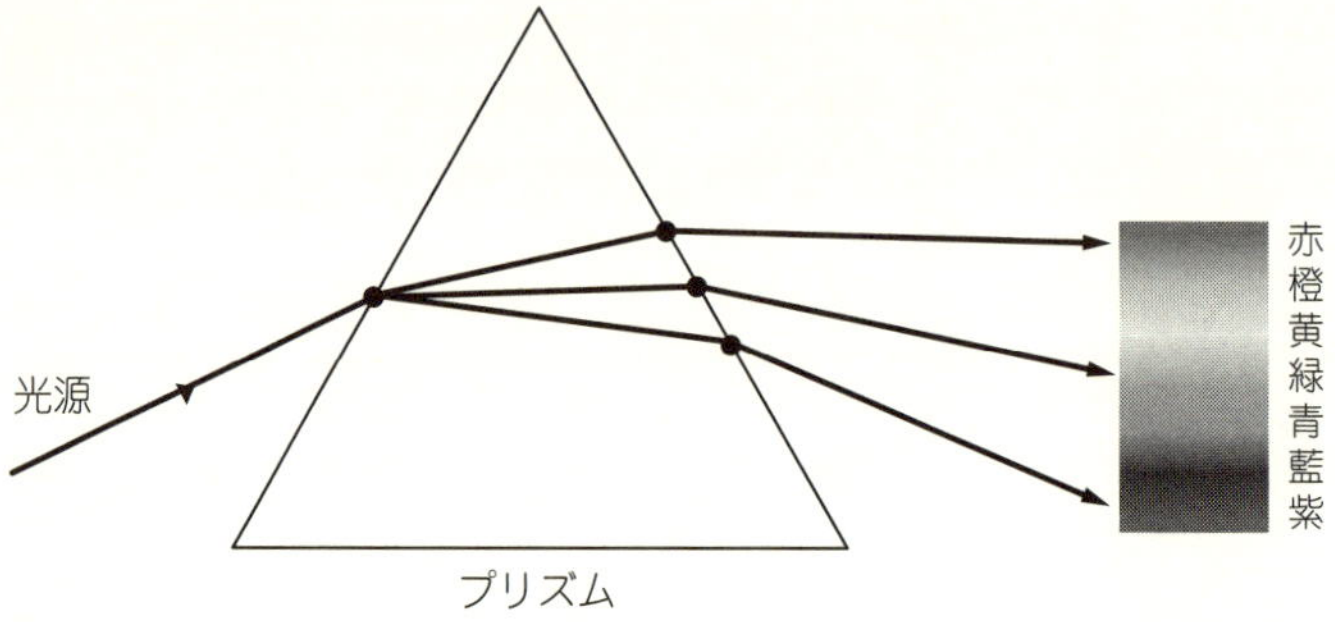

プリズムによる光の分散

答えは「ア」です。虹は太陽を背にして見えること、夕立のとき、太陽は西の空にあることがポイントです。

太陽光をプリズム（よくみがかれた、互いに交わる二つ以上の平面に囲まれた透明体）にあてると光は屈折し、赤から紫まで虹色に分かれて見えます。これは、光の波長によって屈折率が異なり、それぞれの波長に応じ光が屈折するためです。

紫の光は赤い光に比べ屈折率が大きく、波長の順に赤から紫まで光（可視光）が連続して並びます。この現象を光の分散といいます。太陽光が白色に見えるのは、いろいろな色の光が含まれているからです。

◆水滴からの赤色と紫色

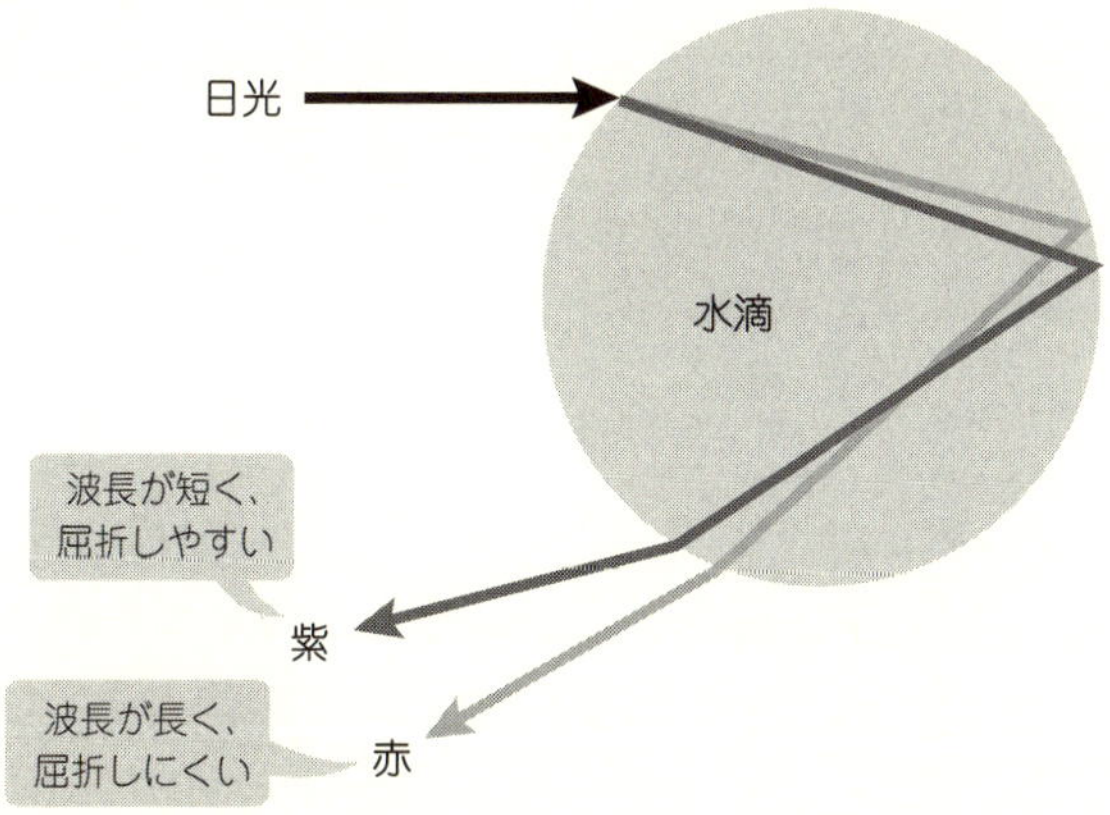

虹を見るためには……

空にかかる虹の基本的な原理はプリズムで光の色の帯が生じる原理と同じです。

虹は、公園で芝生のスプリンクラーや噴水の水しぶきを、太陽を背中に観察しても見ることができます。

雨の後には、まだ空気中に水滴が残ってただよっています。この水滴に太陽の光があたれば、水滴がプリズムの役目をして虹が見られるのです。夕立は、夏に、雲が急に立って、短時間に激しく降る大粒の雨で、多くは雷鳴を伴って午後から夕方にかけて降ります。太陽は昼に南の空にいますが、午後から夕方にかけては西の空に移っています。虹は太陽を背にして見えますから、東の空に見えます。

主虹と副虹

太陽の光が水滴にあたり、屈折し、水滴の中で一回反射し、また屈折して出てくる光が主虹の元になります。一つの水滴から出てくる光は波長ごとに違う角度へ向かいますが、多くの水滴から出てくる光が目に入って虹が見えます。

虹は、そのときの太陽の高度によって、見える位置が違います。日中の太陽の高度が高いときは、虹は低い位置に出て、朝や夕方の太陽の高度が低いときは虹は高く大きく出るのです。

ふつうに見られる虹は半円形ですが、これは地面の下の部分が見えないからです。飛行機に乗って見ることができる雲でできる虹は、まん丸な形をしています。

虹の外側にもう一つの虹が見えることがあります。これは副虹《ふくこう》といいます。色の順序が主虹と反対で、内側が赤、外側が紫です。

青の散乱と吸収

Q

私たちのまわりにある多くの物体の色は太陽や電灯などの光源から物体に届いた光のうち、物体が吸収せずに反射した光の色で決まります。太陽や電灯の白色光は長波長の赤色から短波長の紫色までの可視光線のいろいろな波長の集まりです。太陽や電灯の光があたると、物体が特定の色の光を吸収・反射するので色が生じます。

空が青い理由と海の水が青い理由は基本的に同じでしょうか、違うでしょうか。

ア　空が青いのは散乱、海水が青いのは吸収が主な理由
イ　空が青いのは吸収、海水が青いのは散乱が主な理由
ウ　空が青いのも海水が青いのも散乱が主な理由
エ　空が青いのも海水が青いのも吸収が主な理由

空が青い理由は散乱

答えは「ア」です。

まず空が青いのは、太陽の光が大気中の窒素分子や酸素分子やそれらの分子集団のゆらぎで散乱させられるからです。波長が短いほど散乱されやすいので、青色や紫色の光ほど四方八方に散乱されやすいことになります。空を見上げると、その散乱光の一部が私たちの目に入ってくるので青色に見えるのです。

水が青い理由は吸収

海はほぼ水分子であるため、光はほとんど散乱されないので無色透明になるはずです。しかし、実際は青色です。これは、水分子が赤色付近の光を吸収するからです。実験の結果によると、七六〇ナノメートル（赤色）にやや強い吸収帯、六六〇ナノメートル（赤橙色）と六〇五ナノメートル（橙色）に弱い吸収が観測されます。赤色が吸収されると、残りの光は青色になります。その残りの光が水の中の物質（ごみやプランクトンなど）に散乱されて私たちの目に届きます。基本的な理由は赤色が吸収されるからです。

一〇〇メートルの合図の工夫

Q 陸上競技場の一つのレーンの幅は一メートル二二センチメートル（二〇〇四年からの国際規格）。そうすると九レーンに走者が並べば間は一〇メートルを超えます。スターター（スタートの合図者）から一レーンの走者まで一メートル、九レーンまでの走者まで一〇メートルとします。スターターがもし火薬爆発型のピストルの火薬音でスタートの合図をしたら、一レーンと九レーンの走者に音が届くまでの時間にだいたいどのくらいのずれがあるでしょうか。

ア　〇・〇三秒
イ　〇・〇二秒
ウ　〇・〇一秒
エ　〇・〇一秒未満

レーンによって差が出ない合図

答えは「ア」です。

これまでの男子一〇〇メートル競走の最高記録は、ジャマイカのウサイン・ボルトが二〇〇九年八月一六日に樹立した九秒五八です。追い風が〇・九メートル毎秒でした。

つまり公式記録は〇・〇一秒単位で残ります。

かつては、学校の運動会でもよく見られる火薬爆発型のピストルの火薬音でスタートの合図をしていました。それでは、スターターからの距離によって火薬音が聞こえる時間が違います。どの程度違うのかを計算してみましょう。

一メートルでは、一メートル÷三四〇メートル毎秒≒〇・〇〇二九四秒。

一〇メートルでは、一〇メートル÷三四〇メートル毎秒≒〇・〇二九四秒。

その差は、〇・〇二九四秒－〇・〇〇二九四秒≒〇・〇二六秒になります。〇・〇一秒単位で争っているのにこれでは音速の差で不公平ですね。

そこで、各レーンの選手の後ろにスピーカーをおいて、スターターが火薬音を鳴らすと同時にその音をマイクで拾ってスピーカーでも鳴らすようにしました。

それでも、スターターの鳴らす火薬音が届くまで体を動かさない選手が多かったのです。

そこで今ではスターターのピストル（伝統的に形はピストルだが簡単にいうとスイッチ）からは音を出しません。音が出るのは選手の後ろのスピーカーからです。

音と光の速さ

私たちの耳に入るほとんどの音は空気を伝わってきたものです。空気をぬいた真空中では光は進めますが、音は伝わりません。だから宇宙空間は、空気がないので音がない世界です。

音が空気中を伝わる速さは、気温二〇℃でおよそ毎秒約三四〇メートル（毎時約一二〇〇キロメートル）です。あたたかい空気ではわずかに速く、冷たい空気ではわずかに遅くなります。超音速機は、これを超える速さで飛ぶことになります。

音は固体の中でも液体の中でも伝わります。水は空気よりも四倍、鋼鉄は一五倍速く音を伝えます。

真空中における光速度は二九九七九二四五八メートル毎秒（≒三〇万キロメートル毎

秒）です。

光と音では圧倒的に光が速いので、雷のピカッ！を見てから音が聞こえるまでには差があります。だから、光が届くのにかかる時間を無視して、雷や花火からの距離を音速だけから考えてもよいことになります。

例えば、雷が光ってから音が聞こえるまでに一五秒かかった場合は、次のようになります。

距離＝速さ×時間＝三四〇メートル毎秒×一五秒＝五一〇〇メートル
つまり、五・一キロメートル離れたところで雷が光ったことになります。

若者には聞こえる音

Q 人が音として聞こえる振動は二〇〜二万ヘルツ（一往復時間が一秒の場合の振動数〔＝周波数〕が一ヘルツ）といわれますが、個人差があります。

年齢によっても聞こえる範囲は違っています。赤ちゃんと二〇歳程度の若者ではどちらが聴力がいいでしょうか。

ア　赤ちゃん
イ　若者
ウ　赤ちゃんと若者ではあまり変わらない

音の振動数

答えは「ア」です。

私たちの身のまわりには、いろいろな音を出す楽器があります。楽器で音を出すときに共通して「震える」ことがおこっています。太鼓はたたくと張ってある皮が震えます。ギターやバイオリンも弦が震えます。これは、何らかの形で振動していることです。

振動する物体が一秒間に往復する回数を振動数といいます。一往復する時間が一秒の場合の振動数を一ヘルツといいます。

振動が次々と伝わっていく現象を「波」または「波動」といいます。

物体の振動の振動数が二〇から二万ヘルツ、つまり一秒間に二〇から二万回往復する震えの場合は、私たちの耳に音として聞こえるようになります。

二〇から二万ヘルツより小さいか、または大きい振動数の音は、いくら音が大きくても聞こえません。

音を出している物体は、震えたり、ゆれたりするいわゆる振動をしています。空気に伝わったその振動を私たちの聴覚が音として感じているのです。

もし、真空中で太鼓をたたいても、振動を伝える空気がないので、まわりにその振動は伝わりません。振動を伝えるのは、空気だけではありません。糸も水も鉄も物ならなんでも振動を伝えます。

三〇代になると聞こえなくなる音

私たちを刺したりする蚊は、羽を一秒間に五〇〇回震わせています。蚊が近づくと音が聞こえるのは私たちが音を感じる範囲内の振動だからです。蚊の羽の振動数は五〇〇ヘルツです。ハチは、一秒間に約二〇〇回はばたくので、その音は約二〇〇ヘルツです。音が高いほど、振動数が大きいです。だから、蚊のほうが高い音を出すのです。

人が音として聞こえる振動は二〇～二万ヘルツといわれますが、個人差があります。年齢によっても聞こえる範囲は違っています。

イヌは四万ヘルツ、そしてネコは一〇万ヘルツもの高音を聞き分けられます。

人の聴力は、年をとるとともに下がっていき、高い音が聞こえにくくなっていきます。若者にしか聞こえない一万七千ヘルツの音を出す「モスキート」というスピーカーは、一万七千ヘルツのキーンとした非常に耳障りなモスキート音で店先などにたむろする若者を締め出すために開発されました。

三〇代になると一万七千ヘルツ程度の音は聞こえなくなるといわれています。学生・生徒の中にはスマホの待ち受け音をモスキート音に設定して教師に聞こえないようにしているという者もいるということです。

超音波

とくに二万ヘルツより高くて、耳に聞こえない音を超音波といい、いろいろ応用があります。例えば、水中に超音波を出して、そのはねかえりから海底の深さをはかったり、魚群を見つけたりする機械があります。母親の体内の赤ちゃんも見ることができます。人間には聞こえなくても、犬やコウモリは超音波の一部の範囲を聞くことができます。

ワイングラスの意外な割り方

Q 声でワイングラスを割ることができるでしょうか。

ア　できる場合がある

イ　できない

共鳴

答えは「ア」です。「声でワイングラスを割る」でネット検索すると、映像などが見つかります。

ワイングラスをたたくと一定の高さの音が出ます。一つのグラスでいくつも出やすい音階がありますが、この音の振動数がそのグラスの固有振動数です。グラスをはじいて出る音が基本的には共振・共鳴する音となります。

そのため、グラスが一番変形しやすい、つまりグラスをはじいて出る音と同じ振動数で刺激してやると、ワイングラスは共鳴・共振して激しく振動し、割れてしまうのです。音程のコントロールが難しいことなどから、声で割るのはなかなか難しいようですが、条件さえあえばグラスは短時間で割れ、ガラスの破片が飛び散ったりします。

弦楽器の共鳴箱

ギターなど弦楽器には中が空洞の箱がついています。この箱を共鳴箱といいます。音を出すものと箱の振動がぴったり合うと、大きな音になります。これを共鳴するといいますが、共鳴箱はそのための箱なのです。その箱が持っている固有振動数と同じ振動数の音を増幅します。

振動する物体に外部からその物体が持つ固有振動数に合うように力を加えるとさらによく振動するのです。

歌うワイングラス

ワイングラスのふちを、水をつけた指でこするとグラスが鳴ります。

ワイングラスをたたくと一定の高さの音が出ます。一つのグラスでいくつも出やすい音階がありますが、この音の振動数がそのグラスの固有振動数です。うまくグラスのふちを指の指紋で引っかいてやると、その固有振動数と同じ振動のエネルギーを吸収して大きな音が出るようになります。

なるべくガラスがうすいグラスを用意し、ぬるま湯と洗剤で手とグラスをよく洗い、汚れをとってから、最後にお湯を入れてから水気を切ります。

グラスに水を入れて水をつけた指でグラスのふちをこすると、水面が波打ちます。続けてどんどんこすってみましょう。水の量を変えれば音の高さを変えることができます。

指には指紋のギザギザがあり、グラスのふちをこすると、そのぎざぎざでグラスが振動します。その振動は目には見えませんが、水面が波打つことでわかります。グラスが振動することで音が出ます。

水の量が多いほど低い音が出ます。同じ材質なら重いほど低い音が出ます。つまり重いほど振動数が小さいのです。

貝殻を耳にあてると……

「貝殻を耳にあてると〝海の音〟が聞こえる」という話を聞いたことがないでしょうか。貝殻があったら貝殻を、なければコップや様々な大きさの箱を耳にあててみましょう。さて、この音は何が聞こえているのでしょうか。

実は、この現象も音の共鳴が関係しています。私たちのまわりには、様々な高さの音が満ちあふれていて混ざっています。耳に貝殻をあてたとすると、その貝殻の固有振動数と同じ音だけが、分離し、増幅して聞こえます。固有振動数は同じ材質なら重いほど小さく、大きな貝殻だと低音が、小さな貝殻だと高音が増幅されます。

Puzzle Ⅲ

温度と熱

氷の融け方と熱伝導

Q 二五℃の部屋で、氷のブロックを二つに分け、一つを裸のままにして、もう一つを二五℃の部屋に放置してあった綿でくるみました。どちらの氷が早く融けるでしょうか。

ア　裸の氷
イ　綿でくるんだ氷
ウ　同じ

熱伝導

答えは「ア」です。

高温のモノと低温のモノが接触すると、高温物体から低温物体に熱が伝わります。これを熱伝導といいます。

二五℃で、裸の氷は融けていきます。これは、まわりの空気から氷へと熱伝導がおこっているからです。対流で次々と氷より高温の空気が氷に接触して氷に熱を伝えます。

一方、綿でくるまれた氷は、綿が断熱材のはたらきをして、裸の氷と比べるとゆっくり融けていきます。綿は、空気をたくさん含んでいます。対流がおこらない動かない空気は熱を伝えにくいのです。

寒い中にいるとき、私たちは裸でいるよりは綿に包まれていた方がいいですね。これは、裸でいればまわりの対流する空気に熱が伝わり、また体からの放射もあって冷えていきますが、綿でくるまれると、私たちの体熱が対流や放射で失われにくくなります。そのため、「綿は温かい」というイメージがありますが、綿は熱を伝えにくいということなのです。

◆魔法瓶

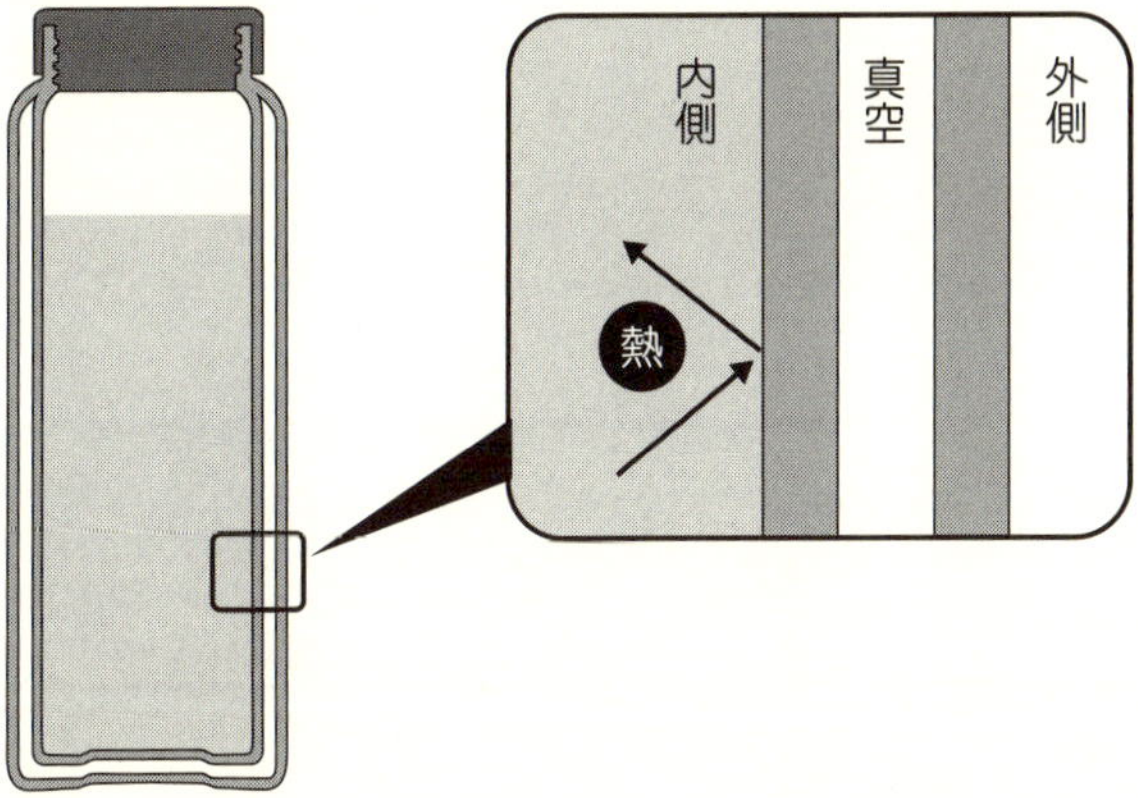

長く保温できる魔法瓶

氷を融けないようにするには、綿でくるむよりももっといい方法があります。それは魔法瓶を使うことです。魔法瓶は二重構造になっていて、その間は真空です。

真空では熱伝導も対流もおこりません。あとは赤外線の放射で熱が逃げる可能性があるのですが、内面のステンレス面に放射で熱が逃げないようにしてあります。

冷たいものは長く冷たく、温かいものは長く温かさを保てるのです。

温度と熱

生活の中で、「熱をはかったら平熱より

◆熱平衡

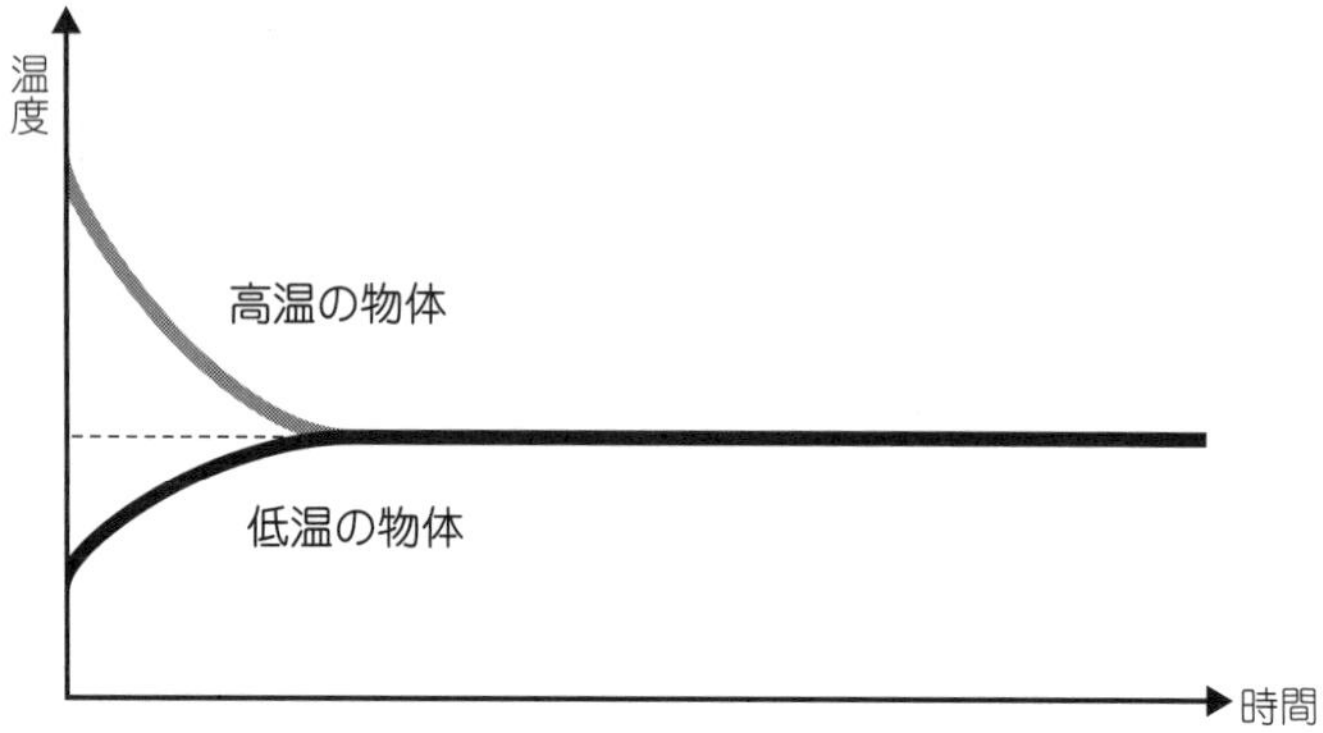

熱が高い」などといいますが物理としては間違いです。正しくは「体温をはかったらいつもより高い」なのです。

温度と熱は混同しやすい用語です。高温のモノと低温のモノを接触させると、高温のモノの温度は下がっていきます。逆に低温のモノの温度は上がっていきます。同じ温度になると変化が止まります。

このとき、高温のモノから低温のモノへ、〝何か〟が移動したと考えます。この〝何か〟が熱なのです。

同じ温度になったとき、熱の移動がなくなります。このとき、「熱平衡状態になった」といいます。

熱の移動は、必ず高温の物体→低温の物

体という方向で、一方通行です。

秋田県男鹿地方の郷土料理に「石焼桶鍋」があります。秋田杉で作られた桶鍋にスープと具材を入れ、そこに熱した焼石を入れて沸騰させるのです。何個も高温の石ころを水に入れていけば、やがて水が沸騰するほどになります。

ガスコンロの炎で調理するのも、炎で熱せられた鍋が、この高温の石ころの役割をになっています。

熱伝導をミクロの目で見ると

分子の運動から高温のモノと低温のモノが接触したときにおこる熱伝導のミクロな世界を見てみましょう。

高温のモノは、激しく振動している分子の集まりです。低温のモノは、あまり動いていない分子の集まりです。これらを接触させる、つまり隣り合わせにしておくと、高温のモノの分子と低温のモノの分子が衝突するようになります。そのとき、高温のモノの分子から低温のモノの分子へと運動のエネルギーが伝わります。

それは、ちょうど静止しているパチンコ玉に動いているパチンコ玉が当たると、は

◆熱伝導をミクロに見る

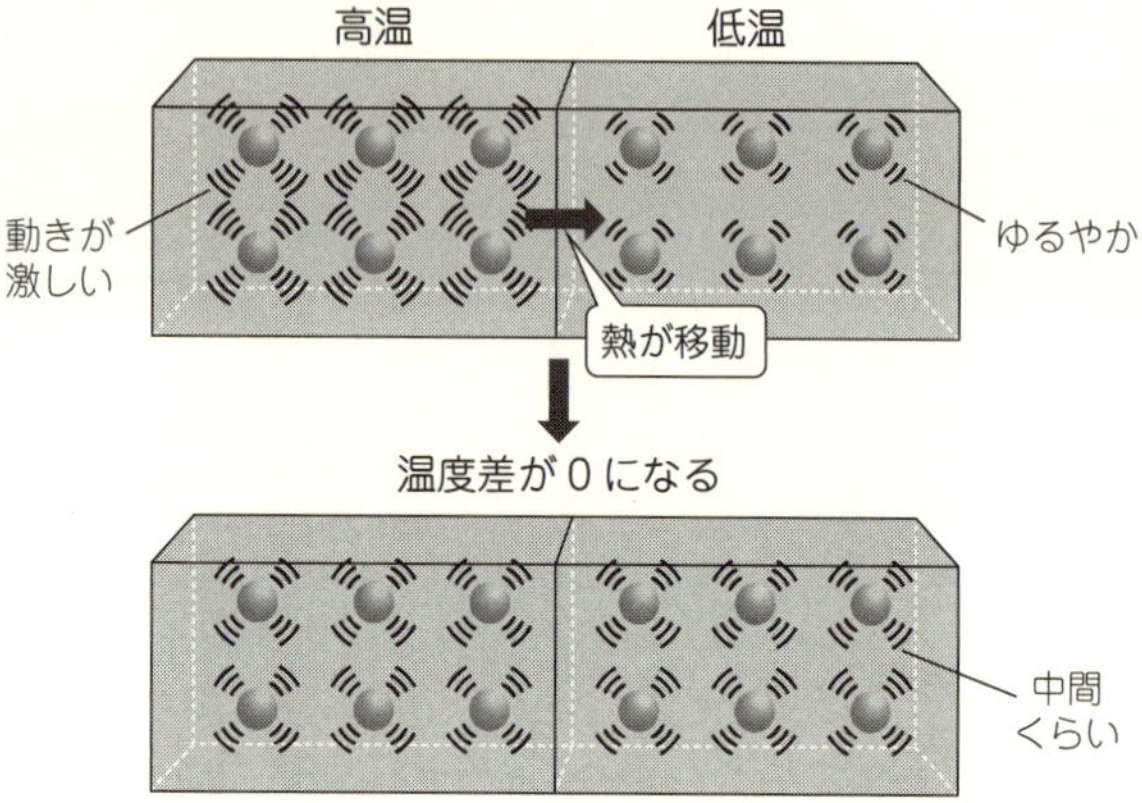

じかれて動き出すのと同じです。今まであまり動いていなかった分子は、はじかれて動き出します。つまり温度が上昇します。そして、今まで勢いよく動いていた分子は、運動のエネルギーを失って、動きが弱まります。つまり、温度が下がります。このとき、温度の高いモノから、低いモノへ熱が伝わったというのです。

花粉とアインシュタイン

Q 一八二七年、イギリスの植物学者ロバート・ブラウンが発見したブラウン運動について、一九〇五年、アインシュタインがその理論的解明を行いました。これにより分子の熱運動が明確になり、同時に分子の実在性の決定的な証明になりました。それまでは原子や分子は仮説で、実在するかどうかは議論の的だったのです。

ブラウンは、何を顕微鏡下で観察して、ブラウン運動を発見したのでしょうか。

ア　水に浮かべた花粉
イ　水に浮かべた花粉から出た微粒子
ウ　空気中の煙の粒子
エ　空気中の花粉

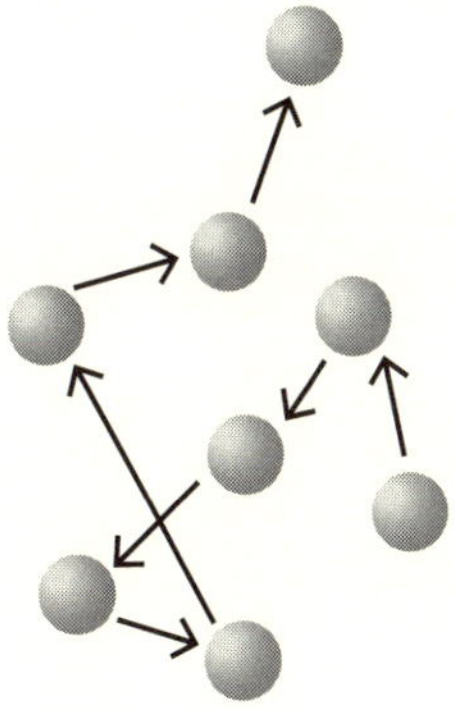

ブラウン運動と微粒子

答えは「イ」です。

一マイクロメートル（一〇〇〇分の一ミリメートル）ほどの微粒子を水などの媒質に浮かべると、ピクピクとわずかずつ不規則な運動をします。二〇〇倍くらいの顕微鏡で観察することができます。これをブラウン運動といいます。

一八二七年、ロバート・ブラウンが発見し「植物の花粉に含まれている微粒子について」という論文に発表しました。最初に、花粉に含まれる微粒子で観察されたことで、生命活動によるものではないかと考えられましたが、どんな微粒子でも同じような運動を観察できることが確かめられ、生命活動が原因ではないかという説は否定されました。

花粉の大きさは約三〇〜一〇〇マイクロメートルで、大きすぎるためにブラウン運動は観察できません。花粉が水に浸って破裂して出てくる微粒子がブラウン運動をするのです。

パイプの底の脱脂綿はどうなる?

Q

丈夫で透明なパイプの一端を閉じて、底に少量の乾いた脱脂綿を入れて、すばやくピストンを押しました。脱脂綿はどうなるでしょうか。

ア　縮む
イ　燃える
ウ　変わらない

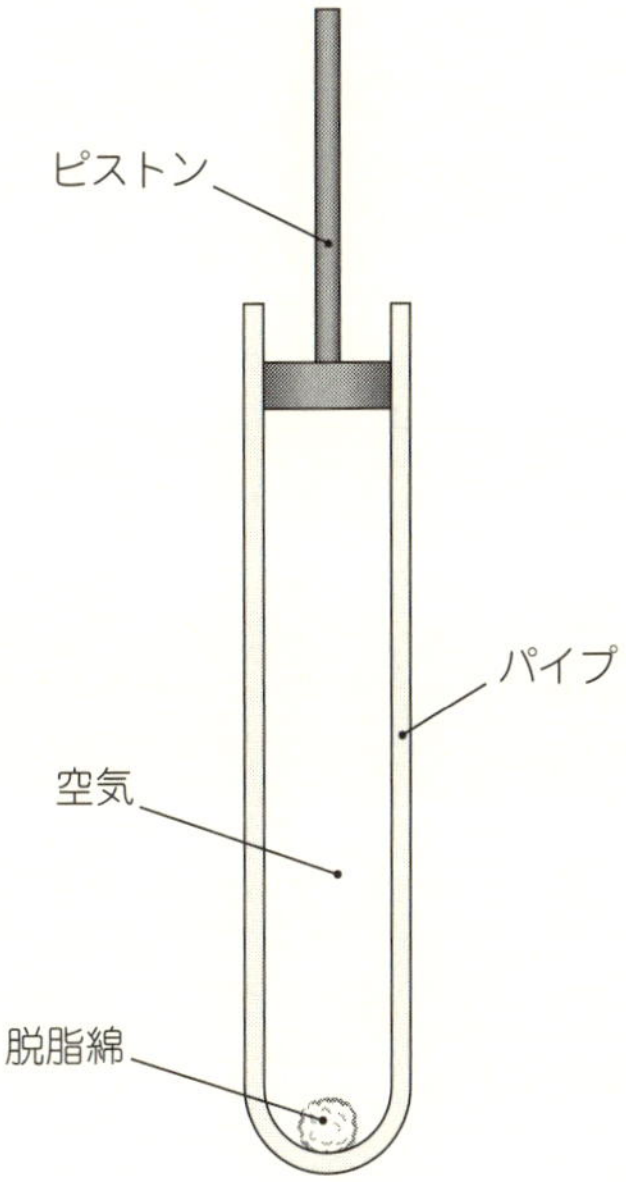

断熱圧縮で温度が上がる

答えは「イ」です。脱脂綿が燃え出すぐらいの温度になります。

断熱圧縮という現象があります。断熱とは、外部と熱の出入りがないということです。気体を圧縮すると気体の温度が上がります。人の手で圧縮して脱脂綿に火がつくほど温度が上がることがあります。

ガソリンエンジンでは点火プラグからの火花でガソリンと空気の混合気体に点火して爆発させていますが、ディーゼルエンジンには点火プラグはありません。急激に圧縮して温度が上がった空気に軽油を吹き込んで爆発させているのです。

断熱圧縮は、圧縮するための仕事を加えていますが、そのエネルギーを外部に放出できないので自身の気体の温度が上がります。

断熱圧縮とは逆の断熱膨張という現象もあります。熱の出入りがないとき、気体を膨張させると気体の温度が下がります。

天気の変化と断熱膨張、断熱圧縮

地面付近が温められて空気のかたまりが上がる（上昇気流）と、高くなるほど大気圧は小さくなるので、そのかたまりは膨脹して、内部の温度が下がります。それで内部の水蒸気が凝結して雲ができます。夏の入道雲などはそうして発達しているのです。

逆に雲がある空気のかたまりが下がる（下降気流）と、その空気のかたまりは縮んで（断熱圧縮）、内部の温度が上がり、雲が消えて天気がよいのです。

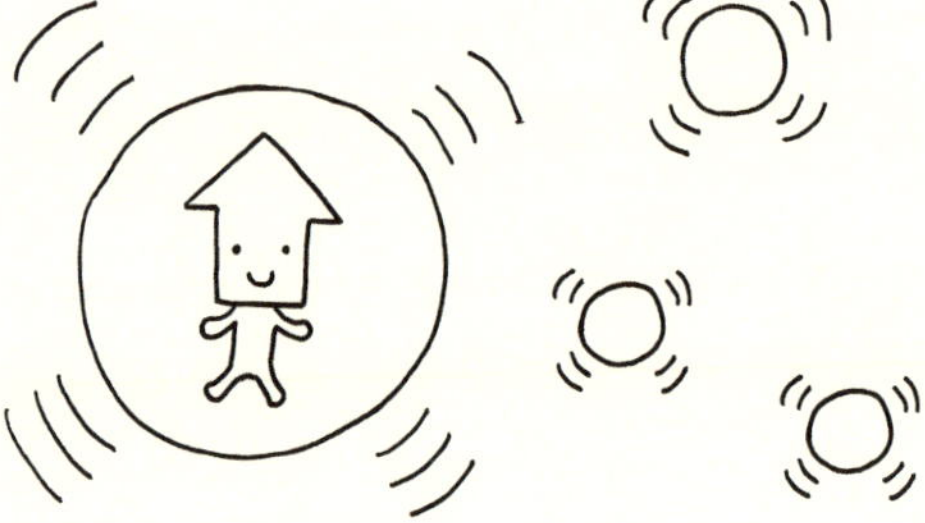

冷却ジェルシートのしくみ

Q 熱が出たときにおでこに貼る冷却ジェルシート。これで体温を下げるしくみは主にどんなことでしょうか。

ア　冷却ジェルシート自体が低温
イ　冷却ジェルシートから水が蒸発する
ウ　冷却ジェルシートの内部にある固体の融解

気化熱で冷える

答えは「イ」です。

熱が出たとき、よくおでこに貼るのが冷却ジェルシートです。その主な成分は水とゲル化剤です。ゲル化剤は別名「吸水性高分子」といわれているもので、自重の一〇倍以上の吸水力があり、紙おむつなどに入っている成分です。

その冷却ジェルシートをおでこに貼ると、最初冷たくて気持ちいい感じがします。これは、冷却ジェルシートに含まれている水が体温によって蒸発するときに、体温から気化熱（蒸発熱）として熱を奪うことで冷やす効果があるからです。朝方の涼しいときに、道路に水をまいておくとお昼に涼しく感じる打ち水と同じ原理です。

気化熱とは液体の物質が気体になるときに周囲から吸収する熱のことです。液体が蒸発するためには熱が必要です。液体が接している物から熱をうばって蒸発します。だから、体がぬれていると、表面の水滴が体温をうばって蒸発しようとするから寒くなるのです。

液体内部の分子のうちで表面近くにいた分子が、仲間の引力をふり切って飛び出します。飛び出した分子は運動エネルギーをたくさん持ち出すので、後に残った分子の平均の運動エネルギーは小さくなります。つまり温度が下がります。

だから、冷却ジェルシートは、水が蒸発できるように外に出ていることが必要です。衣服の中に入れたり、脇の下に入れて脇をしめたりしていると水が蒸発しにくくなってしまいます。

また、冷却ジェルシートを長時間していると乾いてしまいます。冷却ジェルシートに含まれていた水がすべて蒸発してしまったからです。そうなると効果はまったくなくなります。

ヒートテックのしくみ

逆に、気体が液体になるときには、まわりに熱を放出します。例えば、冷蔵庫は気化熱を利用しています。液体と気体の状態変化がしやすい冷媒を冷却器で液体から気体に変えています。そのときに周囲から熱をうばうことで冷たくしています。気体となった冷媒は、次に圧縮機で圧力をかけて液体にします。このときに液体の温度は上がりますが、その熱は冷蔵庫の外へ放出します。冷媒が冷却器と圧縮機と放熱器の間を循環することで冷蔵庫の中を絶えず冷やしているのです。

ヒートテックは吸湿発熱線維を使っています。人の肌から出る水蒸気を吸収し、それが液体の水になるときにまわりに熱（凝縮熱）を発生しているのです。

○℃の水と○℃の氷、どっちが冷やすのに効果的か？

冷却に関連して、ゴム製の水枕に、冷たい○℃の水を入れた場合と○℃の氷を入れた場合とでは、どちらの冷却効果が大きいかを考えてみましょう。同じ○℃でも、氷の方がより多くの熱を奪い、冷却時間としても長持ちします。○℃の水は接触している物を冷やしながら温度が上がっていきます。

○℃の氷は接触した物を冷やしながらそこからの熱は先ず氷が全部融けるのに使われます。全部融け終わるまで○℃で、○℃の水になってから温度が上がります。

つまり、○℃の氷の方が、○℃の氷が○℃の水になるまで奪い取る融解熱のぶん、冷却効果が大きいのです。○℃の氷の方が何倍もまわりから熱エネルギーを奪い取ることができるのです。

PHYSICS

Puzzle Ⅳ

力と運動

長すぎるストローとジュース

Q 地面においたジュース入りのコップにストローを長くしたような約五メートルのチューブを入れて二階のベランダから（地面から口までの高さは約四・五メートルとする）ジュースを飲めるでしょうか。

ア　飲める
イ　飲めない

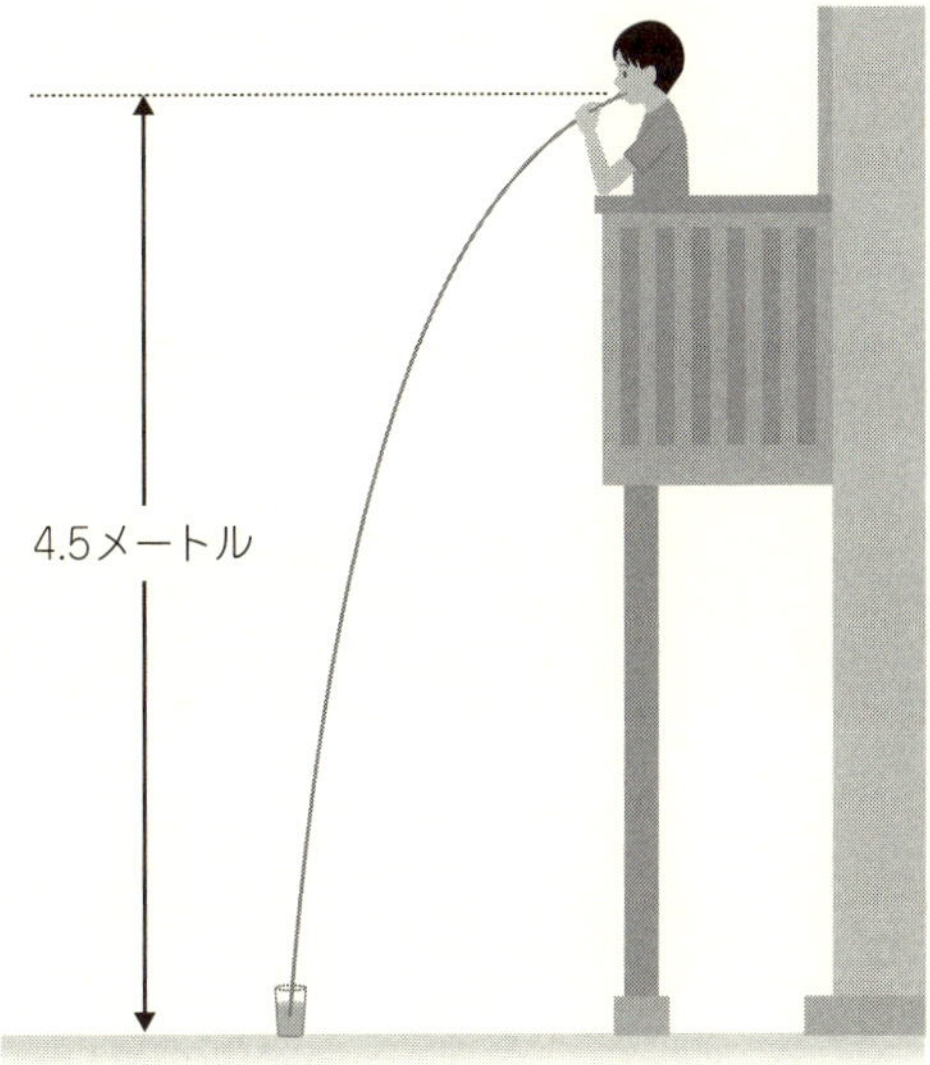

大気圧の大きさ

答えは「ア」です。

面積一平方メートルあたり垂直に押す力の大きさが圧力です。圧力の単位はパスカル［記号でPa］です。パスカル＝ニュートン毎平方メートルです。圧力＝垂直に押す力÷面積で求めることができます。

私たちは地表面に近いところで生活しています。その上には三万メートルくらいの大気圏があります。イタリアの物理学者エヴァンジェリスタ・トリチェリ（一六〇八―一六四七）は「人間は大気という海の底に住んでいる」と述べていますが、まさに私たちは大気の底に暮らしています。

空気にも重さ（質量）があります。地表付近、二〇℃で一リットルが約一・二グラムです。そういう質量を持ったモノが私たちの上にあるのですから、その質量がかかっています。それは一平方センチメートルあたり約一〇ニュートン（約一キログラムにかかる重力）です。地表の大気（空気）は、この質量を支えるだけの圧力を持っています。地表の大気の圧力、つまり大気圧は約一〇一三ヘクトパスカル（＝一気圧）です。

一気圧で支えられる重量

一気圧は、水銀というずっしり重い金属でも七六センチメートルを支えることができます。では、一気圧で水銀の代わりに水を使ったらどうなるでしょうか。水銀の密度は水の一三・六倍あるので、計算上は七六センチメートルの一三・六倍の約一〇メートルを支えることができるはずです。

もしも口の中を真空にできれば、一〇メートル下にあるジュースを飲むことができるということです。

口の中を真空にするまではできそうもないので、二階のベランダからジュースが飲めるかどうか挑戦してみました。

そうすると飲めるのです！　しかし、口の中を〇・五気圧近くまで低くするので、やり過ぎると舌の毛細血管が切れて出血します。

一気圧で水一〇メートルを支える!?

ぼくは何度かこのことを確かめる実験をしてきました。一〇メートル以上の長さ（例えば、一〇・五メートル）の、満タンに水の入ったビニールホースを階段の隙間に通しながら階段を上がっていくのです。ホースの一端は開いていて、水の入ったバケツに入れてあります。もう一端はゴム栓をして針金でがっちり締めて完全に閉じてあります。閉じたほうを持って階段を上がっていきます。

一階、二階、三階……と上がっていってもホースの中に水は満ちたままです。ところが四階に来て、高さで約一〇メートル弱のときにビニールホースの中に変化が起こりました。

ホースの中に隙間ができてそこがつぶれた状態になりました。もう水はそれ以上は上がりません。

よく見ると水から小さな泡が上がっています。上部がほぼ真空になったので溶けていた空気が出てきたのです。空気が水に溶ける量は、圧力が小さいほど少ないのです。

下の水面は一気圧、上部の隙間は水蒸気と少しの空気で完全な真空ではありませんがとても低い気圧です。その差で一〇メートル弱の水を支えられるのです。

ドラム缶を大気圧でつぶす

Q ワックス缶や石油缶などの一斗缶に少量の水を入れてから加熱し、沸騰して湯気が出てきたら、しばらくして火を消してふたをしめます、するとと音を立てて缶がつぶれます。

ふたをしたままのつぶれた缶を再度加熱すると何がおこるでしょうか。

ア　缶全体が熱くなるだけで変化しない
イ　音を立てながら缶がふくらんでいき、完全ではないが元に戻る

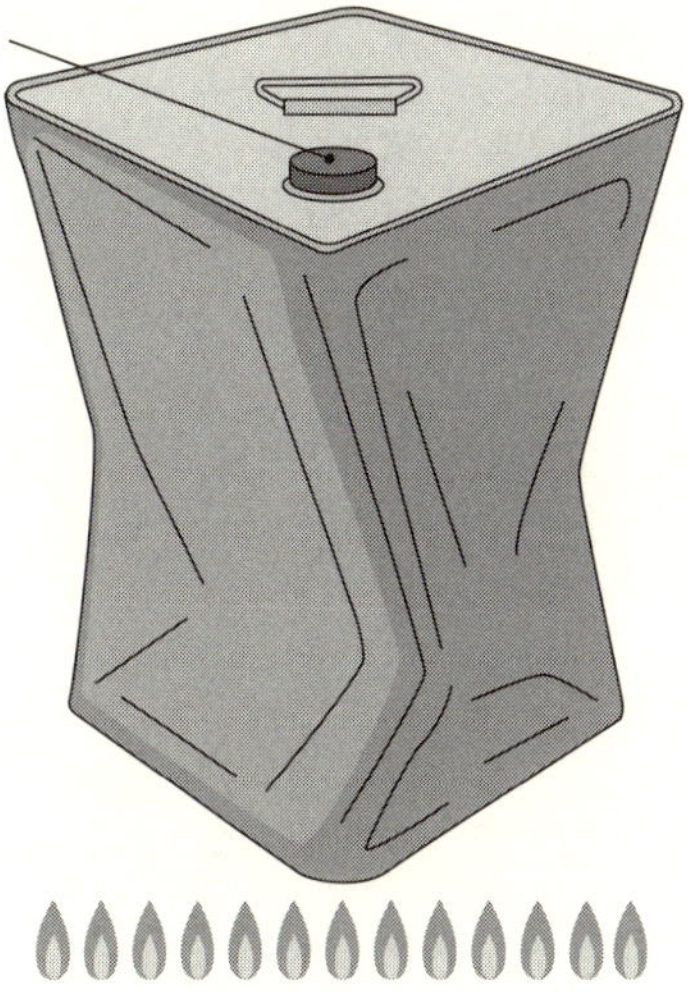

缶つぶしとつぶした缶の復元

答えは「イ」です。ぼくは、ドラム缶、一斗缶などを何個も大気圧でつぶしています。一斗缶はつぶした後、再度加熱して復元できます。もちろん、復元したらすぐに火を消します。

缶がつぶれる前は、缶にまわりから莫大な数の窒素や酸素の分子がぶつかっていますす。そのとき、内側からも、莫大な数の窒素や酸素の分子がぶつかり、対抗しているのでつぶれません。缶の内部の水が沸騰して空気が水蒸気に押し出されると、窒素や酸素の分子の替わりに水の分子がぶつかるのでつぶれません。

ふたをして放置すると、冷えて缶内の水蒸気が液体の水になり、内側からは対抗する分子が少なくなります。つまり、缶のまわりからは大気圧がかかっているままですが、缶の内部の圧力が小さくなって、缶はつぶれるのです。

つぶれた缶がふくらんで元の形になっていったときは、中からも莫大な数の水の分子が缶の壁にぶつかっていたのです。

圧力鍋のひみつ

Q 圧力鍋は火が通りにくいものや煮物を短時間で調理できる道具です。圧力鍋で、短時間で調理できる主な理由は何でしょうか。

ア　素材のまわりから大きな圧力をかけて水がしみやすくする

イ　素材のまわりから大きな圧力をかけてその細胞を小さくして熱が通りやすくする

ウ　水が沸騰する温度を上げて一〇〇℃より高い水で素材を調理する

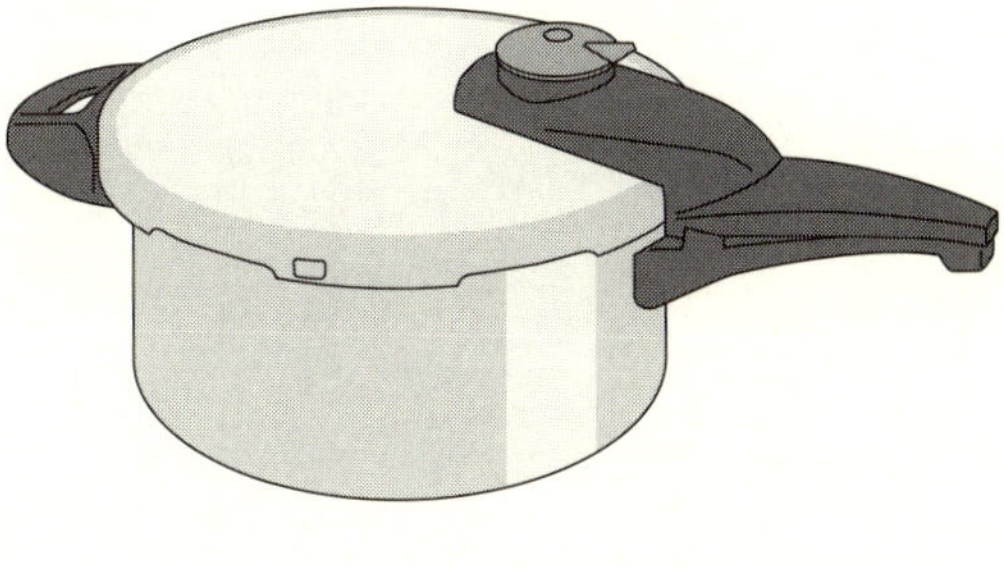

水の沸点は圧力で変わる

答えは「ウ」です。

水は一気圧のとき一〇〇℃で沸騰します。沸騰とは液体の内部からも蒸発して泡立つ状態です。沸騰中は、加える熱は水分子同士を切り離すのに使われるため、それ以上温度が上がりません。

水の沸点は、気圧が低いほど低くなり、気圧が高いほど高くなります。すべての液体は、まわりの気圧が変わると沸点が変化します。

お菓子を入れた密閉袋が、高い山の上では「ぱんぱん」にふくらみます。山のふもとでは、袋は外からの大気圧とそれを中から押し返す圧力がつり合っていて、通常のふくらみ方をしています。高い山の上でも、袋の中の圧力は同じままなのに、袋を外から押す大気圧が小さくなり、袋がふくらむのです。

高地になるほど気圧が低くなり、水の沸点が低くなります。富士山のふもとから水の沸点をはかっていくと、標高一〇〇〇メートルで九七℃、二〇〇〇メートルで九四℃、三〇〇〇メートルで九二℃、そして三七七六メートルの山頂では八八℃くらいになります。富士山の頂上では、ふつうの鍋では、お米が十分に炊けず、芯が残っ

◆富士山の高度と大気圧と水の沸点

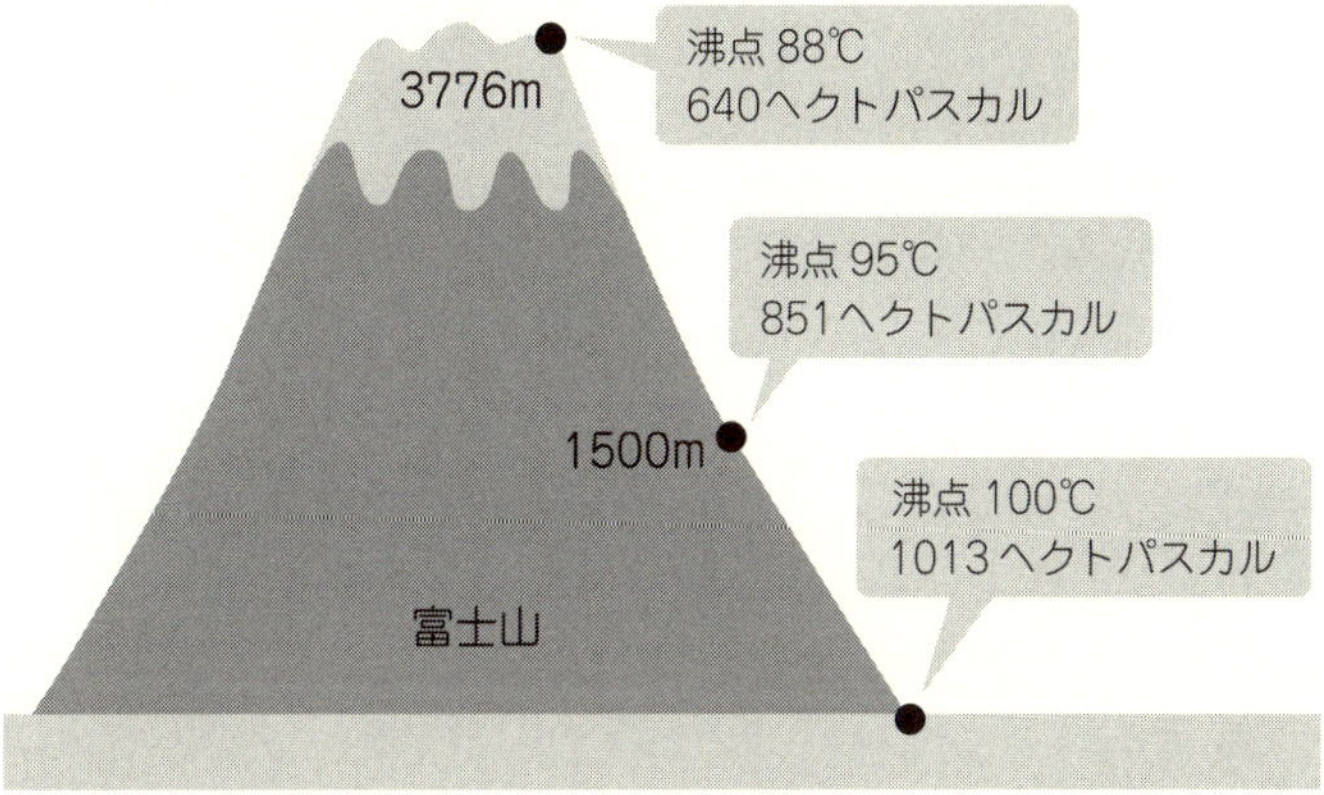

てしまうのはそのためです。圧力鍋ならちゃんとご飯が炊けます。

ぼくは北インドのラダック地方を旅したことがあります。そこのレーの街は、高度三五〇〇メートルの場所です。水の沸点は九一℃です。一般の家庭を訪問したら台所の壁にはいくつもの圧力鍋がかけられて並んでいました。

圧力鍋のしくみ

圧力鍋とふつうの鍋と違うところは、気体（水蒸気など）の出入りをうまく調節できることです。

密閉して加熱すると逃げ場を失った自らの水蒸気によって鍋の中の気圧が高くなり

ます。そして、設定しているある気圧に達すると、水蒸気はふたのおもりを押し上げて外に逃げ、それ以上高圧にならないようなしくみになっています。

そうして、鍋によって違いますが、内部が一・五気圧から二・五気圧ぐらいになるようにしてあります。

ふつうの鍋なら一〇〇℃程度で煮込むところを、たとえば、一・八気圧の鍋の場合、沸点はおよそ一二〇℃です。つまり、一〇〇℃より高い一二〇℃という高温のお湯で調理ができ、さらに具材に高圧がかかるので、短時間に具材の隅々まで火が通ります。

深海魚と浮き袋

Q

水深二〇〇メートルより深いところにすむ魚を深海魚といいます。深海魚の多くは浮き袋を持っていません。浮き袋は魚の体内にあり、水中を上下するときに調節する袋です。深いと大きな水圧で浮き袋がつぶれてしまいますから、はじめから持っていないのです。

ところが、水深二〇〇メートル程度のところにすむ魚は浮き袋を持っています。そんな魚を急に釣り上げたらどうなるでしょうか。

ア　丈夫な浮き袋でできておりあまり変わらない
イ　浮き袋が大きくふくらみ、お腹が破裂する
ウ　浮き袋が大きくふくらみ、口から飛び出す

深海魚にかかる水圧

答えは「ウ」です。

水深二〇〇〇メートル程度のところにすむ魚には、まわりから体や浮き袋などに約二一〇〇〇〇〇パスカルという大きな水圧がかかっていて、体内からそれにつぶされないように押し返す圧力もかかっています。深海魚を急に釣り上げて、海面に出したとしましょう。

すると、まわりからの圧力は大気圧の約一〇〇〇〇〇パスカルになってしまい、体内の圧力がうまく調節されません。二一〇〇〇〇〇パスカルだったとすると、体内外の圧力差が二〇〇〇〇〇〇パスカルも体内から外に向かうことになります。

浮き袋は大きくふくらみ、口から飛び出します。目も飛び出ます。初めて目にした人は、こうした姿に思わず悲鳴をあげるかもしれません。

深さ一メートルごとに九八〇〇パスカルずつ水圧が増えていきます。少し大まかにいえば、深さ一メートルごとに一〇〇〇〇パスカル、つまり一〇〇ヘクトパスカルずつ水圧が増えていきます。さらに、水中では、深さによる水圧に、大気圧もプラスされます。水の上に大気があるからです。

パスカルの原理と道具たち

Q 無色透明のガラスのびんに水を入れて、少しだけ空気があるようにして、ポリ袋を切り取ったものでふたをして輪ゴムでしっかりとめます。びんを横にして空気の泡がびんの中ほどになるようにします。

口の部分を押すと、泡の形や位置はどうなるでしょうか。

ア　泡の形は小さくなるが、位置は変わらない
イ　泡の形は小さくなり、位置は右へ移動する
ウ　泡の形は変わらず、位置は右へ移動する

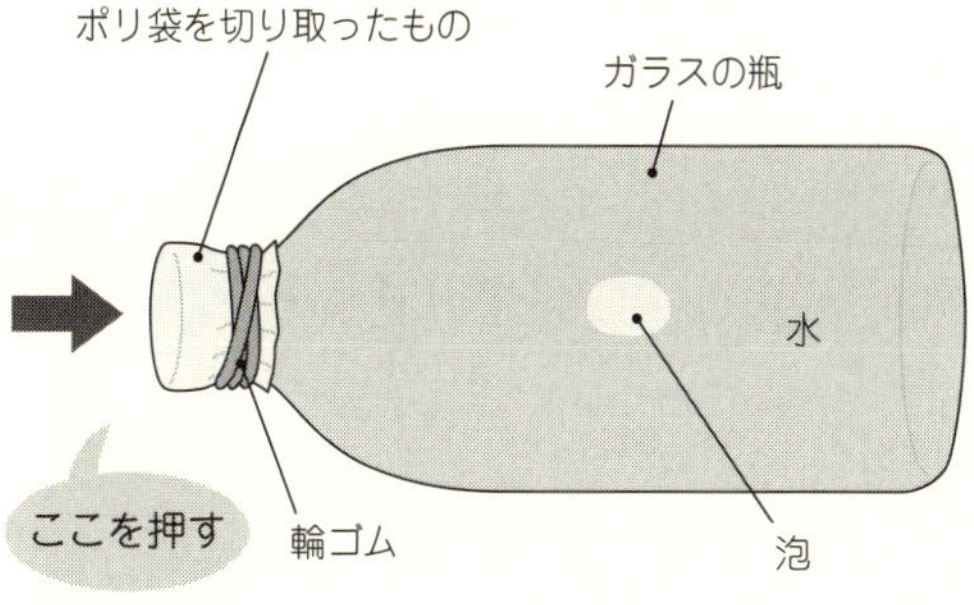

※上から見た図

パスカルの原理

答えは「ア」です。

閉じ込められて動けない液体のどこか一カ所に圧力を加えると、液体のすべての場所で圧力が同じだけ増加します。これをパスカルの原理といいます。

口を押すことによって加えられた圧力がびんの中のどこでもそのぶん増加するので泡をまわりからその圧力で押すことになります。そこで泡は形が小さくなるだけです。

パスカルの原理は液体や気体で成り立ちます。液体や気体中の分子は四方八方に分子運動をし、どんな境界面でもそれを境に圧力を及ぼし合っているからです。ゴム風船をふくらませると全体的にふくらんできますが、これもパスカルの原理が成り立っているので、口から加えられた圧力が全体に（四方八方に）伝わって増加するためです。

私たちのまわりでパスカルの原理を利用した道具は油圧を使ったものです。油圧ジャッキ、自動車のブレーキ系統、油圧ポンプや油圧モーターなどで広く活用されています。小さな力で大きな力をもたらすことができるからです。

直径が大小に異なるシリンダーを管でつないで油を満たして、それぞれにピタリとはめ込まれたピストンに圧力を加えると、それぞれのピストンの面積（シリンダーの面

◆油圧ジャッキのしくみ

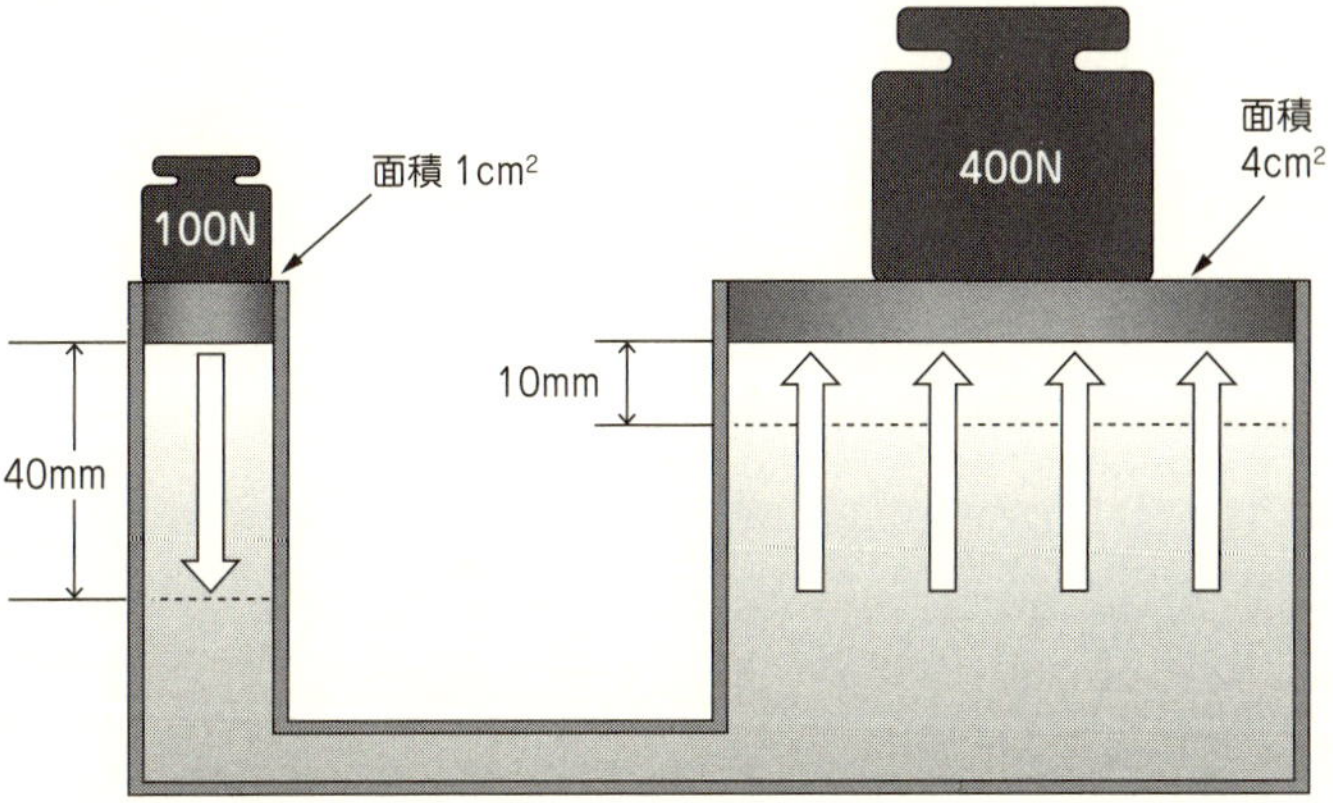

積）に比例した大きさの力が生じます。圧力＝力÷面積から圧力×面積＝力になるからです。

　このシリンダー内に加えられたピストンから受けた圧力は、シリンダー内のどこでも同じ大きさで増加します。そのために、同じ圧力が加わる他のピストン部分の力（圧力×面積）は面積に比例して増加します。つまり、小さな面積のピストンに加えた小さな力で、大きな面積のピストンには大きな力をもたらすことができるのです。

　大きいシリンダーの面積が、小さいシリンダーの四倍のときは、小さいシリンダーに加えた力の四倍の力で大きいシリンダーを押し上げることができます。

科学者パスカル

圧力の単位パスカルは、フランスの哲学者であり、数学者であり、物理学者だったパスカルの名前からつけられました。

一六二三年に生まれて一六六二年に三九歳という若さで亡くなりました。小さい頃から天才ぶりを発揮し、一二歳のときには、二本の直線は決して交わらないことを前提にして大部分の図形の性質を自分の力で考えついていました。

現在のコンピュータの祖先と言える機械式計算器も発明しています。

パスカルの言葉で有名なのが「人間は、自然のうちで最も弱い一本の葦にすぎない。しかしそれは考える葦である」というものです。人間はちっぽけで、もろい存在でも、考えるというそのことにおいて人間は何よりも尊いのだとパスカルは主張しています。

名前が圧力の単位になったのは、圧力についていろいろな研究をしたからです。

彼の研究で、一気圧は、水銀柱七六センチメートルを支えることができる、水柱なら約一〇メートルを支えることができる、などがはっきりしました。

つりあいと作用反作用

Q 天井に固定したつるまきばねにおもりをつるすと、ばねが伸びて静止しました。図のF_1は糸Aがばねを引く力、F_2はばねが糸Aを引く力、F_3はばねが糸Bを引く力、F_4は糸Bがばねを引く力で、ばねと糸の重量は考えないことにします。

F_1、F_2、F_3、F_4のうち、作用と反作用の関係にあるのはどれでしょうか。

ア　F_1とF_4

イ　F_2とF_3

ウ　F_1とF_4　F_2とF_3

エ　F_1とF_2　F_3とF_4

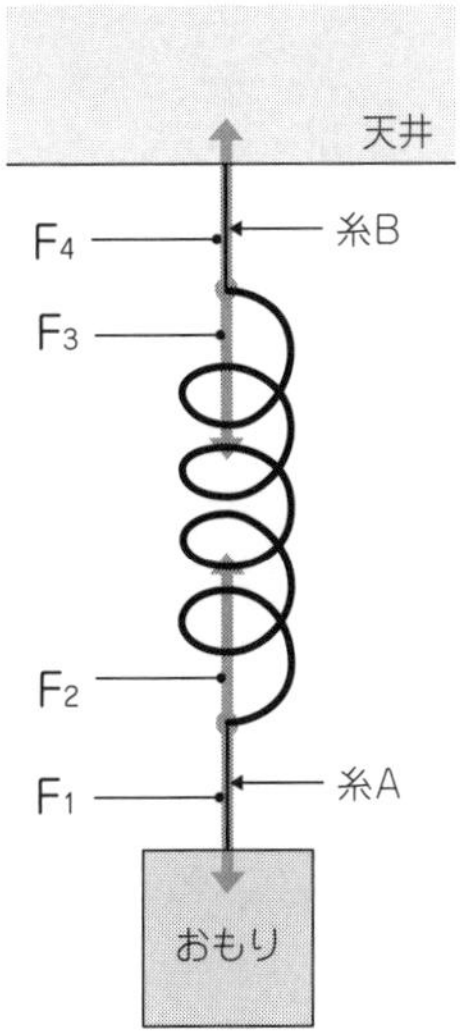

作用と反作用

答えは「エ」です。

作用と反作用は、二つの物体間の関係です。物体として、天井、糸A、ばね、糸B、おもりがありますが、ここでは天井とおもりはパズルからはずされていますので、糸Aとばね、ばねと糸Bを考えます。

糸Aがばねを引っぱっています（F_1）。そして同時にばねが糸Aを引っぱっています（F_2）。このF_1とF_2は作用と反作用の関係です。

ばねが糸Bを引っぱっています（F_3）。そして同時に糸Bがばねを引っぱっています（F_4）。このF_3とF_4は作用と反作用の関係です。

F_1とF_4は、ばねという一つの物体に同じ大きさで反対向きにはたらいています。これは「つりあい」の関係です。作用反作用と力のつりあいは、「互いに逆向きで大きさが等しい」というところだけに注意を奪われると、混乱しやすいです。「作用と反作用」では、対で現れる力は「二つの対象物体」に作用し合います。「力のつりあい」では、「一つの対象物体」に二力が加わります。

浮いた磁石の重さはどうなる？

Q ドーナツ型のフェライト磁石（一個一〇グラム重）をストロー（重量は無視できる）に一個を固定して、さらにそこに一個追加したら一個は宙に浮きました。
　全体で何グラムになるでしょうか。

ア　一〇グラム重
イ　一〇超～二〇未満のグラム重
ウ　二〇グラム重

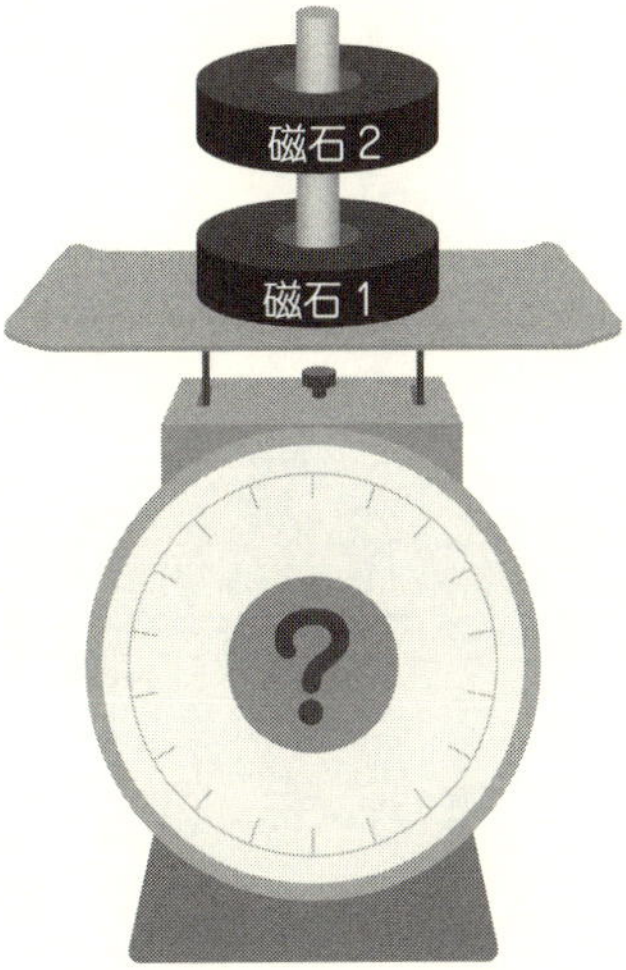

※質量 10 グラムの物体にはたらく重力を 10 グラム重とする

◆はたらいている力

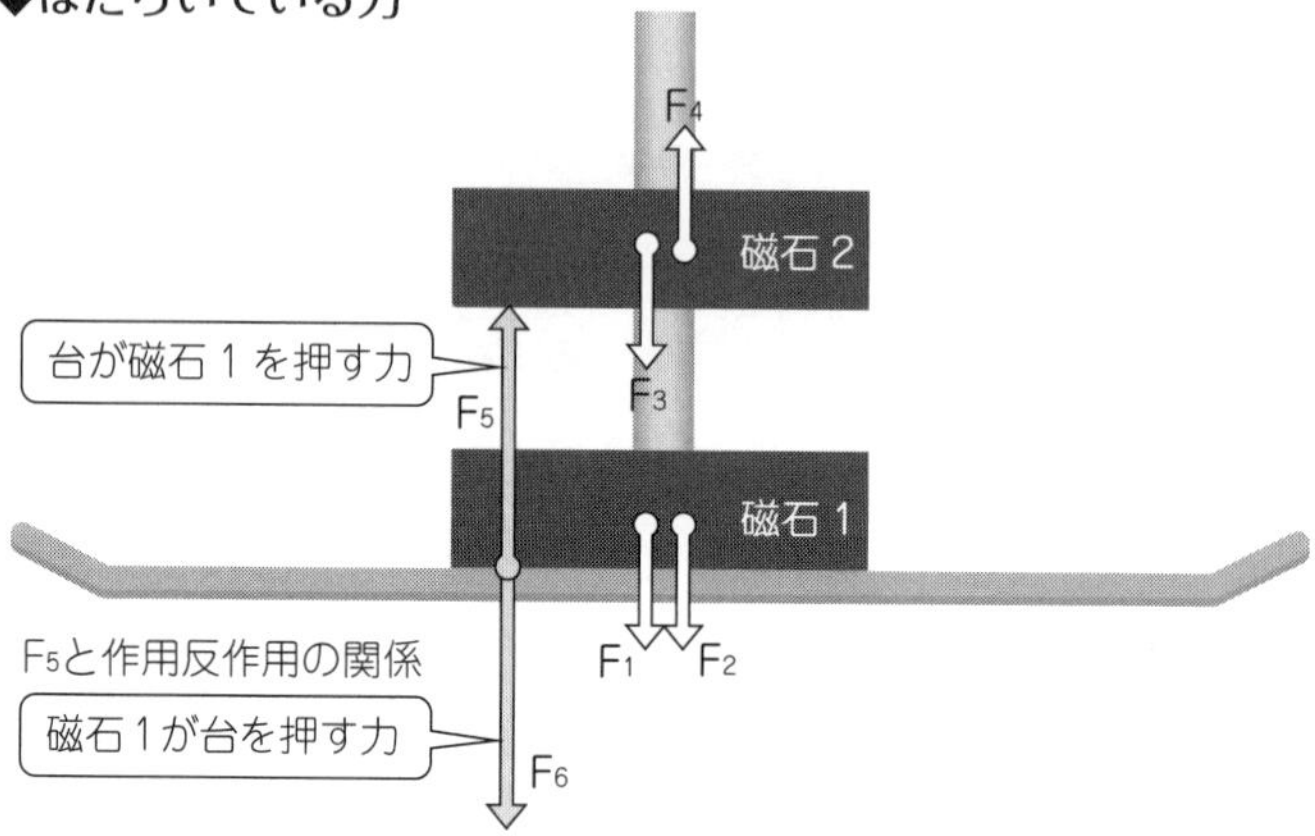

宙に浮いた磁石の重量

答えは「ウ」です。

はかりの台の上の固定した磁石を磁石1、宙に浮いた磁石を磁石2とします。

磁石1には下向きに磁石1の重力と、下向きに磁石2からの磁力と、台が磁石1を押す力（台からの抗力）がはたらきます。

磁石2には、下向きに磁石2の重力F_3（一〇グラム重）と上向きにF_4の磁力（磁石1と磁石2のしりぞけあう力）がはたらきます。

磁石2は宙ぶらりんで静止しているのでF_3とF_4はつりあっていて、力の大きさは同じだからF_4は一〇グラム重。

一方、F_2とF_4は作用と反作用の関係なので、力の大きさは同じだからF_2は一〇グラム重。

下向きにF_1＋F_2（二〇グラム重）の力を受けている磁石1が静止するためには、はかりの台から上向きに二〇グラム重の抗力F_5がはたらいている必要があります。磁石1がはかりの台を押している力F_6は、この抗力F_5と作用反作用の関係にあるので、大きさは等しく二〇グラム重です。つまり、はかりにはF_6の二〇グラム重がかかります。

作用と反作用の例

私たちが道を歩くとき、足が地面を後方に押しますが、同時に地面から押し返されて前へ進みます。自動車も、車輪が道路を後方に押すと、道路から同じ大きさの力で押し返されます。この力で自動車は、前へ進みます。

ケンカをして誰かの頭を手でぶったとすると、頭が手から受ける力と手が頭から受ける力は同じ大きさです。ぶったほうも痛いはずです。

ボクシングでは、手にグローブをはめていますが、これは相手へのダメージをひどくしないためだけではありません。相手に打撃を与えたときに、手が相手から受ける

◆ロケットは燃焼ガスの噴射の反作用で進む

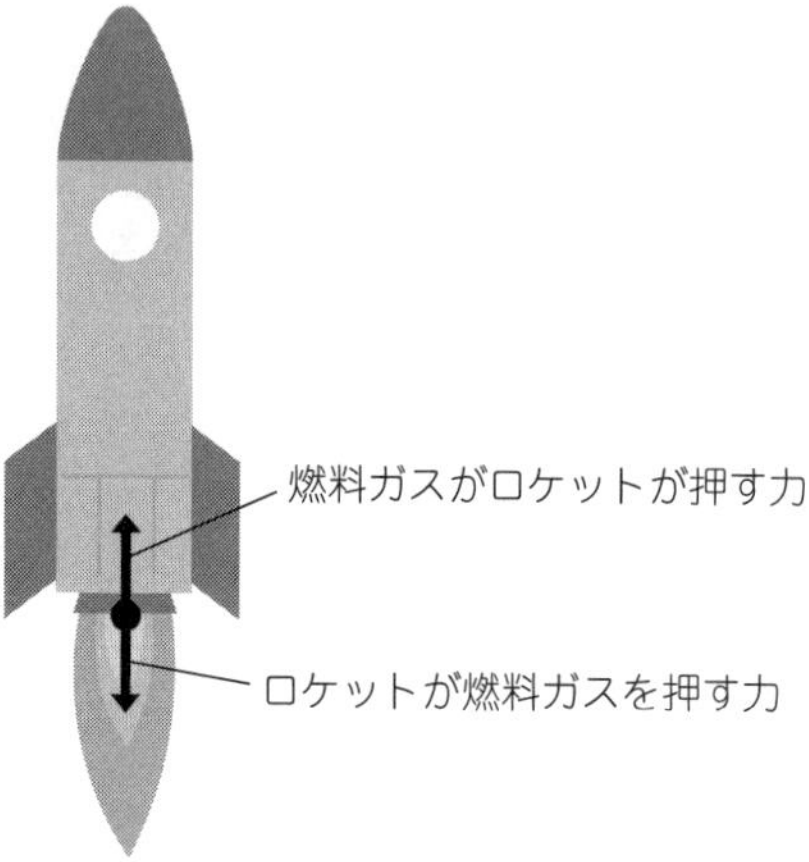

力から自分の手を守るためでもあるのです。

ロケットは、燃料と酸化剤を反応させて大量の燃焼ガスを高速で噴射して、その反動で進んでいきます。燃焼ガスはロケットを進行方向へ押し、ロケットは燃焼ガスを後方に押しているのです。ロケットの推進には空気は関係ないので空気中でも真空中でも飛ぶことができます。

拳銃＝ピストルで弾丸を発射したら、銃は反動で後ろへと力を受けるので、しっかり持って、その反動を体で受け止める必要があります。

水銀に分銅は浮くのか？

Q

鉄の密度は七・九グラム毎立方センチメートル、水銀の密度は一三・六グラム毎立方センチメートルですから、水銀に鉄のかたまりを入れるとぷかぷか浮きます。

水銀を入れたシャーレに底が平らな上皿てんびんの分銅を入れると浮かびました。次に、先に分銅を入れておいてから水銀を入れると、分銅はどうなるでしょうか。

ア　浮いてくる
イ　底にあるまま（浮いてこない）

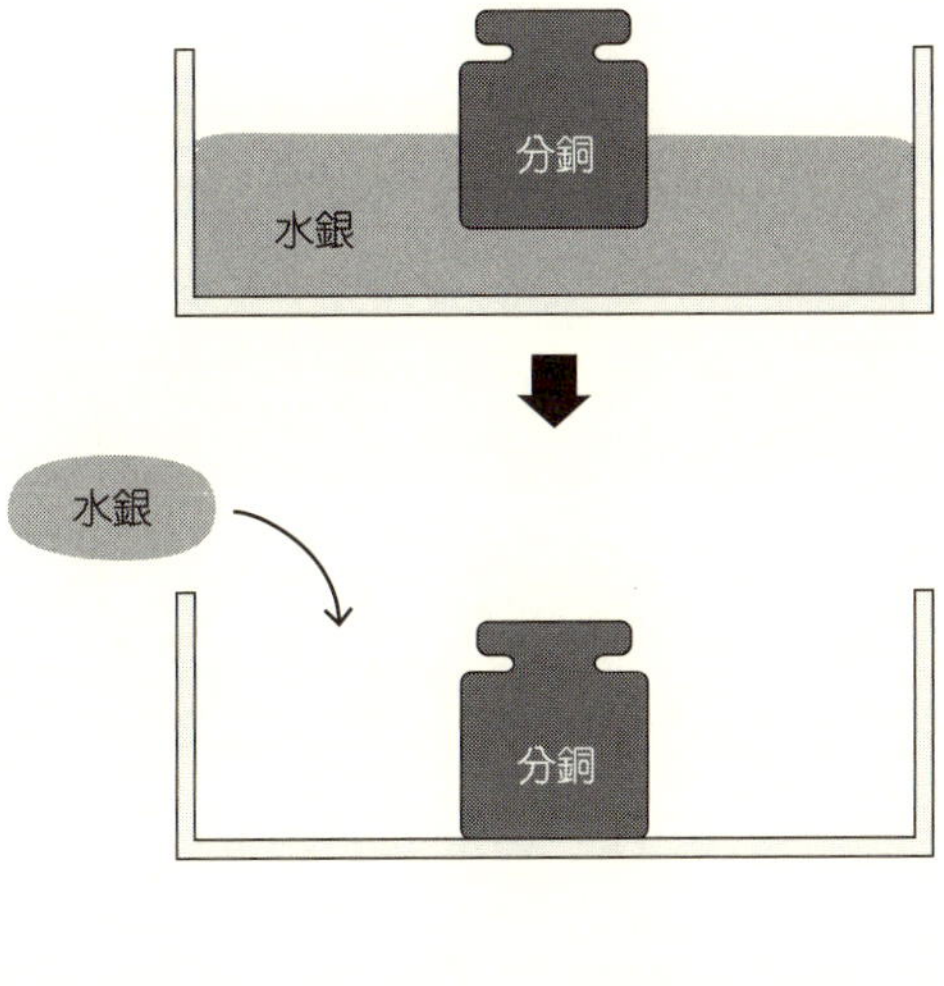

分銅の底に水銀が入り込むと……

答えは「イ」です。シャーレにぴったり分銅の底がついていると、水銀を入れても、分銅は浮かんできません。分銅には上からの水銀の圧力による力が下向きにはたらきますが、下からの力がはたらかないからです。シャーレをゆすると、分銅の底に水銀が入り込んで水銀の圧力による上向きの力がはたらき、しかも深いほうが水銀の圧力が大きいのでそれによる力も、下向きの力より大きいので浮力が生じて浮いてきます。

ぼくは、パチンコ玉だけではなく、砲丸投げに使う鉄の球である砲丸（中学生女子用）を水銀に入れて浮かぶことを見せていました。

液体の圧力差で生じる浮力

水に沈めた直方体の木片が浮き上がってくるのは、木片にはたらく浮力と重力では浮力のほうが大きいからです。ちょうど、浮力と重力がつり合ったところで木片は止まります。

水の中にある物体に浮力が生じるのは、物体が受ける上下の水圧（水の圧力）差か

◆上下の水圧による力の差が浮力

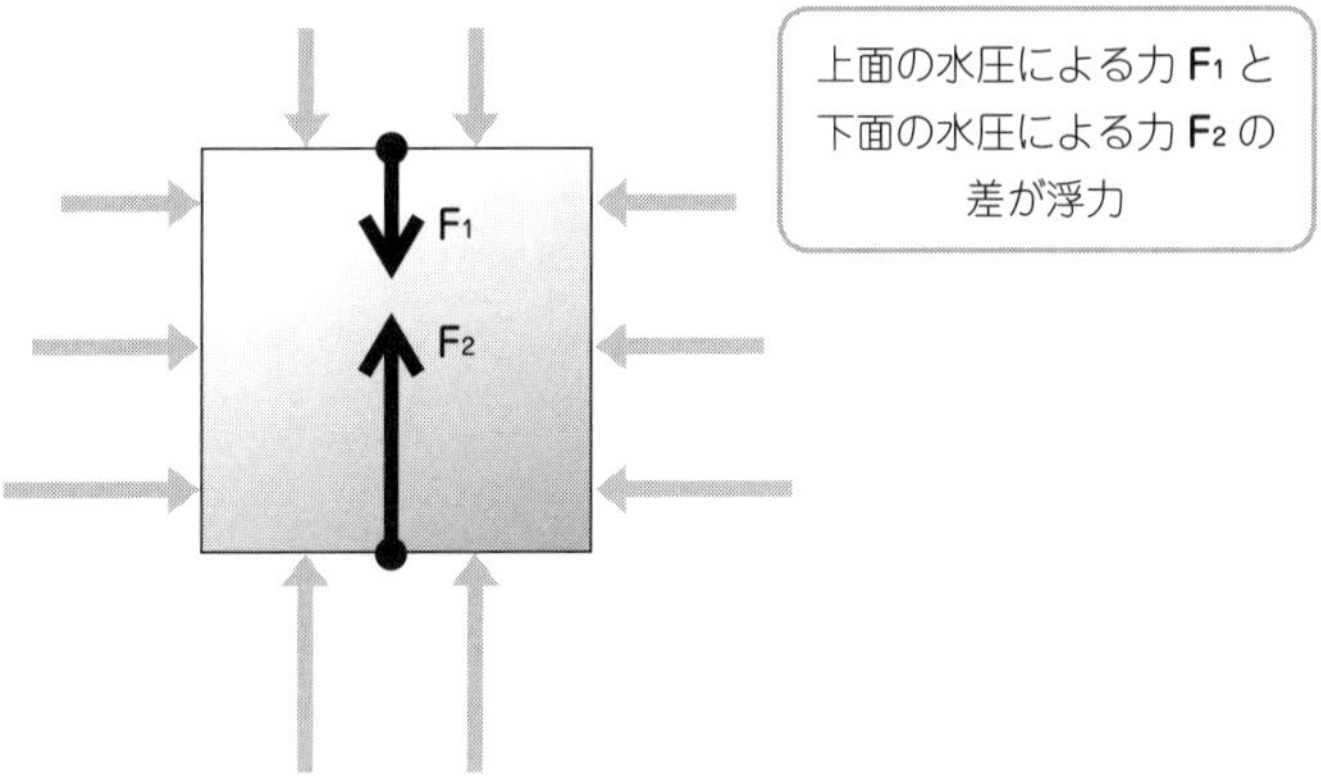
F1
F2
上面の水圧による力 F1 と
下面の水圧による力 F2 の
差が浮力

ら説明することができます。水圧は深さに比例して大きくなります。また、水圧は上下左右あらゆる方向にかかります。

水圧がある面積にかかったときは、そのときの力は水圧×面積になります。

水に沈めた物体の上面にかかる下向きの水圧による力と、下面にかかる上向きの水圧による力は、物体の厚さ分の水深が下面では深くなった分だけ水圧の増加が生じるので、差し引き上向きの力になります。これが浮力に当たります。

では、この物体を容器の底にぴったりと押し付けたらどうでしょうか。ピッタリと底についているので、水圧によって下面に上向きにはたらく力はなくなり、水より密度が小さい物体でも浮き上がらなくなると考えられます。

ただし、水銀の場合と違って水の場合は、物体の底面と容器の底面の間の水を排除するのは難しいので水の中で水より密度が小さい物体を底に押しつけて浮かないようにするのは難しいです。

水よりも密度が大きく、底が平らな物体を、水の入った容器に入れて、物体が底に着いても、容器の底と物体の底の間の水を排除できなくて、その間にうすくても水があるので浮力は消えません。

風船を持って自動車に乗ると……

Q

自動車や電車で急発進すると乗客は後ろへ倒れそうになります。乗客は、慣性によって一定の速度のままで止まり続けようとしているのに、乗り物が一定速度から脱してもっと前へ動いてしまうからです。つり革も進行方向とは逆の方向に傾きます。

糸をつけたヘリウムガス入りの風船を持って自動車に乗って、自動車を急発進させます。風船はどうなるでしょうか。

ア　進行方向へ動く
イ　進行方向とは逆の方向へ動く
ウ　そのまま動かない

急発進時の「慣性力」

答えは「ア」です。

等速直線運動している車の中で、風船にはたらいている力は、上向きの浮力と下向きの重力、それに浮力－重力ぶんの下向きの糸の張力です。浮力と重力＋張力はつりあっています。

浮力は、風船のまわりの空気の上下の気圧差による力です。

急発進するというのは加速度運動です。速度がどんどん増えていきます。このとき、車の中のすべての物体は車の後ろ向きに引っぱられるような「力」を感じます。車の中の物体が車全体の加速から「取り残されそうになる」ために、まるで「力」がはたらいているかのように感じるのです。このような「力」を「慣性力」とよんでいます。

慣性力の大きさは、それぞれの物体の質量（と車の加速度）に比例し、方向は必ず車の後ろ向きです。

それで、加速している物体には重力と慣性力の両方がはたらきます。

◆重力に慣性力を含めた「重力」で考える

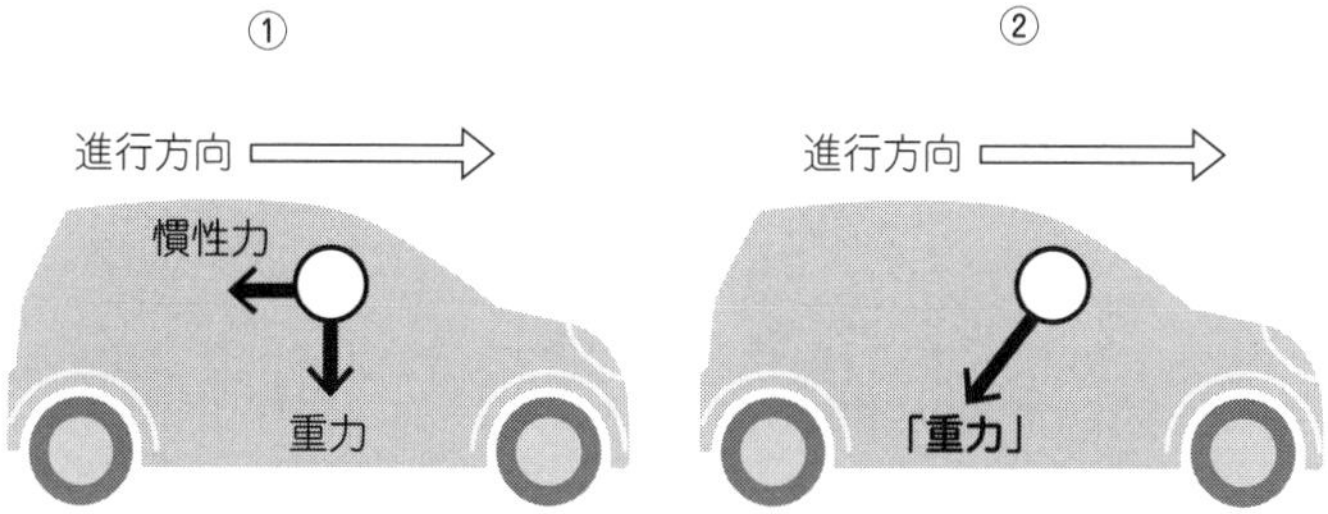

重力の一部に慣性力を含めてしまおう

加速している車の中のすべてのモノには、人にも、浮いている風船にも、図①のように慣性力と重力の両方がはたらきます。ここで、これらの力を合わせて、慣性力も「重力」の一部と考えます。見かけの「重力」といっていいかもしれません。

すると急発進した車内では、「重力」が少しだけ強くなり、向きが少し斜め後ろにずれたと考えます。

もしその場所でボールを落とせば、ボールは「重力」の向きの、やや後ろ向きに斜めに落ちていきます。

浮いている風船は人が風船についている糸を持っていて糸がぴんと張っています。

そのとき、風船には「重力」とその向きに糸が風船を引く力（張力）が合わさった力と、風船にはたらく浮力（向きはやや前向き）がつりあっています。だから風船はやや前向きに動くのです。

もし風船の糸を切ったり、手を放したりすれば、風船はやや前向きに上がっていきます。

急停止のときの危険性

乗り物が急停止すると、乗客は前方へ倒れそうになります。乗り物は減速して止まろうとしているときに乗客は元の一定速度のままでいようとするからです。自動車の場合は、シートベルトをしていないと体がハンドルやフロントガラスなどに衝突してしまうことがあります。また、体が車外に放り出されてしまう場合もあります。シートベルトが普及する前の交通事故においては、フロントガラスやハンドルに顔面を強打した被害者の縫合手術が頻繁に行われていました。二〇一四年の国交省のデータではシートベルト非着用者の致死率は着用者の一四倍でした。

生卵とゆで卵を科学で見分ける

Q 生卵とゆで卵は、ぱっと見では見分けがつきません。しかし、これらをテーブルの上で回転させれば簡単に見分けることができます。

生卵とゆで卵で同じように回転させると、速く長く回転するのはどちらでしょうか。

ア　生卵
イ　ゆで卵

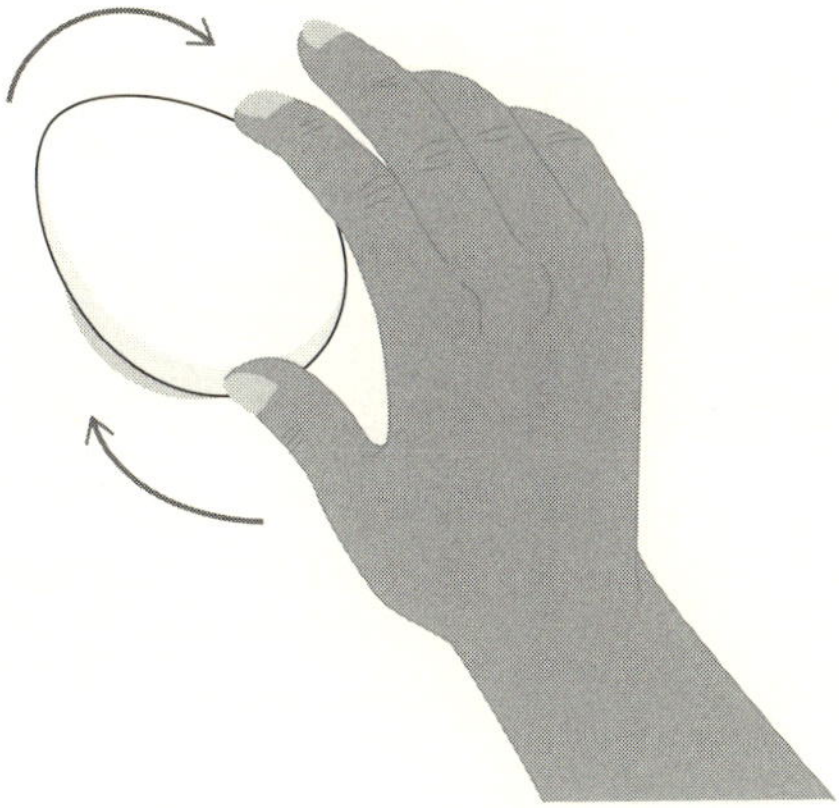

生卵は回転させるのが難しい

答えは「イ」です。

生卵では、回転させるのがゆで卵よりずっと難しくなります。それは、殻の中が流動体だからです。静止していた流動体は、回転させようにも、静止を続けようとする慣性のために、殻の動きを制止する役割を演じてしまうからです。ゆで卵は、生卵と比べて、目立って速く長く回転します。これでゆで卵か生卵か判断できますね。

また、回転している卵を指を触れて制止させてから指を離すと、ゆで卵は止まったままですが、生卵は、いくらか回転を続けます。指で殻を制止しても中身が慣性で動いているからです。

味噌汁やお茶で、容器を回したり、容器をゆらしたりして中の具や茶柱がどうなるかを観察してみましょう。具や茶柱は動かないままです。これも慣性のなせる業です。ただし何度もやっていると水に粘性があるために容器と水がこすれあって水が動いて具なども動くようになってしまいます。ポタージュスープやカレーのようなとろみのあるものは、容器と引っ付きやすいので容器と一緒に回ります。

力を加え続けたときの運動

Q 廊下の床の上にある箱を、摩擦力より大きな一定の力で引っぱり続けたら、引っぱっている間、箱はどんな運動をするでしょうか。

ア　同じ速さで動く
イ　初めはだんだん速くなるが、すぐに一定の速さになる
ウ　だんだん速くなる

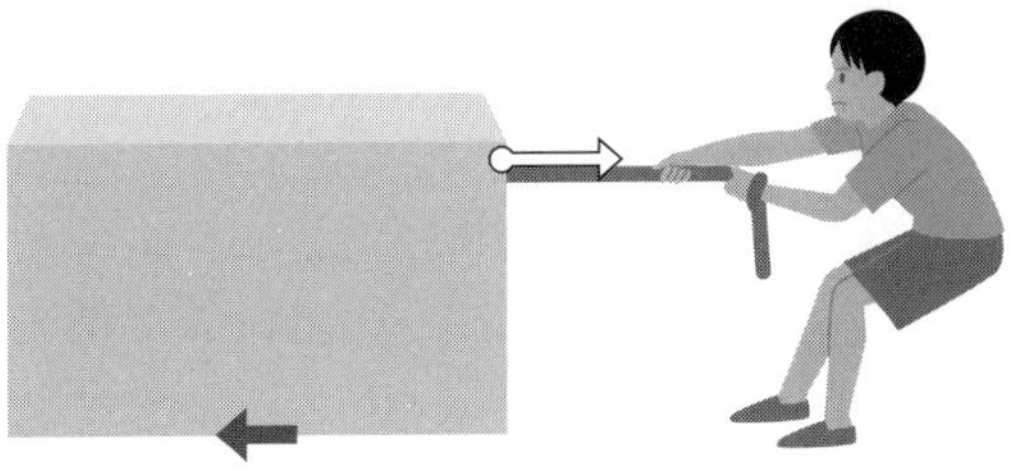

一定の力を加え続けると等加速度運動をする

答えは「ウ」です。

物体は、外部からなんの力も受けなければ等速直線運動を続けます。

静止のときの速度〇《ゼロ》から動き出すのは加速です。動き出してからも動く方向へ力を加え続けるとどんどん速くなります。

箱にはたらく水平方向の力は、ひもの引く力と摩擦力の二つです。摩擦力は速さによって変わりません。ひもの引く力と摩擦力は、無関係です。

そこで、ひもの引く力から摩擦力を引いた力で、等加速度運動をします。

力は物体の運動の速度を変化させるもとなのです。

短銃よりもライフル銃のほうが弾丸の初速が大きく、遠くまで飛びますね。銃と弾丸にもよりますが、短銃の初速で秒速二五〇～四〇〇メートル、ライフル銃では八〇〇～一〇〇〇メートルになります。

短銃よりライフル銃のほうが銃身が長いこともあって、力→加速、力→加速……が続くからです。

物体の落下とフリーフォール

Q ゴルフボールとピンポン玉は、大きさがほぼ同じで、質量はそれぞれ五〇グラムと二グラムです。

これらを一・五メートルほどの高さから同時に落とすとどちらが速く落ちるでしょうか。

ア　ゴルフボール
イ　ピンポン玉
ウ　ほぼ同時

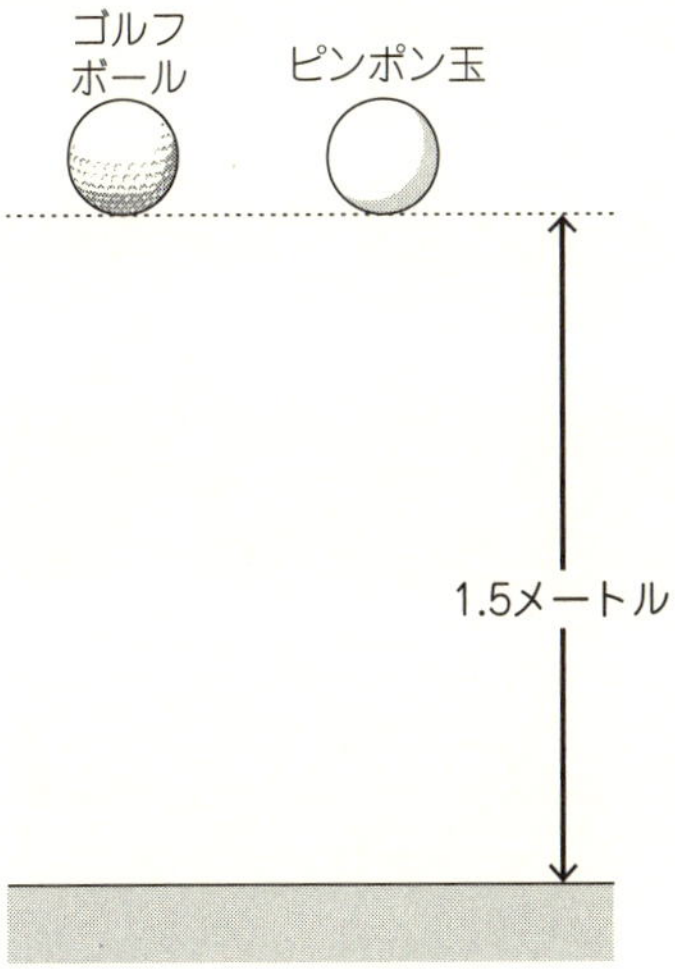

物体の落下で、空気の抵抗力が無視できる場合

答えは「ウ」です。床に落ちたときの音で見分けます。これらには重力と空気の抵抗力がはたらいています。しかし、まだ落下速度が小さいので空気の抵抗力は無視することができます。

もっと高いところから落とすと明らかに差が出て、ゴルフボールのほうが速く落ちます。空気の抵抗力が無視できないからです。

紙や木の葉はヒラヒラ舞ってなかなか落ちてきませんが、これはもちろん空気の抵抗力が大きいためです。

もっと手品的にするなら、ふくらませたゴム風船よりも大きな本を用意して、本に風船をのせて落とします。本が風よけになって、本と風船は一緒に落ちます。

空気の抵抗力が無視できるような場合では、物は同時に落下します。

鉄球と羽毛が入っているガラス管を逆さにすると、鉄球はすぐ落ち、羽毛はふわふわとゆっくり落ちますが、真空ポンプにつないでガラス管の中の空気を抜いてから同じことをやると、鉄球も羽毛もストンと同時に落ちることを見せる理科の実験器具があります。

落下運動は、地球の重力のはたらきで速度が増加する運動（加速度運動）です。とくに空気の抵抗がなく、また最初の速度（初速度という）が〇の状態の落下運動を自由落下といいます。自然落下ともいいます。

空気の抵抗を無視できるとき、速度と時間の関係を調べてみると、速度＝九・八×時間になります。つまり、速度が毎秒九・八メートルずつ加速していくことになります。

速度＝九・八〔メートル毎秒毎秒〕×時間〔秒〕から、物を離してからの時間〔秒〕と落下距離〔メートル〕の関係を求めると、落下距離＝四・九×時間×時間という式になります。

自由落下では、一〇秒で四九〇メートル落下し、そのときの速さは約三五〇キロメートル毎時になります。

遊園地のフリーフォール

遊園地の娯楽施設の一つに、自由落下に近い速度で急降下する乗り物があります。フリーフォールといいます。英語のフリーフォールは、自由落下（物体が重力のはたらきだけによって落下する現象）という意味ですから、そのまんまの乗り物名ですね。

多くの遊園地にあるのは、人が乗ったカプセルをビルの一一階ぐらいの約四〇メートルの高さまで引き上げ、そこで支えをはずして、カプセルを一気に落下させるものです。

四〇メートルの自由落下では、計算上かかる時間は約二・九秒です。実際は、空気の抵抗もあり、最後の段階で減速しますから最高時速は約九〇キロメートル毎時です。

自由落下中は、無重量状態が体験できます。重力と反対向きの慣性力が生じるからです。

最後の減速のときには体が押しつぶされるような力を受けます。重力と同じ向きに慣性力が生じるからです。それをいつもの重力加速度Gの何倍かで表して五倍だと五Gといいます。

大粒の雨と小粒の雨が落ちる速度

Q

雨粒は、地球上近くでは一定の速さで落ちてきます。

その落下速度は、大粒の雨と小粒の雨ではどちらが大きいでしょうか。

ア　大粒
イ　小粒
ウ　ほぼ同じ

雨粒の運動

答えは「ア」です。

雨粒は、できた直後から次第に速度を増しながら落下していきます。それにつれて空気の抵抗力も大きくなっていきます。空気の抵抗力は、雨粒の大小や質量に関係します。

あるところで、重力と空気の抵抗力がつり合ってしまいます。そのため、それ以降は等速直線運動となって落ちていきます。大体、雨粒の落ちる速度は一~八メートル毎秒くらいです。

空気の抵抗を無視できる場合の落下では質量が違っても落下速度が同じなので、つい雨粒も大小にかかわらず落下速度はほぼ同じだと思ってしまう場合があります。もし空気がなければ、上空一キロメートルから落下する雨粒は、地上で五〇〇キロメートル毎時ほどの速度になります。

しかし、雨粒のように空気中を長時間落下して、重力と空気の抵抗力がつり合ってからの落下速度は、雨粒が大きいほど大きくなります。空気の粘性抵抗が大きく効いてくる〇・一ミリメートル以下の雨粒は一メートル毎秒程度ですが、ずっと大きな二

◆落下中の雨粒の形（直径）

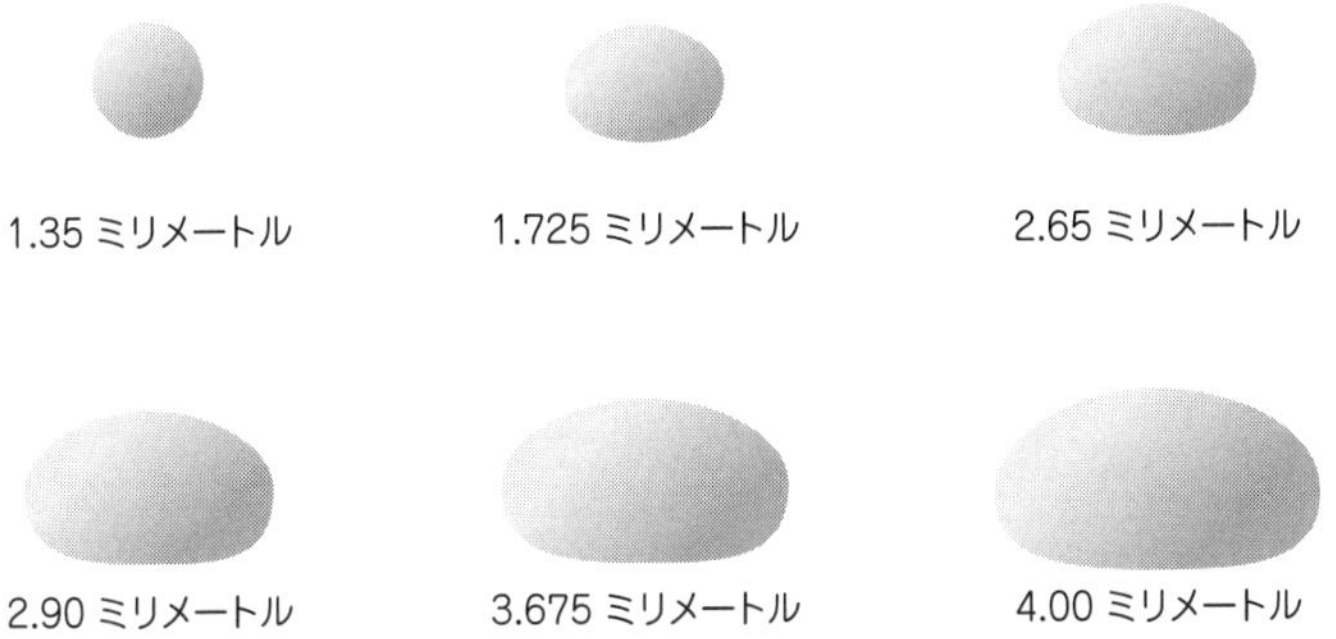

ミリメートル程度になると九メートル毎秒くらいになります。

雨粒の形

雨粒の大雨粒はいわゆるしずく形ではなく、小さいと球形ですが、大きな雨粒ほど空気の抵抗力のため、鏡もちのように横に少しひしゃげた形をしています。

大粒の雨のほうが早く降るんだね

切られたニンジンはどちらが重い？

Q

一本のニンジンを、糸で巻いて、水平になるところを探します。糸の巻いてある位置（重心）で切断してみて、重量をはかってみましょう。切られたニンジンの重量は、右と左でどうなるでしょうか。

ア　どちらも同じ
イ　右の方が重い
ウ　左の方が重い

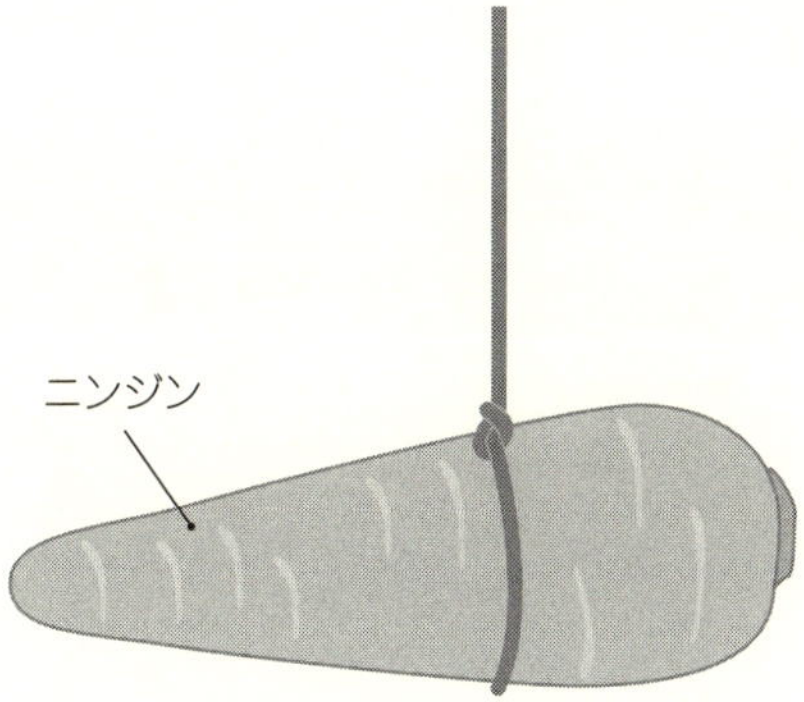

てことつりあい

答えは「イ」です。

このクイズは、てことつりあいに関係しています。てこを使うと、小さな力を大きくできたり、大きな力を小さくすることができます。私たちの身の回りには、てこのはたらきを使ったものがたくさんあります。てこでは手で力を加える点を力点、支える点を支点、力がはたらく点を作用点といいます。

てこの原理を調べるてこ実験器があります。てこがつり合っていると、次の式が成り立ちます。

力点にかかる力の大きさ×支点から力点までの距離＝力点にかかる力の大きさ（あるいは作用点にかかる力の大きさ）×支点から力点（あるいは作用点）までの距離

このときの「力点にかかる力の大きさ（あるいは作用点にかかる力の大きさ）×支点からの力点（あるいは作用点）までの距離」は、回すはたらき（回転の効果）で、力のモーメントといいます。右と左の力のモーメントが同じときにつり合うのです。

水平になったニンジンで糸が巻いてある位置の真ん中付近に重心がありますが、糸でつり下げると、右側の重心（右側の力点）、左側の重心（左側の力点）を考えることが

◆てこのつりあいでは $\boldsymbol{F}_1\boldsymbol{x}_1=\boldsymbol{F}_2\boldsymbol{x}_2$

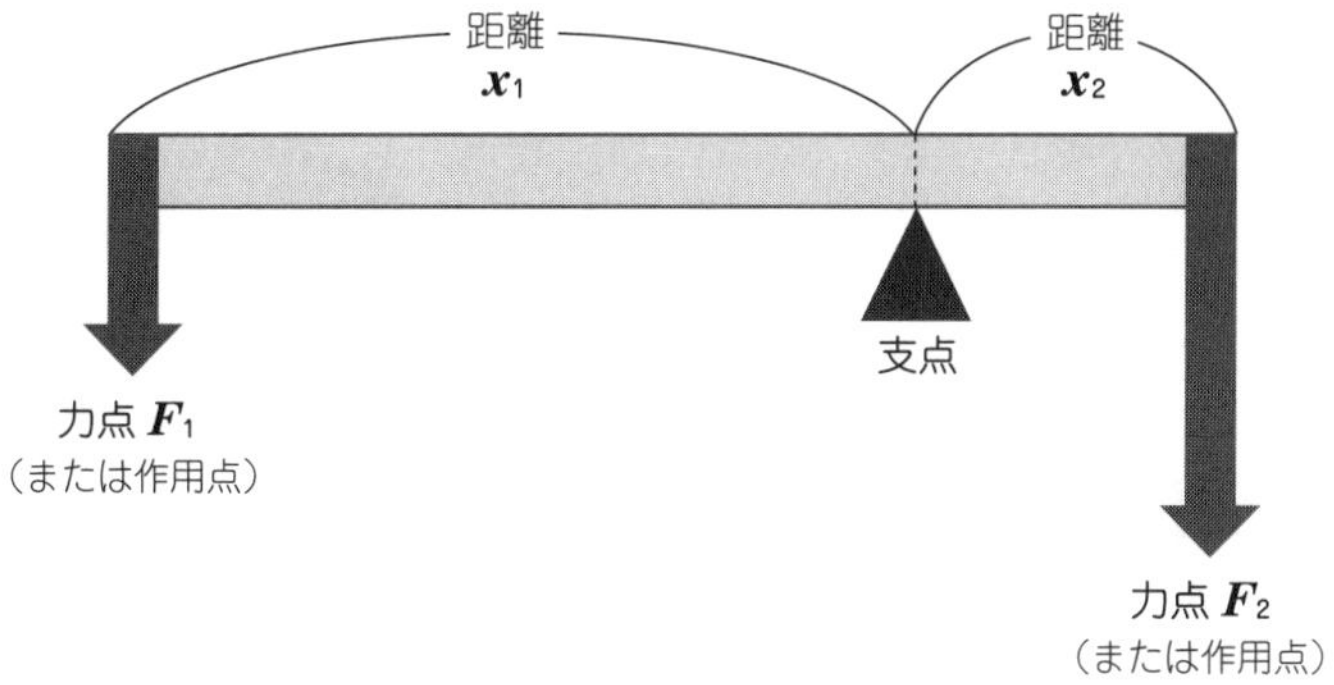

◆支点からの距離が短いほうが力点にかかる重力が大きい

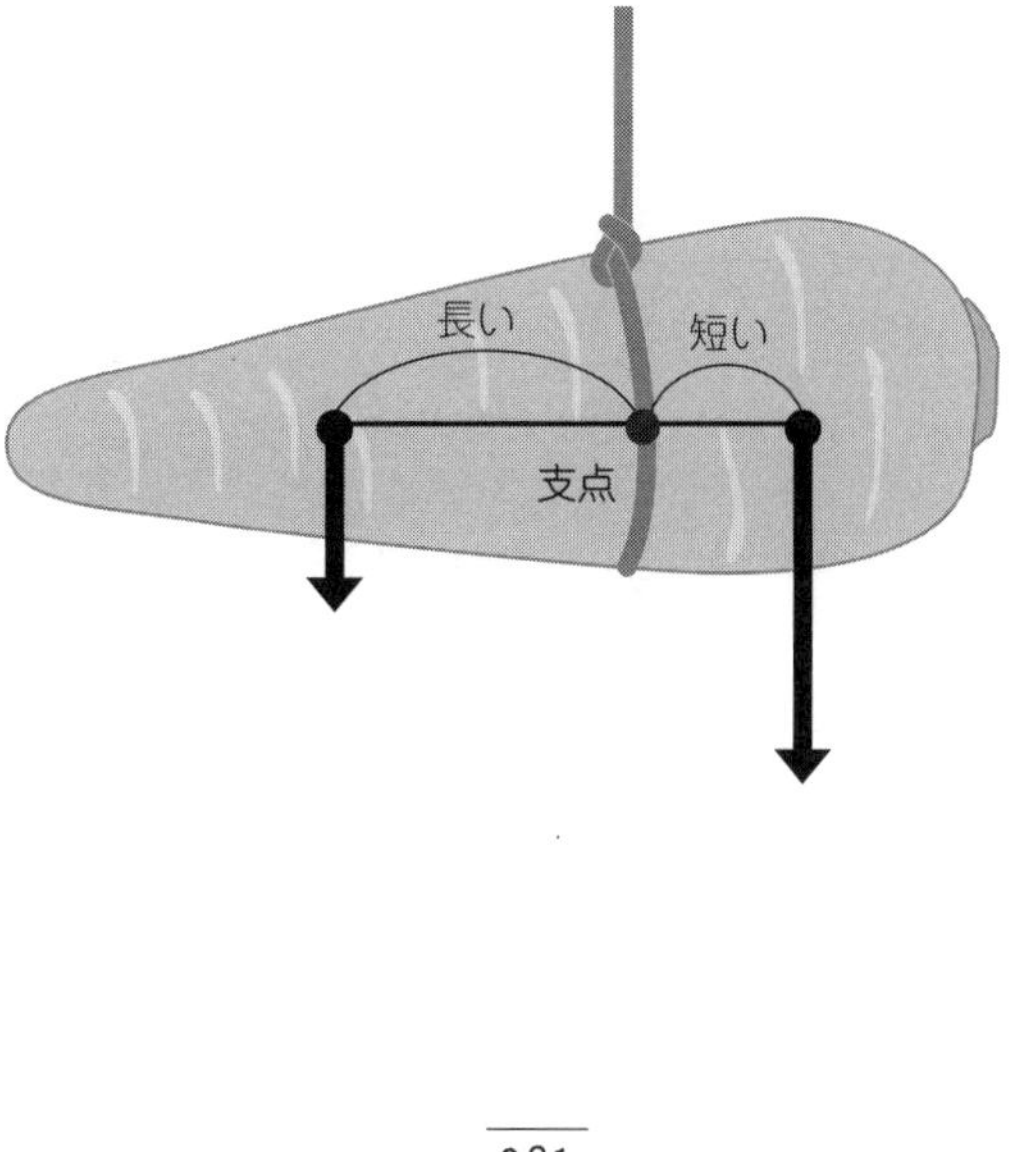

◆くぎ抜き

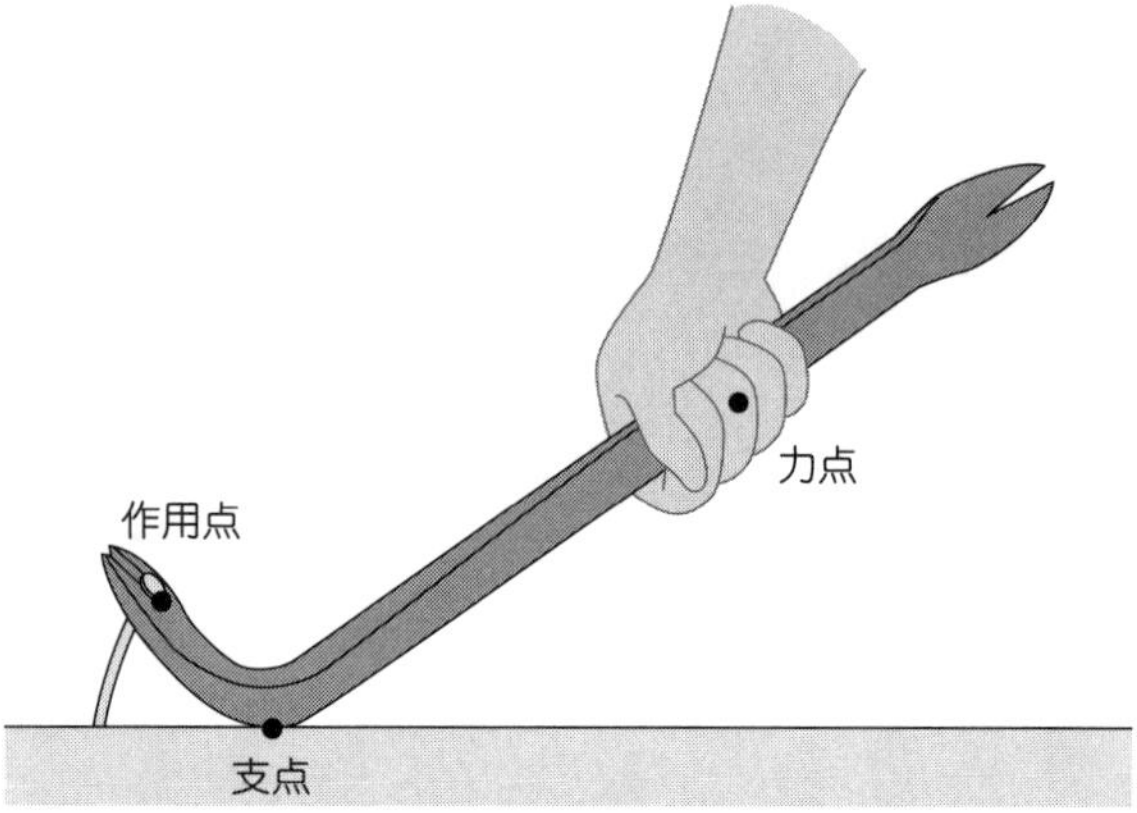

できます。そして、右と左のそれぞれの重心にかかる力は、右と左のそれぞれの重力です。右側の支点（糸の位置）からの距離は、左側より短くなります。モーメントはつり合っているので、支点から力点までの距離が短い右側のほうが力点にかかる重力が大きい、つまり右側のほうが重いのです。

てこで大きな力を得られる

くぎ抜きは、力×支点からの距離＝モーメントのつりあいを利用して小さな力から大きな力を得ています。

支点から手までの距離が支点からくぎのある作用点までの距離よりずっと大きいので、小さな力でくぎを引き抜くことができます。距離がn倍になれば、n倍の力が得られます。くぎ抜きのようなてこは、生活のなかで、はさみ、栓抜きなどたくさんあります。

ドライバー（ねじ回し）は、手でにぎって回す部分が太くなっています。ねじに差し込む部分の半径のn倍なら、n倍の力が得られます。ドアノブ、水道の蛇口、自転車や自動車のハンドルなどがそうして力を得ています。

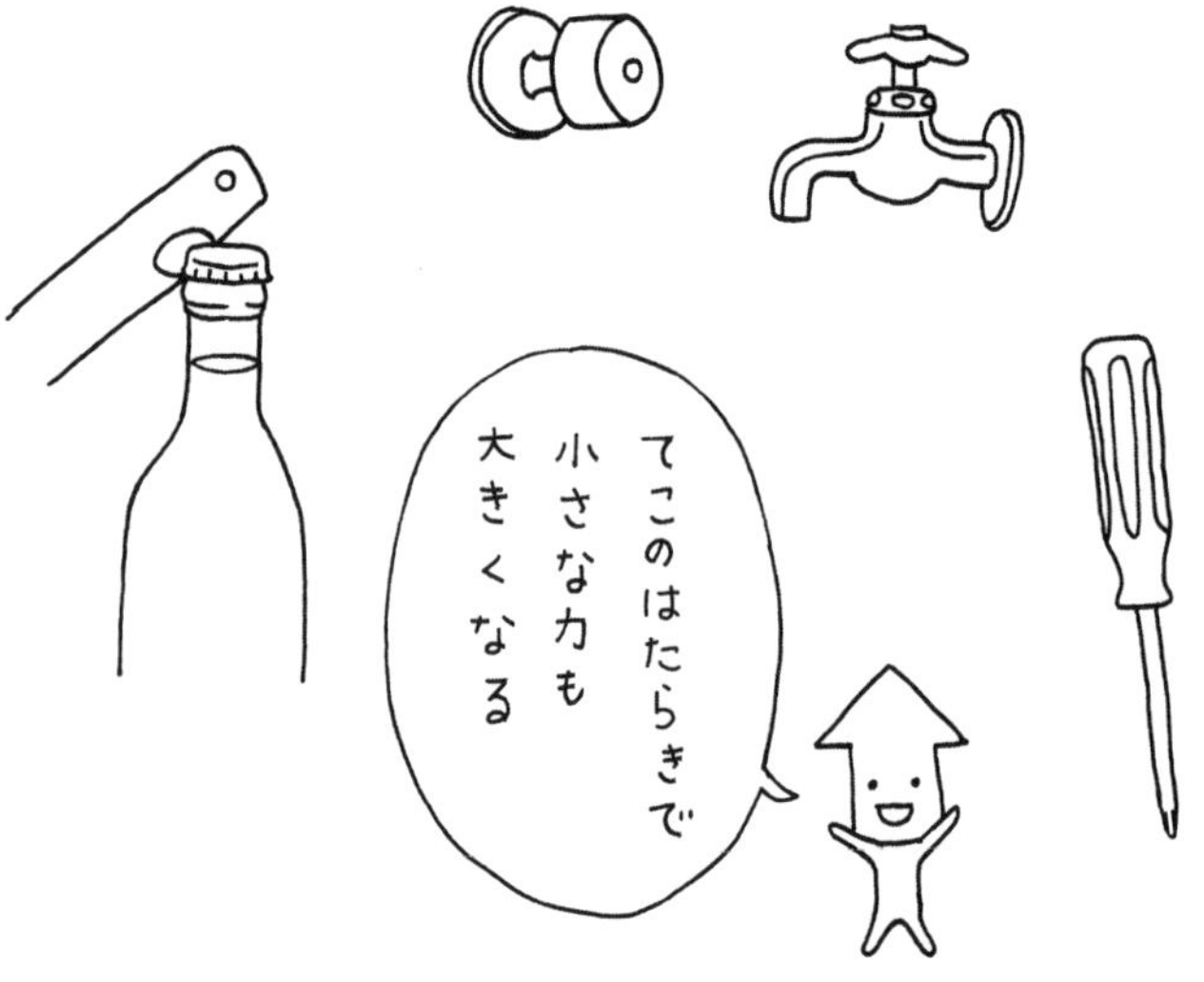
てこのはたらきで
小さな力も
大きくなる

動かなくても仕事をしている？

Q

仕事の能率は「一秒間でどのくらいの仕事をしてエネルギーを生み出せるか」で表すと比べることができます。これを仕事率といいます。毎秒一ジュール（J）の仕事率は一ジュール毎秒＝一ワットです。

じっとしている人の仕事率（ワット）はどのくらいでしょうか。

ア　〇ワット
イ　一〇ワット
ウ　一〇〇ワット
エ　一〇〇〇ワット

人体内に発生する熱で仕事率を考える

答えは「ウ」です。

仕事は熱に変わりますので、一秒間に発生する熱量も仕事率で表されます。人間は一日に八四〇〇キロジュール（約二〇〇〇キロカロリー）の食べ物を摂取し、そのぶんの熱を出しています。このエネルギーは私たちが毎日食べる食物から供給されています。

八四〇〇〇〇〇ジュールを一日＝約八六四〇〇秒で割ると、大ざっぱに言って、私たち人間が発生する熱は一〇〇ジュール毎秒程度です。つまり、人間が一人いるとエネルギーの大部分が熱で出ている白熱電球一〇〇ワットが点灯している程度の熱を発生しています。

狭い部屋に人がひしめいていると〝熱気〟を感じるようになりますが、一人一人が一〇〇ワットの電球のように熱を出していると考えたら当然そうなるでしょう。

仕事率＝仕事の量÷かかった時間。

仕事率の単位はワット（W）です。一ジュール毎秒＝一ワットになります。

単位ワットは、家電製品にも用いられています。

振り子に引っかかったクギ

Q 図のような振り子で、Aの位置まで持ちあげて静かに離したとき、途中でクギに引っかかるようにします。クギに引っかかった後、どの位置まで上がるでしょうか。

ア　B
イ　C
ウ　D

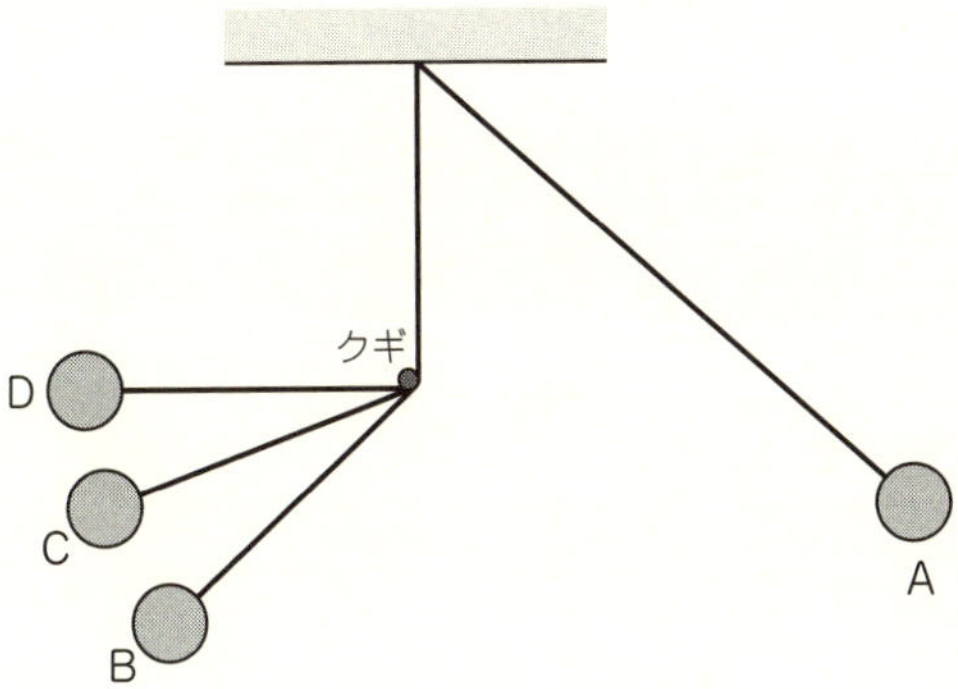

力学的エネルギーとは

答えは「イ」です。

位置エネルギーと運動エネルギーを合わせたものを力学的エネルギーといいます。運動エネルギーと位置エネルギーは、互いに移り変わり（変換され）ますが、その合計である力学的エネルギーは一定です。これを力学的エネルギー保存の法則といいます。

振り子だと、位置エネルギーの基準を一番低い場所とします。ある高さで手で持っているときのおもりは位置エネルギーだけで、質量×重力加速度×高さの大きさですが、徐々に位置エネルギーが運動エネルギーに変わります。一番低いとき、位置エネルギーは0で運動エネルギーは、$\frac{1}{2}$×質量×速さ^{2}となり、最大の速さになります。その後運動エネルギーが位置エネルギーに変わり、手を離したときの高さまで行きます。力学的エネルギーが保存されるので、A点と同じ高さまで上がるのです。

遊園地にあるローラーコースター（ジェットコースター）は、一度高い地点まで運び上げられると、レールに沿って下ったり上ったりをくり返します。このとき、振り子のように位置エネルギーと運動エネルギーが互いに移り変わりながら運動します。

つまり、最初に運び上げられた高さで持った位置エネルギーより多くのエネルギーを持つことはありません。レールと車輪の間の摩擦力や空気の抵抗などにより熱になってしまうぶん、次第に山の高さを低くしています。

なお、現在のローラーコースターには、最初の位置エネルギーだけでその後運動するものばかりではなく、圧縮した空気を噴射したりして、運動エネルギーを追加するものがあります。

エネルギー保存の法則

実際は、運動エネルギーが全部位置エネルギーに変わらないで、運動エネルギーの一部が熱エネルギーに変わっていることが多いのです。そこで、熱エネルギーまでふくめると、力学的エネルギーと熱エネルギーを足した合計はいつも変わらず同じになります。つまりエネルギーはなくなることはなく、また新しく発生することもありません。これをエネルギー保存の法則といいます。エネルギー保存の法則は、自然界を支配する重要な基本法則であることがわかっています。

Puzzle V

磁気と電気

鉄の棒と永久磁石の見分け方

Q 見かけは全く同じ鉄の棒二本があります。このうち一本は確かに普通の鉄の棒ですが、もう一本は両端にN極とS極がある永久磁石になっています。
　この二本の棒以外他のものを全く使わずに、どちらが磁石かどうしたら見分けることができるでしょうか。

ア　二本を水平にしてそれぞれの両端を近づけてみる
イ　二本を水平にして重ねてみる
ウ　一本の棒の真ん中付近に、もう一本を垂直に近づけてみる

◆永久磁石と鉄の棒

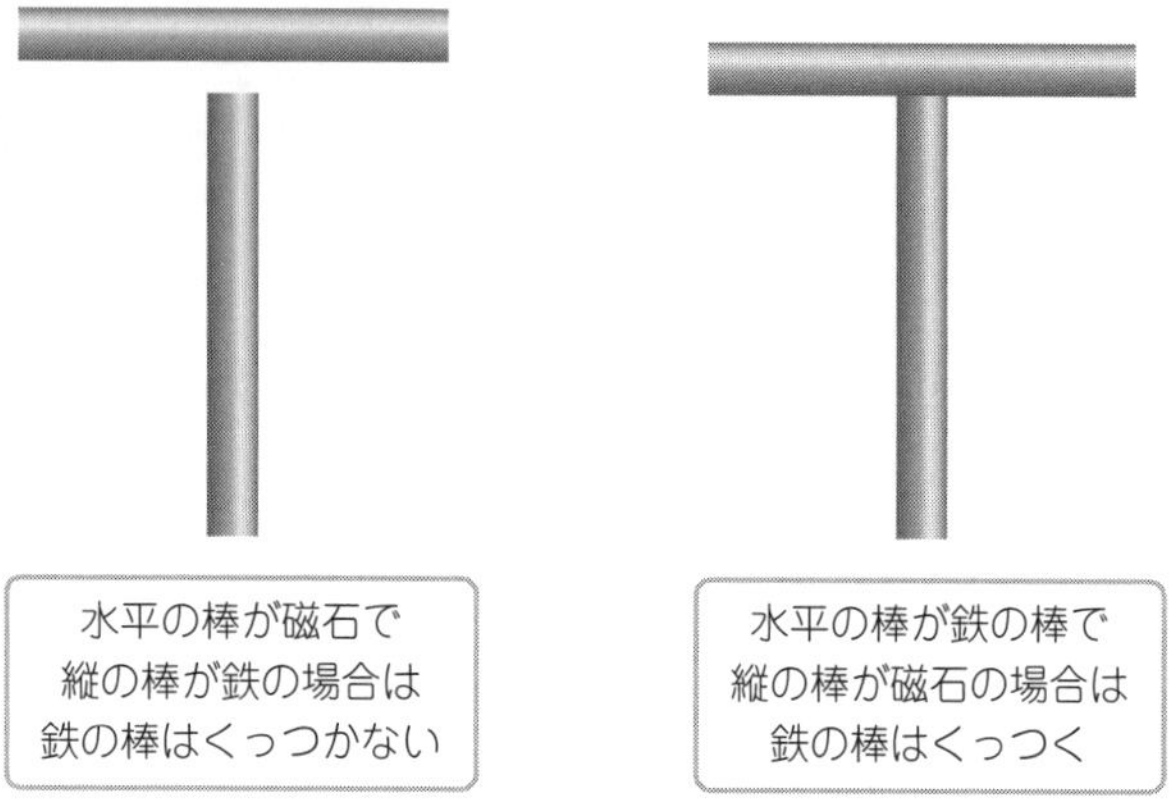
水平の棒が磁石で
縦の棒が鉄の場合は
鉄の棒はくっつかない
水平の棒が鉄の棒で
縦の棒が磁石の場合は
鉄の棒はくっつく

磁石は両端の磁力が強い

答えは「ウ」です。

棒磁石と同じ形の磁石になっていない鉄の棒で、どちらの端を近づけても、二本を重ねてもお互いに引き合うだけですから、どちらが磁石かわかりません。

他に鉄粉や鉄のクリップなどがあれば、近づけてくっつくほうが磁石ですが、他のものは使えないという条件ですから、一本の棒の真ん中付近に、もう一本を垂直に近づけてみます。

引き合えば、縦の棒が磁石、引き合わなければ水平の棒が磁石です。

磁化したスプーンで石をたたく

Q

磁石につくスプーンは磁石に近づけておくと磁石になります。磁石になったかどうかは砂鉄やクリップがつくかどうかでわかります。

この磁化して磁石になったスプーンを石やテーブルなど硬い物にがんがん打ちつけるとどうなるでしょうか。

ア　磁石のまま

イ　磁石としては弱くなったり磁石でなくなったりする

ウ　磁石の磁力が大きくなる

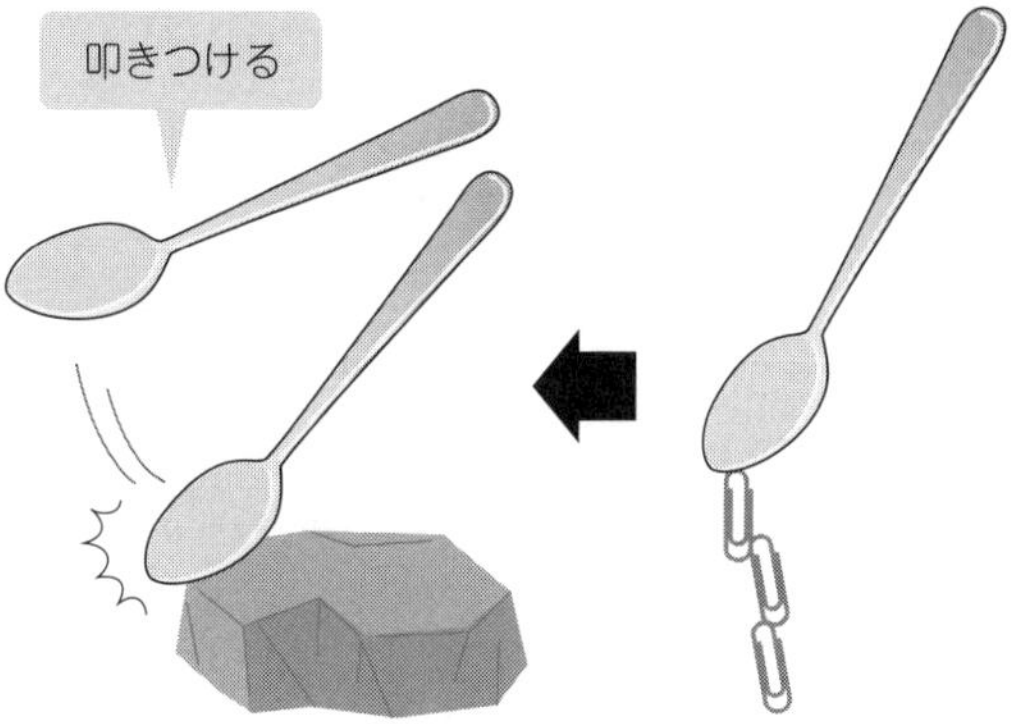

磁石は小さな磁石の集合体

答えは「イ」です。「小さな磁石」たちが向きを揃えて同じ向きを向いていたのに、石に叩きつけられて、また向きがばらばらになってしまうのです。

黒板に掲示物を貼ったりするのに使う黒色の磁石（フェライト磁石）をたたいて粉々にしてみましょう。これを試験管に入れて、クリップなどに近づけてみても磁力は弱いのです。粉になってばらばらになっているので磁石の性質が弱まってしまいます。しかし、磁石で試験管をなぞって、粉の磁石を一定の向きに揃えてやると、磁石の性質が復活して、クリップなどをつけることができるようになります。

磁石になるモノは、直径一〇〇分の一ミリメートルくらいの大きさの磁区という区域からできています。磁区は、磁石をつくっている「小さな磁石」といっていいでしょう。正確には磁区よりもずっと小さなレベルで「小さな磁石」があります。磁区は「ほどほどに小さな磁石」といったほうがいいのですが、ここではイメージのわきやすい磁区のレベルで話を進めます。

磁界をかけないときでも、磁区ごとに、ある一定の方向に磁化されています。磁界をかけると、どの磁区も一定方向に（磁界の方向に）磁化されて、強い磁石の性質を持

◆磁界の向きに磁区の向きが揃う

(a)

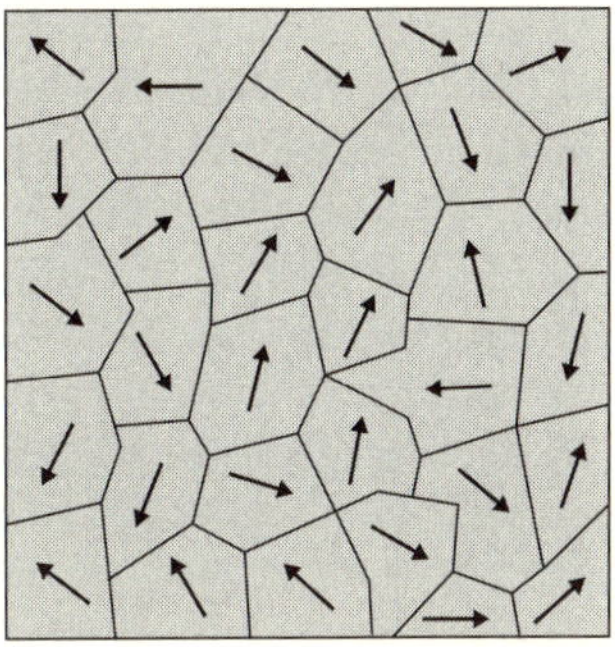

(b)

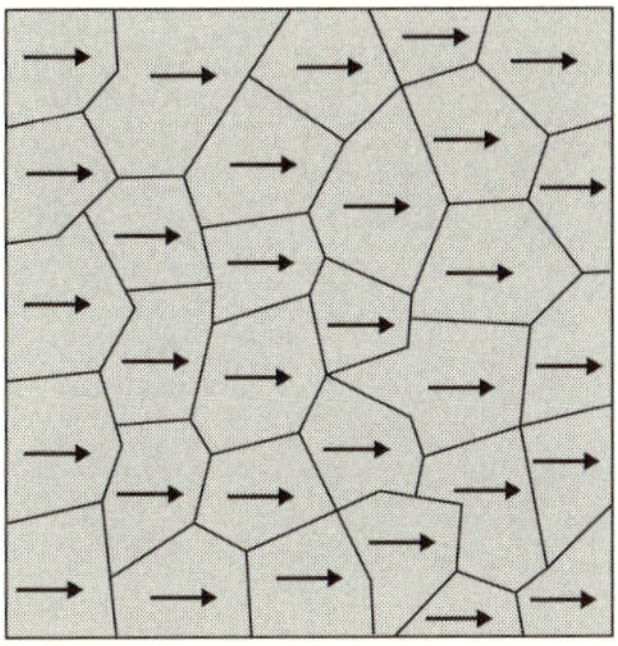

つようになります。永久磁石は、磁界が取り去られても、そのまま一定方向に磁化が残ったままになっているモノです。

磁化されていないときには、磁区はみなばらばらの向きを向いて全体として打ち消し合って磁石の性質が表れません（a）。磁石になる物質は、磁界の中では、磁区がみな揃って同じ向きを向くモノです。すると全体として磁石になっています（b）。

磁区が、勝手気ままにいろんな方向に向いている状態のとき、全体が磁石でないのですが、磁区が向きを揃えて同じ向きを向いていると全体として磁石になるのです。

原子磁石はとても小さい

ここでは「磁区」を「小さな磁石」としましたが、物質をつくっている原子がすでに磁石であるということもいえます。

原子は中心に正電荷を持った原子核があり、そのまわりに負電荷を持った電子が存在しています。原子核のまわりでの電子の回転や原子核や電子の自転から磁性が生じていて、原子一個がある方向の磁界を持った磁石と考えられるのです。いわば原子磁石です。この原子磁石の向きが一定の方向に揃うことで、私たちが感じる磁性が現れます。自然に磁界が表れる物質で、なぜ原子磁石の向きが揃うのかについてはかなり難しい問題です。

原子磁石はとても小さく、磁区の長さである一〇〇分の一ミリメートルに二万個も並ぶほどです。

コンパスと磁界

Q

方位磁針（コンパス）を分解して得られる磁針やピアノ線を磁石でこすったものを、発泡スチロールの上に置いて静かに水を張った容器の水面に浮かべます。シャープペンシルの先などでつついて向きを変えてみると、南北方向に向きます。風や水の動きは全くない状態、そのまま放置すると磁針を乗せた発泡スチロールはどうなるでしょうか。

ア　動かない
イ　水面上を北に非常にゆっくりと動いていく
ウ　水面上を南に非常にゆっくりと動いていく

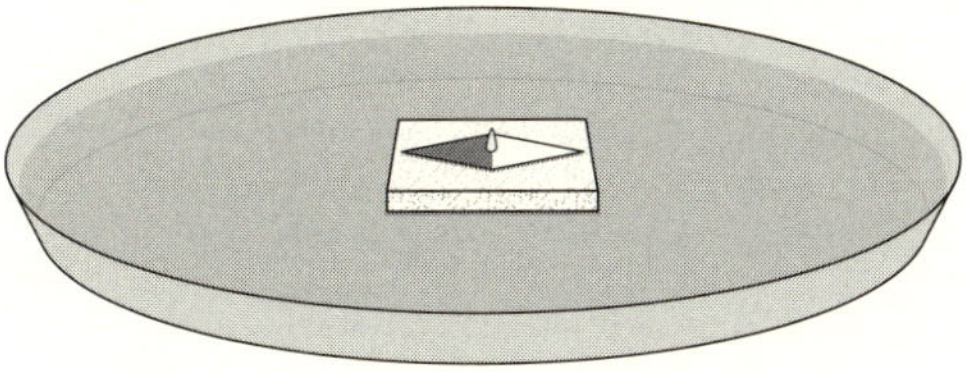

◆地球の磁界

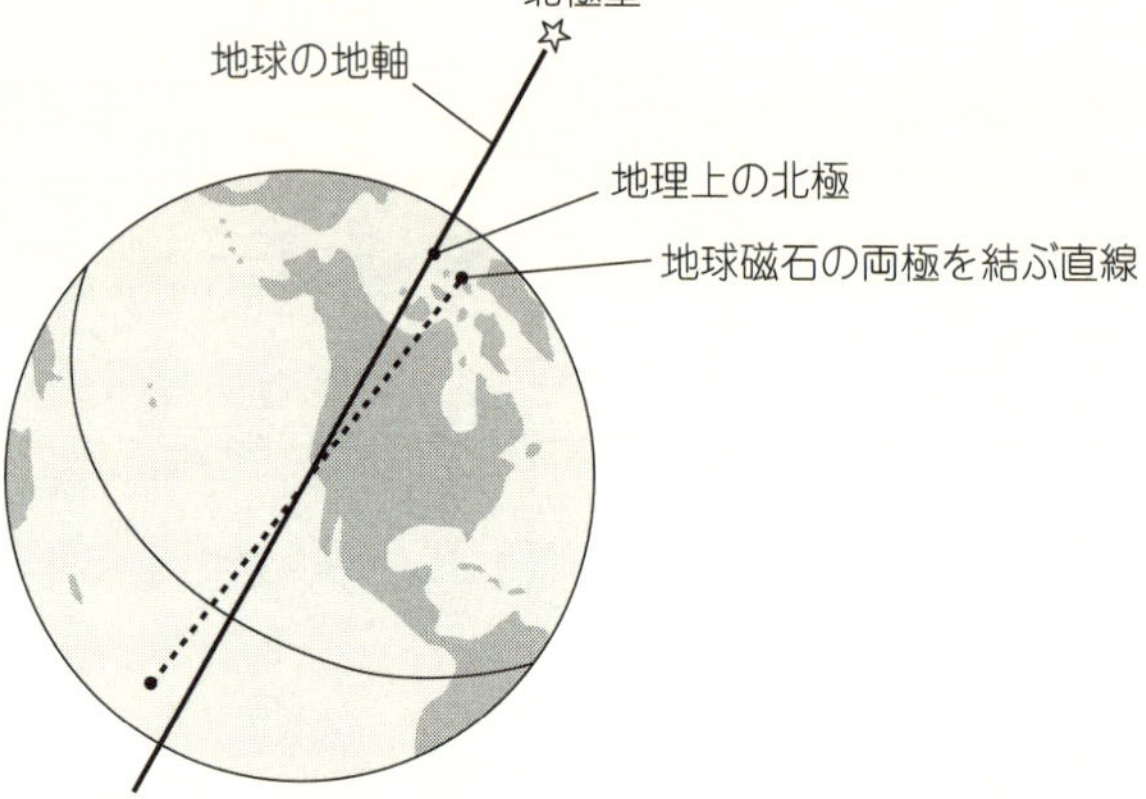

地球の磁界

答えは「ア」です。

方位磁針や糸につるした棒磁石が、地球の北極、南極を指して止まるのは、地球全体が一つの磁石で、磁界をつくっているからです。

地球も大きな磁石なので、まわりには磁界があり、方位磁針がその磁界の向きに向きます。地球磁石のN極とS極は、地球のまわる軸（地軸）の北極と南極にきちんと一致しているのではなく、少しずれています。

地球磁石では、北極の近く（北アメリカ大陸北端あたり）にS極、南極の近く（昭和基地あたり）にN極があります。だから方位磁針のN極が北をさすわけです。

磁針は、地球の磁界によって南北の方向を向き、磁針のN極は地球のS極と、磁針のS極は地球のN極と引き合っています。磁針の範囲では、地球の磁界のはたらきは均一です。磁針のN極と地球のS極が、磁針のS極と地球のN極が引き合う力は同じ大きさなので、磁針にはたらく力は相殺されて動かないままです。

ところが磁針のN極に永久磁石のS極を近づけると、永久磁石の磁極に近いほど引き合う力は強くなりますから、磁針の磁極にかかる力に差が出て引きつけられてしまいます。

地球は大きな磁石

この地球磁石の磁界は、不思議なことに逆転することがわかっています。ここ二〇〇〇万年くらいの間には、約二〇万年に一回の割合で起こっていたと考えられています。

磁界が逆転するということは、方位磁針が全く逆を向くということです。

こんなことがわかるのも、磁鉄鉱（砂鉄は磁鉄鉱）が小さな磁石の集まりで、磁界の中に入れると、磁界の向きに揃って、それが固定されるからです。火山から出る溶岩にも磁鉄鉱のもとが含まれています。高温のときには小さな磁石はばらばらで全体として打ち消し合っていますが、冷えるときに地球の磁界の向きに全体が揃って磁石になります。だから溶岩が冷えてできた岩石の磁界を調べると、当時の地球の磁界がわかるのです。

地球磁石の源は地球の中心にある「核」にあると考えられています。核は、鉄とニッケルという金属でできていて、球状をしています。球の外側に近い部分は、金属がどろどろに融けていて、これを外核といいます。外核のどろどろに融けた金属は、中心にある固体の内核を取り巻くように渦を巻いて回転していると考えられています。その際に、電流が流れ、それにともなって磁気が生まれるというのがダイナモ理論という有力な仮説です。ただし、未だ、地磁気の複雑な現象のすべては説明できていない段階です。

乾電池と内部抵抗

Q　一・五ボルトの乾電池一個に豆電球をつないだらつきました。一・五ボルトの乾電池三本を二個直列に、一個をその逆向きにしてその豆電球をつなぐと、乾電池一個につないだときと比べて豆電球の明るさはどうなるでしょうか。

ア　豆電球はつかなくなる
イ　同じ明るさでつく
ウ　暗くなるがつく

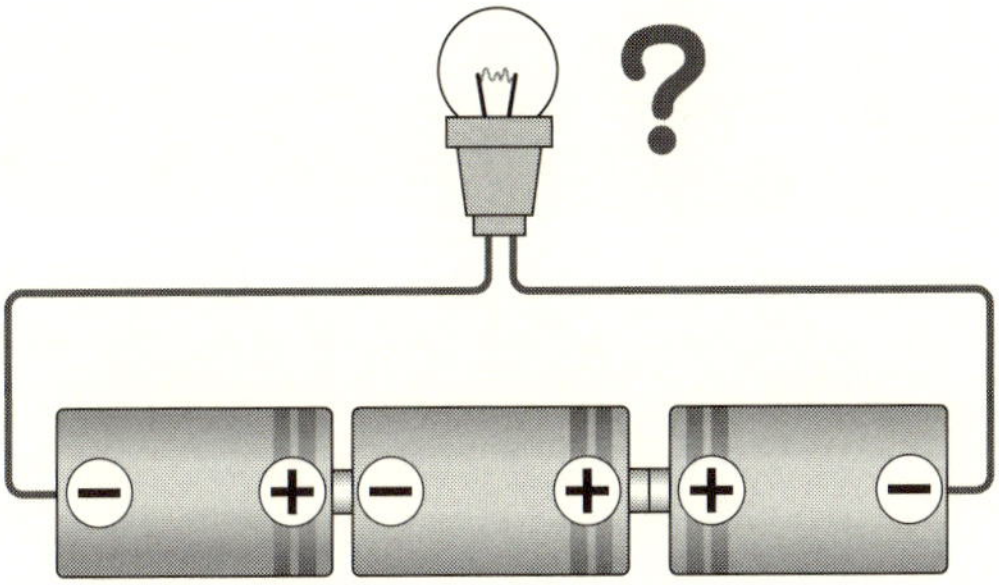

◆電流・電圧のモデル

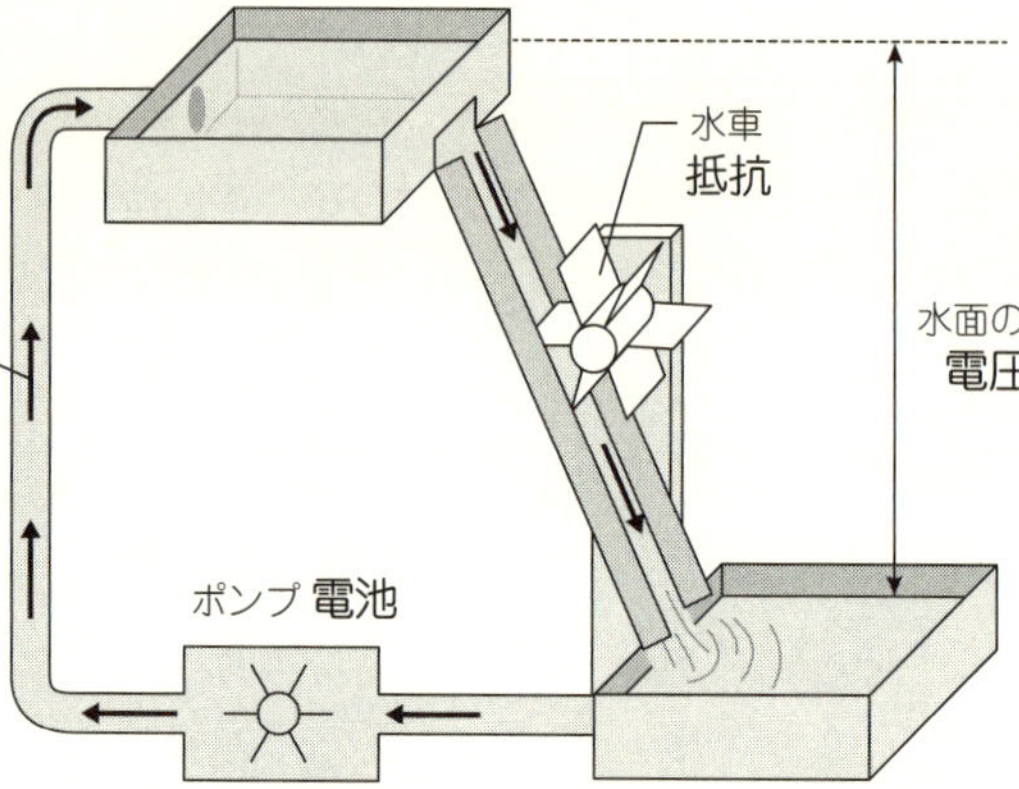

電圧とは

答えは「ウ」です。

電流を流すはたらきの大小を表すのが電圧です。電圧の単位はボルト（V）です。

ここで電流と電圧の違いにふれておきましょう。電流は、その言葉通り電気の流れです。プラス電気かマイナス電気のどちらかを持った〝粒子〟（電子やイオン）がぞろぞろ動いてくれれば、それが電流なのです。

導体には自由電子がいっぱいありますが、絶縁体にはありません。金属（つまり導体）中では、プラス電気を持った原子たちが積み重なっている間を自由電子が動き回っています。電圧をかけないときは自由そのものなのに電圧をかけると、この自由電子たちが導体中をマイナス極→プラス極へと動いていくのです。プラス電気を持った原子は、きちんと自分の場所でブルブルふるえているだけです。これが、導体中の電流の正体です。

電圧は、このように電気を持った電子やイオンに力を加えて動かすはたらきです。電流を水の流れにたとえると、電圧は、ポンプによって生じる水圧（くみ上げることのできる水の高さ）にたとえられます。

乾電池の電圧は一・五ボルト、家庭のコンセントは一般に一〇〇ボルトです。二〇〇ボルトのところもあります。

電池三個で一個だけ逆につなぐ

乾電池三個を直列にすると、両端の電圧は、計算上、一・五＋一・五＋一・五＝四・五ボルトになり、一本だけ逆にした場合は一・五＋一・五－一・五＝一・五ボルトとなり、一本だけの電池と同じ電圧になります。

計算上は、同じ明るさになりそうです。

ところが、私たちが忘れやすいことがあります。それは電池の内部抵抗です。

豆電球をつながないで電圧を測ると計算通り一・五ボルトになります。しかし、豆電球をつないで電流を流すと、一・四五ボルトと少し低くなってしまいます。それは、電池の内部にも抵抗（内部抵抗）があり、その分、電流が流れると電池の両端の電圧が下がってしまうからです。

電池の内部抵抗は、電流が増えると大きくなる傾向にあります。また、三本を直列つなぎにすると、内部抵抗は一本のときに比べ、三倍大きくなります。

乾電池三本を二個直列に、一個をその逆向きにして豆電球をつないだときにそれぞれ電池の両端の電圧を測ってみると、二個はそれぞれ一・四五ボルト、逆向きの電池は一・五五ボルトでした。これは、二本の電池で一本の電池を充電していることと同じ状態になっています。つまり、一・四五＋一・四五－一・五五＝一・三五ボルトとなり、豆電球にかかる電圧は一本分の電圧より低くなります。そのため、電流も小さくなり、豆電球は少し暗くなってしまうのです。

なお乾電池を充電することになり、破裂などの危険がありますから、もし実際に確かめるときには短時間でやめましょう。

電灯のスイッチを同時に押すと……？

Q 階段の真ん中にある電灯のスイッチは階段上下にあります。どちらでも入／切ができます。

では、ついていた電灯を消そうと、二人が上下で同時にスイッチを押したとき、電灯はどうなるでしょうか。

ア　電灯はついたまま
イ　電灯は消えてしまう
ウ　一瞬消えるが、ついたまま

回路

答えは「ウ」です。

電流は、電源のプラス極から出て導線を流れ、電球を光らせたり、モーターを回したりして、また導線を流れ、電源のマイナス極にもどってきます。

こうしたぐるっと一回りの電流の流れる道筋を回路といいます。「回路」とは、一回りの路（＝道）のこと。

乾電池のような直流電源では、電流は電源のプラス極側から出て、マイナス極側にはいる向きに流れると決めています。本当は金属中では、自由電子がマイナス極側から出て、プラス極側にはいる向きに流れています。でも、電流の正体として電子がわからなかった時代にそう決めてしまって、今でも電流はプラス極側→マイナス極側としています。

回路をつくっているのは、電源、電流が流れて仕事をする場所・物（電灯やモーターなどの電気器具）、電源と仕事をする場所をつなぐ導線です。電源、仕事をする場所・物、導線の三つが回路の三要素です。

◆三路スイッチ

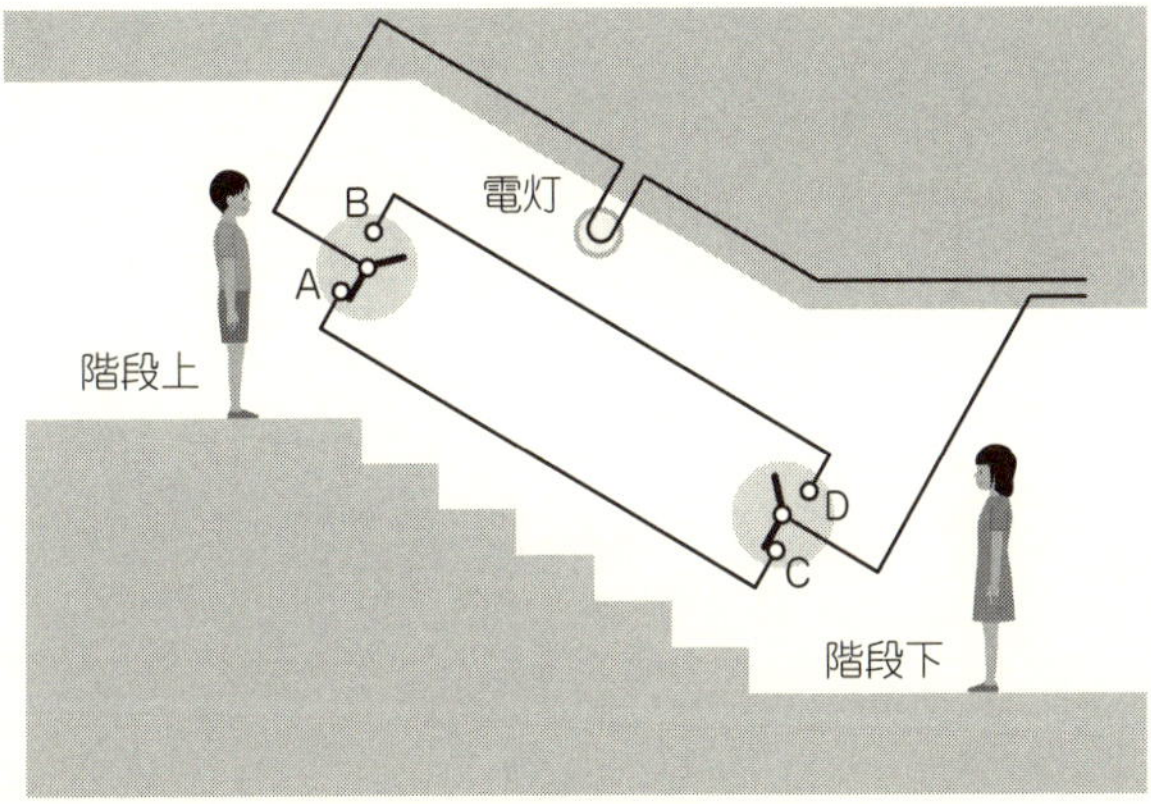

階段のスイッチにはオンｰオフなし

階段の電灯は、一階でも二階でも自由につけたり、消したりすることができます。階段のスイッチは三路スイッチというシーソー式のスイッチです。

回路は上図のようになっていて、スイッチにしかけがしてあります。ふつうのスイッチには「オンｰオフ」がわかるようになっています。ところが階段のスイッチをよく見ると「オンｰオフ」の記号がついていません。

電灯がついているときは回路が閉じています。スイッチはAとC（あるいはBとD）がつながっています。

AとCがつながっているとしましょう。

このとき階段上のスイッチを押せば、スイッチはAから離れてBにつながり、回路が開いて電灯が消えます。

同様に、AとCがつながっているとき、階段下のスイッチを押してもスイッチはCから離れてDにつながり、回路が開いて電灯が消えます。

今度は、電灯が消えているとき、階段上か階段下のどちらかのスイッチを押せば、回路が閉じて電灯がつきます。

AとCがつながっていて電灯がついているとき、同時に階段上と階段下のスイッチを押すと、スイッチがAからB、CからDにつながるまでの一瞬は回路が開いて電灯が消えますが、BとDにつながるので電灯はついたままになります。

送電線の電圧はどれくらい？

Q 発電所では、発電機を回して数千〜二万ボルトという高電圧の電気をつくっています。発電所から送電線を通して送り出される電気の電圧はどうなっているでしょうか。

ア　発電所でつくったまま
イ　発電所でつくった電圧をもっとずっと高い電圧で送電
ウ　発電所でつくった電圧をもっとずっと低い電圧で送電

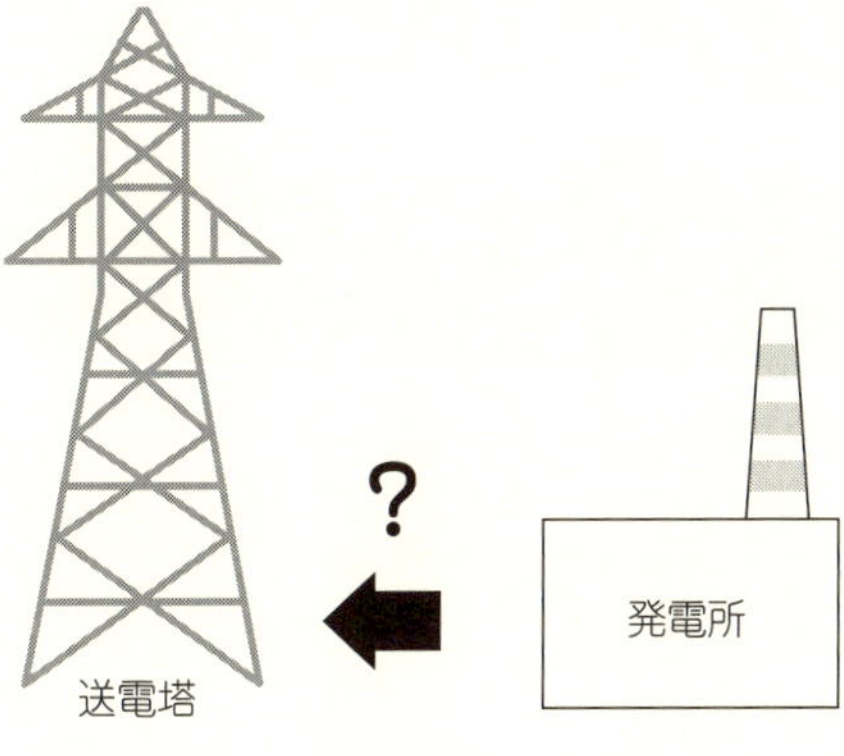

発電所から家庭までの電気の道

答えは「イ」です。発電所でつくられる電気の電圧は、火力発電で、およそ一万五千ボルト、水力では一万八千ボルト以下です。それを、一五万四千〜五〇万ボルトという超高電圧にして発電所から送り出しています。

発電所は、大都市など電気の大量消費地から遠く離れた場所にあることが多いので、電気は何十キロメートル〜何百キロメートルと旅をします。その電気の旅の間に熱のかたちで、送電ロスが起こります。電圧を高くして送電すれば、送電ロスを減らして送り先まで届けることができるのです。それでも、発電した電力の約五パーセントが送電ロスで失われています。

電圧をあまりにも上げ過ぎると、電線のまわりにコロナ放電が起こったりしますので、全体の条件を考えて電圧を決めることになります。

発電所では、最大五〇万ボルトに電圧を上げて送電します。そのために発電所に変電所が併設されています。

超高電圧は、ジュール熱による損失を少なくするのにはよいのですが、市街地に超高電圧が流れる電線が引いてあるのは危険です。そこで変電所で少しずつ電圧を下げていきます。

変電所で電圧を変えることを変電といいます。変電所は変電を行う場所です。さらに電柱に設置されている柱上変圧器で一〇〇ボルトや二〇〇ボルトに下げられて家庭に届けられます。以前、家庭用の電圧といえば、一〇〇ボルトと決まっていましたが、最近は、火力の強いヒーターやエアコンなどを使うために二〇〇ボルトの電気を引き込んでいる家庭がほとんどです。

こうして、発電所から家庭まで電気が運ばれるのです。

高電圧送電で送電ロスが減る理由

発電所から、ある大きさの電力P（ワット）を送り出すときを考えましょう。送電の電圧E（ボルト）、流れる電流I（アンペア）のとき、P＝E×Iです。

電線に電流が流れるとジュール熱がまわりに出ていってしまうために、その分の送電ロスが出ます。ジュール熱は、I^2×R（電線の抵抗）に比例します。

送電電力Pを一定にして、もし送電電圧Eを三倍にすると、送電電流Iは三分の一になります。

ジュール熱は、$I^2 \times R$に比例するから、三分の一の二乗で九分の一になります。

つまり、送電電圧をn倍にすると、送電ロスはn^2分の一になりますから、発電所からできるだけ高電圧で送り出すのです。

送電ロスは、現在少なくても発電電力量の五パーセントほどありますので、発電所が五〇〇〇〇キロワット時を送電すると、そのうち二五〇〇キロワット時はジュール熱で失っています。一軒の家の平均使用電力量を〇・八三キロワット時（一日二〇キロワット時）とすると三万軒分の電力量が失われていることになります。

乾電池70個を直列につなぐ

Q 単四のアルカリ乾電池七〇個を直列につないで、六〇ワット（一〇〇V－六〇W）電球をつなぐと電球はつくでしょうか。

ア　明るくつく
イ　ぼんやりとつく
ウ　つかない

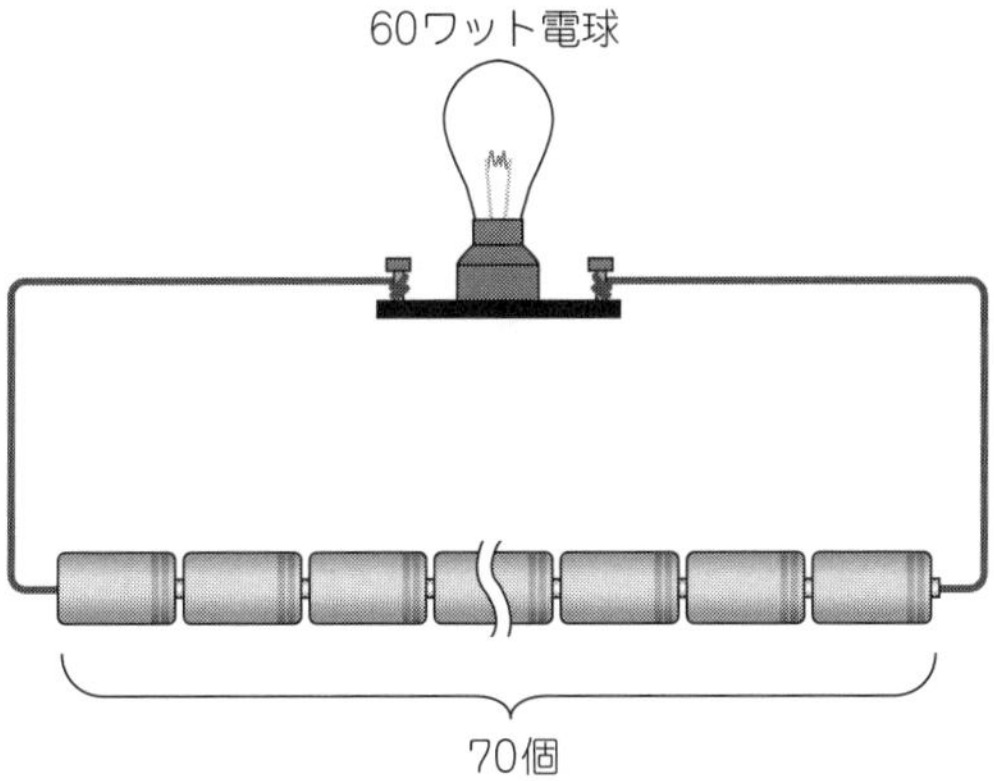

七〇個直列で一〇〇ボルト以上

答えは「ア」です。ぼくは、実際に何度もやっていますが、六〇ワット電球を家庭の一〇〇ボルトのコンセントにつないだときの明るさとあまり変わりませんでした。

新品のアルカリ乾電池は一・五五ボルトを示します。七〇個つないだら一・五五×七〇＝一〇八・五ボルトになります。あとは電池の内部抵抗が大きく効くと電球にかかる電圧が小さくなってしまいますが、目に見えて暗くなったりつかなくなることはないようです。

電球を間に入れないで導線を直結させる、つまりショート回路にすると、接触点で火花が飛びます。

乾電池と内部抵抗

忘れてならないのは電池の内部抵抗です。乾電池の内部抵抗は種類や大きさによって違いますが、アルカリ乾電池の単四では〇・六オーム程度です。これが七〇個ぶんだと四二オームになります。

一〇八・五ボルトが直列につながった電球と総内部抵抗に分かれてかかります。

電力（ワット）＝電流（アンペア）×電圧（ボルト）ですから、一〇〇ボルト・六〇ワットの電球には、六〇ワット＝電流（アンペア）×一〇〇ボルトで、この電気器具には〇・六アンペアの電流が流れます。一〇〇ボルトで〇・六アンペアなので、一〇〇ボルトにつないだときの抵抗は、オームの法則　電圧＝電流×抵抗から、一〇〇÷〇・六＝一六七オーム。乾電池の内部抵抗の四倍程度ありますから、電球にかかる電圧は電源の電圧の五分の四あります。これからかなり明るくつくでしょう。

なお、電球にもオームの法則が成り立っているという仮定で計算しました。オームの法則は、「金属で温度が一定」「抵抗で何らかのエネルギー（光・熱・運動など）が出る場合以外」に成り立つ法則です。電球のように光や熱が出ている場合、ずれがあるのですが、オームの法則が成り立つとして概算しました。

一八八〇年代後期、アメリカで電力事業が始まろうとするとき、交流発電所にするか直流発電所にするかで激しい確執がありました。これを電流戦争とよびます。勝利したのは交流側でした。電圧を簡単に上げられない直流では、送電ロスの点で交流に引けを取ったのです。交流では、変圧器で高電圧に上げて送電し、また実用的で安全な電圧まで、変圧器で下げて使用すればよいので送電の範囲が広くなります。

電気の仕事量と電力量

電力（ワット）は単位時間の仕事の能力です。電力に時間を掛けると実際の電気の仕事量になります。

「一〇〇V―二〇〇W」と表示のある電気器具は、一時間使うと、電力量＝二〇〇ワット×一時間＝二〇〇ワット時になります。ある月に三〇時間使えば、その月の電力量＝二〇〇ワット×三〇時間＝六〇〇〇ワット時＝六キロワット時になります。

電気料金の領収証に、「今月の電気使用量は一〇〇ｋＷｈ」と書かれていたりします。これはその月の電力量を示しています。

モーターから音楽は鳴るのか？

Q

模型用の直流モーターを、音楽がかかっているラジオのスピーカー端子につなぐとモーターから音楽が聞こえることがあるでしょうか。

ア　ある
イ　ない

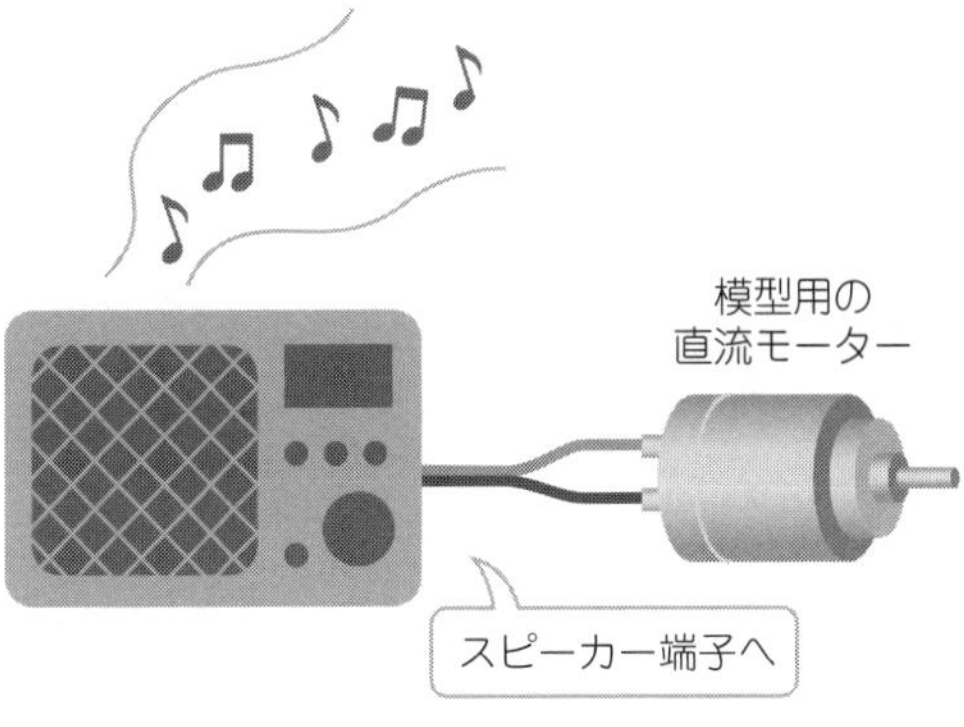

スピーカーのしくみ

答えは「ア」です。

スピーカーは電流の変化を音（空気の振動）に変えるものです。

もっとも簡単なスピーカーを手づくりしてみましょう。紙コップの外の底にフェライト磁石を貼りつけます。またそのまわりにエナメル線を数十回巻いたコイルを貼りつけます。コイルをラジオのスピーカー端子につなぐとできあがりです。ラジオの音がかすかに聞こえます。

スピーカー（ダイナミックスピーカー）は、固定された永久磁石と、振動板にくっついたボイスコイルでできています。コイルに音声の信号電流が流れると、永久磁石の磁界からコイルが力を受けて、振動板とともに振動し、それによって空気が振動して音が出ます。

モーターはスピーカーになる

「模型用の直流モーターには磁石とコイルが入っているから、これもスピーカーになるのではないか」とやってみたら、モータースピーカーができあがりました。内部では永久磁石がくっついている部分が振動して、主に音を出しているのでしょうが、回転軸も音声にしたがって振動しています。この回転軸をプラスチックの水そうにくっつけたら、音が大きく聞こえるようになりました。スピーカーとモーターは基本的な構造が同じなのです。

つくった紙コップスピーカーを、今度はラジオのマイク入力につないで、紙コップに向かってしゃべると録音できます。音質はよくないものの再生できます。マイク（ダイナミックマイクロホン）になります。

スピーカーに向かってしゃべると、空気の振動によって紙コップ（主に底）が振動し、同時にコイルが振動します。永久磁石の磁界の中で振動しますから、電流が発生します。その電流は音声に対応していますからマイクになるのです。

電磁誘導

閉じたコイルに磁石を近づけたり遠ざけたりすると、コイルに電流が流れます。コイルの中の磁界が変化すると、コイルに電流が流れるのです。この現象を電磁誘導といいます。また、このとき流れた電流を誘導電流といいます。

誘導電流は、磁界が変化しているときだけ生じて、磁石が止まっているときなど磁界の変化がないときは生じません。また、変化が速いほど大きな電流が流れます。

一八三一年、ファラデーが発見したこの現象が、今日、日本中に供給されている電気のもとになったのです。

磁石とコイルがあれば電流を起こせます。実際、自転車の発電機を分解すると、磁石とコイルが入っています。

直流モーターにも磁石とコイルが入っています。モーターの軸を回せば、磁石の磁界の中でコイルが回転します。コイルを基準に考えれば、コイルのまわりの磁界が変化しています。直流モーターは、発電機になるのです。

私たちの家庭に送られてくる電気の元は、発電所です。発電所は、巨大な磁石（電磁石：電流は、発電した一部を使用）の中で巨大なコイルを、水のエネルギー（水力発電）、高温高圧の水蒸気のエネルギー（火力発電、地熱発電、原子力発電など）で回して発電しているのです。

一円玉とネオジム磁石

Q 机の上の一円玉の上にネオジム磁石を置きます。ネオジム磁石を持って、すばやく垂直に持ち上げました。このとき一円玉はどうなるでしょうか。

ア　そのまま机の上
イ　磁石につれて上がるが途中で落ちる
ウ　磁石といっしょに上がる

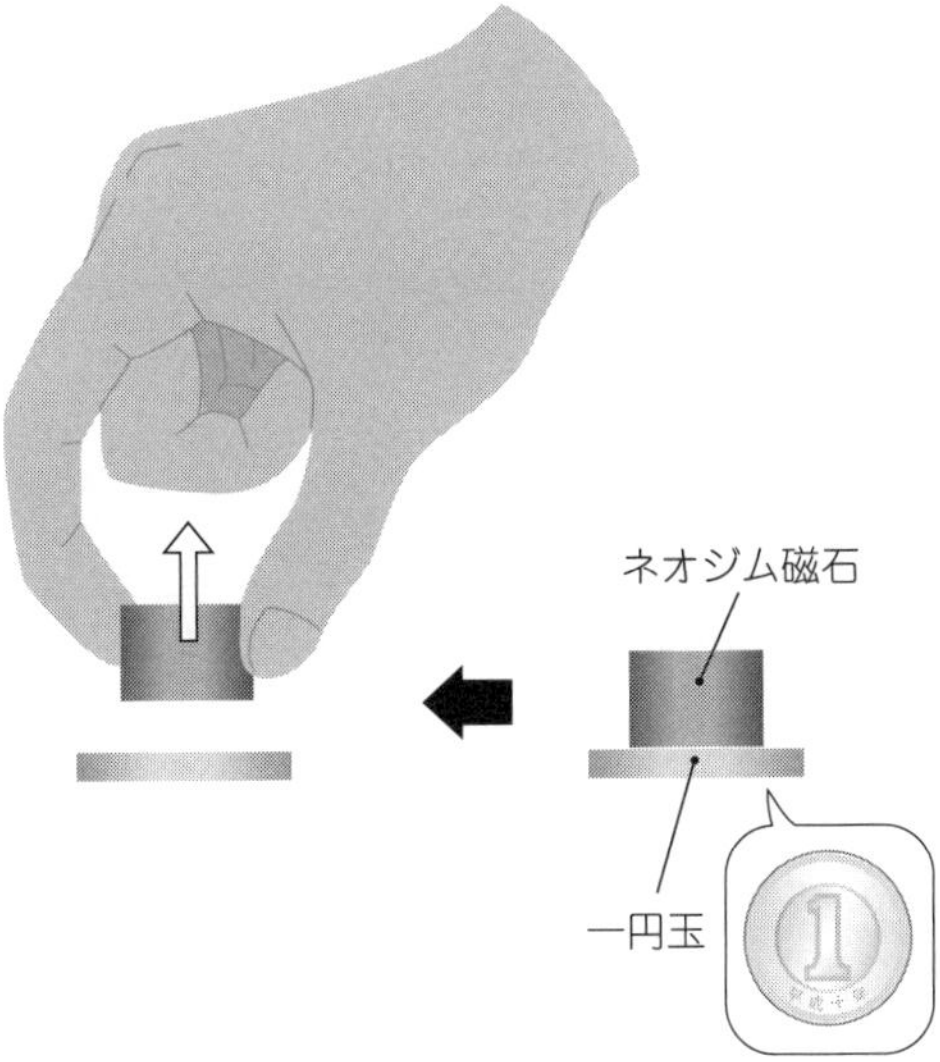

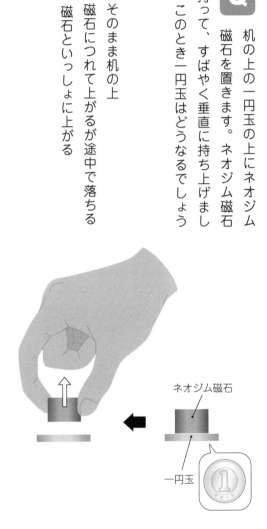

アルミニウムは常磁性体

答えは「イ」です。

磁石をゆっくり引き上げると、このようなことは起こらず、そのまま机の上にあります。

一円玉は純粋なアルミニウムでできています。アルミニウムは、磁石にくっつく、鉄、コバルト、ニッケルのような強磁性体ではありません。一円玉は、ふつうにはネオジム磁石にくっつきません。ただし、一円玉をとても動きやすい状態にしてやれば、ネオジム磁石についていきます。たとえば、水に浮かべた一円玉の近くにネオジム磁石を置くと、磁石に近づいてきます。これはアルミニウムが常磁性体だからです。しかし、机の上の一円玉は常磁性体としても磁石に引かれる力は弱くて動きません。

磁界の変化と渦電流

一円玉の上にネオジム磁石を置いてから速く（急速に）磁石を引き上げる場合は、別の現象が起きています。

◆渦電流

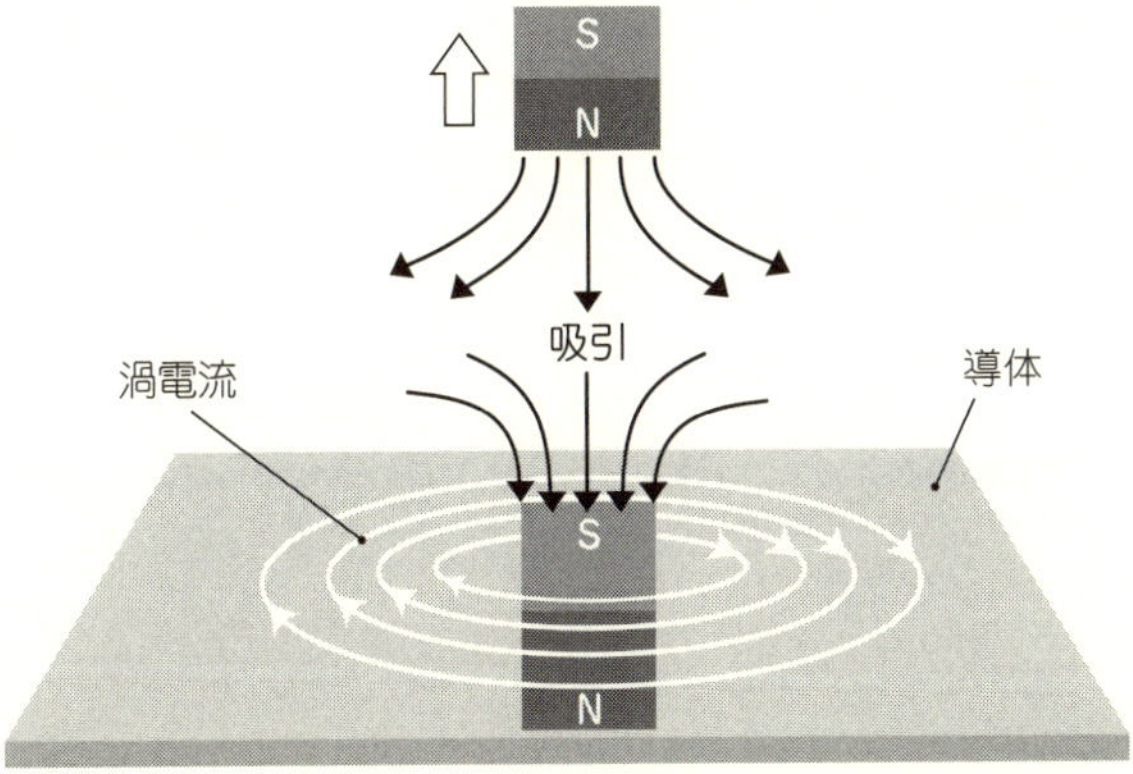

一円玉のまわりの磁界が急激に変化するために、その磁界の変化を妨げるような磁界をつくる円電流が流れるからです。このように金属の内部に生じる円電流を渦電流といいます。渦電流も電磁誘導で生じる誘導電流です。

一円玉に重ねたネオジム磁石の一円玉の側がN極だったとしましょう。ネオジム磁石が一円玉から上方向へ急激に離れていくと、N極が離れるのを妨げようと、一円玉にS極の磁界ができるような渦電流が流れます。それでN極とS極が引き合って途中までくっついていくのです。その磁力よりも重力が大きくなったときに落ちてしまいます。

◆電磁調理器のしくみ

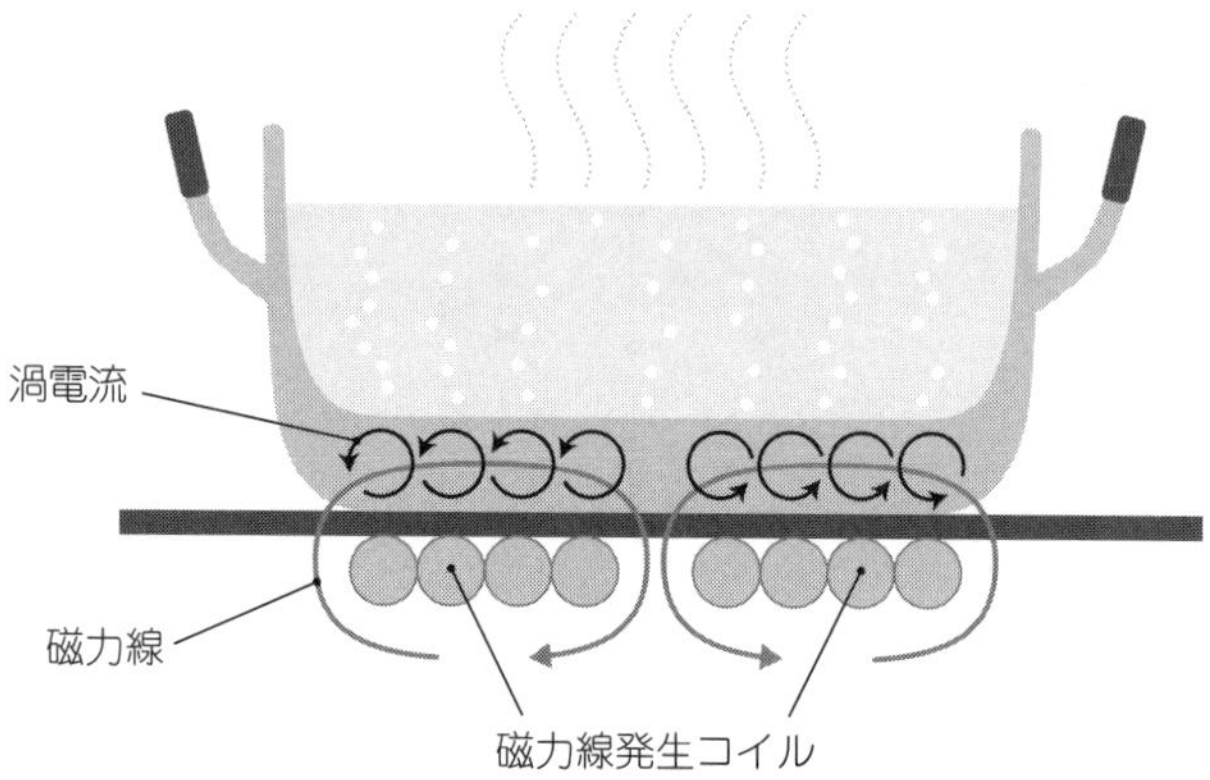

渦電流を利用した電磁調理器

渦電流を利用した身近な製品に電磁調理器があります。

電磁調理器の内部にはコイルが円形に配置してあります。コイルに交流電流を流すと、交流ですから瞬間瞬間に向きや強さが変わり、コイルのまわりにできる磁界もそれに合わせ変化します。その上の天板に置いた金属製の鍋の底に渦電流が流れて、ジュール熱が発生します。コイルに流す交流電流をコントロールすれば加熱具合を簡単に変えることができます。

なお、電磁調理器は、渦電流を利用しているので鍋やフライパンには、ガラスや陶器のものは利用できません。

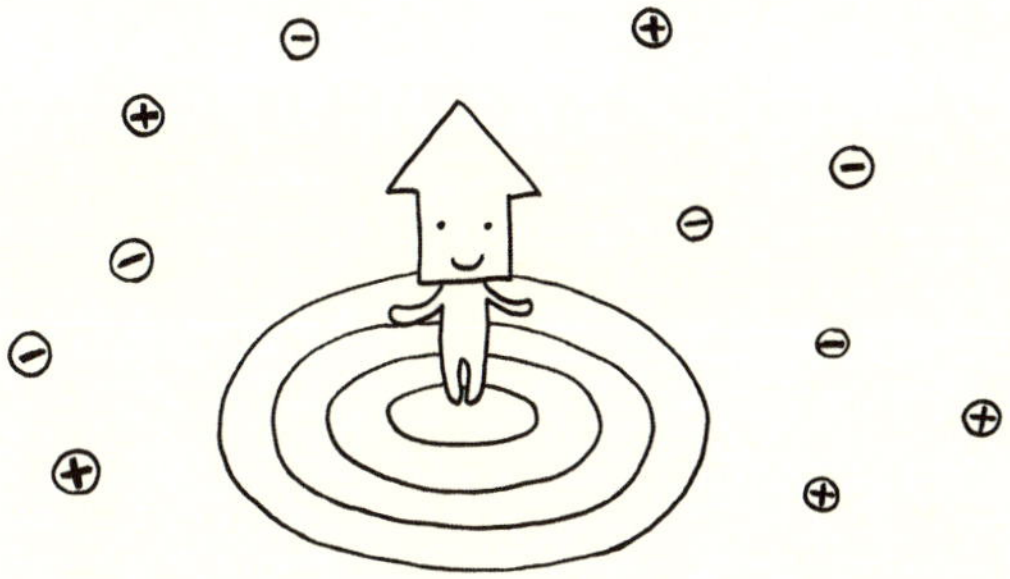

Puzzle Ⅵ

放射能と放射線

放射性物質と半減期

Q

陽子数が同じで中性子数の異なる原子核を同位体（アイソトープ）といいます。小学校理科などでヨウ素デンプン反応に使うヨウ素液のヨウ素127（127は質量数）は、放射能を持たない安定同位体ですが、原子炉の中でウラン235が核分裂してできるヨウ素131は放射能を持つ放射性同位体で、半減期は約八日です。

最初のヨウ素131の放射能（ある種の原子核が自発的に別の種類の原子核に変化する性質）の強さを一としたとき、二四日経ったときの放射性ヨウ素の放射能の強さはいくらになっているでしょうか。

ア　二分の一　　イ　三分の一
ウ　四分の一　　エ　八分の一

◆放射性物質の半減期

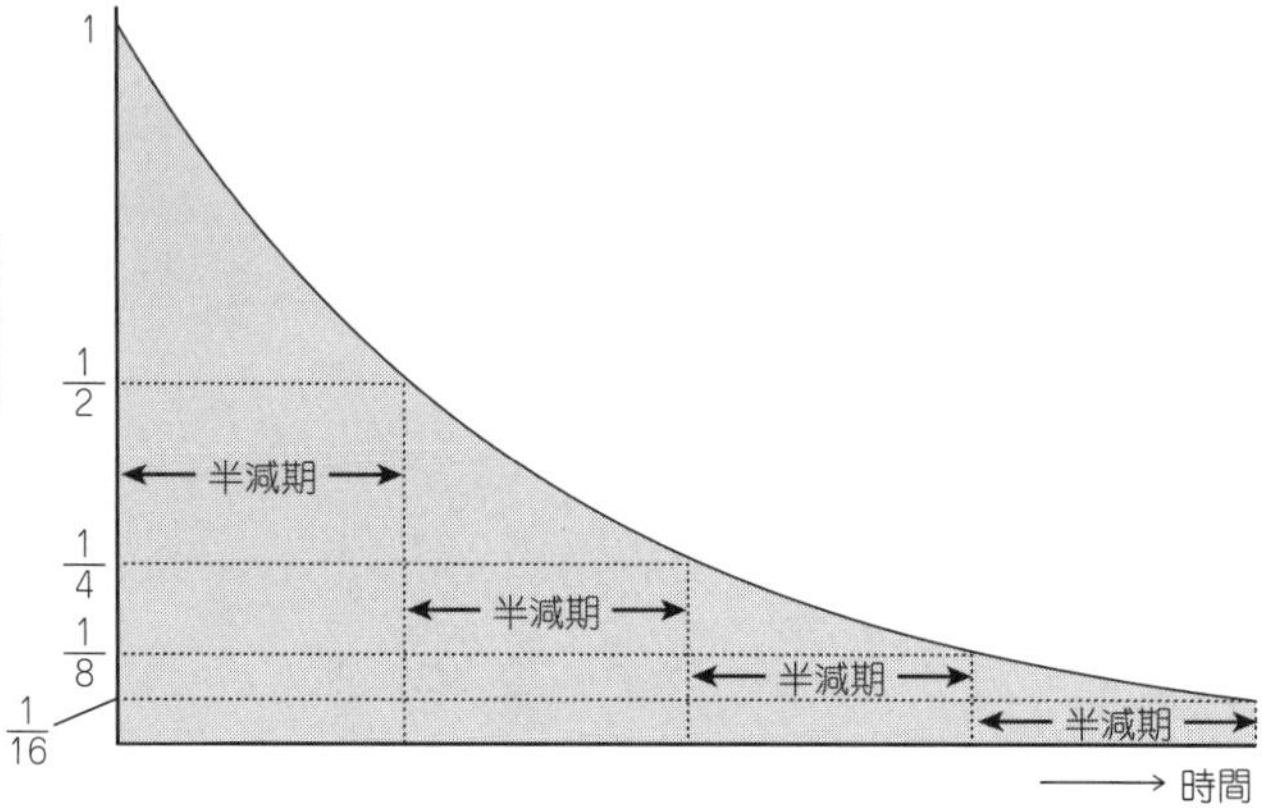

放射性同位体の半減期

答えは「エ」です。

放射性物質の量が半分になるまでの期間を半減期といいます。

ヨウ素131は約八日、セシウム134は二年、セシウム137は、およそ三〇年です。

例えば、ヨウ素131の原子が一億個あったとしましょう。八日目に五千万個になり、さらに八日たつと（最初から一六日目）、五千万個の半分の二五〇〇万個に、さらに八日たつと（最初から二四日目）、一二五〇万個になります。八日ごとに半分になっていきます。

ガンマ線と放射能

Q コバルト59に中性子をぶつけると、コバルト60になります。コバルト59は、放射能を持たない安定同位体ですが、コバルト60は放射性同位体（放射性核種）で、ガンマ線を出します。そのため、コバルト60はガンマ線源としていろいろな分野で利用されています。

コバルト60をガンマ線源にして、人体がガンマ線を外部から浴びると、浴びた人の体が放射能（放射性物質が持つ、放射線を出す性質、能力）を持つことがあるでしょうか。

ア　いつもある
イ　浴びる場所によってはある
ウ　ない

放射能と放射線

答えは「ウ」です。

放射能を持つ原子には、ウランのほかにラジウムなどがあります。放射能を持つ原子の原子核は、放射線を出しながら、自然にほかの原子核に変わっていきます。

放射性同位体が出す代表的な放射線には、アルファ（α）線、ベータ（β）線、ガンマ（γ）線の三種類があります。

これらは電離放射線とよばれ、放射線があたるとそのエネルギーであたった物質の原子内の電子を外にはじき飛ばすはたらきをします。電子がはじき飛ばされれば、残った原子は出ていった電子の分プラスの電気をもち、陽イオンになります。放射線の電離作用は、このように原子をイオン化するはたらきです。

しかし、これらの放射線で、体内で放射性を持ったものはできません。つまり、放射能を持つことはありません。

ただし、放射線のなかまに中性子線があって、中性子線を浴びる場合は、体内のナトリウム原子がナトリウム24という放射性原子に変わる場合があります。

◆自然放射線

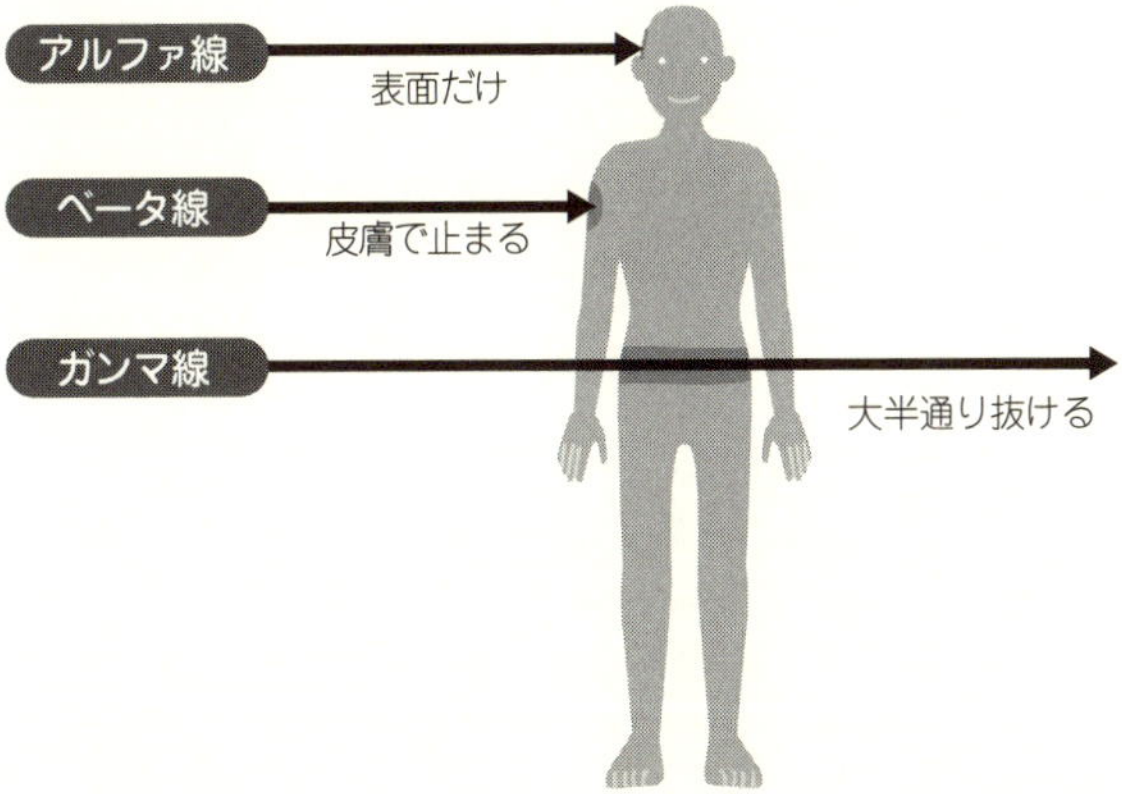

放射線の透過力

アルファ線、ベータ線、ガンマ線の中では、アルファ線の透過力がもっとも弱く、紙一枚でも（空中では数センチメートルで）ストップしてしまいます。ベータ線は、空中を数メートルでストップします。また、数ミリメートルの厚さのアルミニウム板でストップします。透過力がもっとも大きいのはガンマ線です。

アルファ線、ベータ線、ガンマ線の中では、アルファ線がもっとも電離作用が強く、ベータ線の電離作用は中くらい、電離作用がもっとも小さいのはガンマ線です。

放射線の正体

これらの放射線は、広くは空間を飛びかう電磁波（可視光線や紫外線、赤外線などは除く）や電子、陽子と中性子からなる原子核の流れです。

アルファ線　ヘリウム原子核（二個の陽子と二個の中性子とがかたく結合した粒子）の流れ

ベータ線　原子核の中からとび出した電子の流れ

ガンマ線　エックス線に似たエネルギーの高い電磁波

これらは、人体にあたれば、電離作用で、細胞の中にある遺伝子の結びつきを切ってしまったり、水分子を活性酸素にしたりします。それが原因でがん細胞ができて増殖し長い間にがんになる場合もあります。

逆にうまくがん細胞だけに照射できればがん細胞を殺すことができます。

コバルト60は、ガンマ線源として医療分野での放射線療法、食品分野での食品照射（ジャガイモの発芽防止）、工業分野での非破壊検査などに広く利用されています。

原発事故とシーベルト

Q

福島第一原子力発電所の事故でよくSv（シーベルト）という単位がミリシーベルト、マイクロシーベルトとして出てきました。シーベルトは、何を表す単位でしょうか。

ア　放射性壊変の程度を表す単位
イ　受ける放射線のエネルギーの単位
ウ　放射線の人体への影響を表す単位

シーベルトは放射線の人体への影響を示す単位

答えは「ウ」です。人体が吸収した放射線の影響度を数値化した単位がシーベルトです。一シーベルトは一〇〇〇ミリシーベルトです。

放射線被ばくで、すぐに障害が出てくる障害を急性障害といいます。白血球減少、悪心・嘔吐、皮膚の紅斑、脱毛、無月経・不妊などです。急性障害はだいたい二〇〇ミリシーベルト以上で表れます。

対してがんのようにゆっくりと障害が出てくる晩発性障害があります。白血病のように二、三年後から五年後くらいに発病する場合もありますが、大半のがんは一〇年後くらいから出始めます。

医療用のエックス線診断、放射線治療も低線量の被ばくになりますが、その被ばくによるプラス面とマイナス面を考えて利用することになります。プラス面は、検査で病気がわかる、がん細胞は増殖が速いぶん、放射線によって破壊されやすいので治療に利用されるということです。

放射能は放射線を出す能力

放射性核種の原子は、放射線を出して壊れて（崩壊して）いきます。そのとき、放射線（アルファ線、ベータ線、ガンマ線など）を出します。

ベクレルは、放射能の強さを表す量です。一ベクレルとは、一秒間に一個の原子が別の種類の原子核を持ったものに崩壊するということを表しています。したがって、一秒間に一〇〇個の原子が崩壊したら、一〇〇ベクレルの放射能があることになります。

グレイは体内にどのくらい吸収されたかを表す単位

人体など放射線を浴びるもの一キログラムあたりに吸収される放射線のエネルギー（単位：ジュール）をグレイで表します。

一グレイは、放射線を浴びるもの一キログラムあたり一ジュールのエネルギーの吸収線量です。

ある人体の組織が一グレイの吸収線量だとしても、実はアルファ線を浴びたときとベータ線を浴びたとき、同じ一グレイでも前者のほうが後者よりもはるかに影響が大きくなります。組織によって影響が違うし、放射線によってもそのはたらきの強さが違います。

そこで、同じ吸収線量でも、放射線の種類やそのエネルギーの大きさの違いによって人体への影響の程度が異なることを考慮したときの単位がシーベルトです。人体が吸収した放射線の影響度を数値化したものです。

自然界にある放射線

Q 自然界には常に放射線が飛び交っています。天然にある放射線を自然放射線といいます。

例えば、私たちの体の中にあるカリウムの一部は放射性のカリウム40です。体の内部で、カリウム40から放出される放射線を浴びています。

私たちはカリウム40を食べ物から毎日約五〇ベクレルとっています。摂取しつつも排泄もしているので、ある量でバランスがとれています。

大人が持っている体内のカリウム40の放射能はどのくらいでしょうか。

ア　四〇～五〇ベクレル
イ　四〇〇～五〇〇ベクレル
ウ　四〇〇〇～五〇〇〇ベクレル

自然放射線

答えは「ウ」です。

はるか遠くの宇宙や太陽フレアからやってくる宇宙放射線が常に地球上に降り注いでいます。

大地ではウランやトリウム、ラジウム、ラドン、カリウム40などから常に放射線が放出されています。植物は土から天然にあるカリウム39（九三・三パーセント）、カリウム40（〇・〇一一七パーセント）、カリウム41（六・七パーセント）の三つを吸収します。このうち、およそ一万分の一くらい含まれているカリウム40は放射性核種です。

これを私たちは食べ物から一日五〇ベクレル程度とっています。半減期は一二億六〇〇〇万年ですから放射性壊変ではほとんど減りませんが、排泄で減ります。体内に取り込まれたカリウム40の放射能が一〇〇あったとするとそれが排泄されて半分の五〇に減るのは約六〇日です。摂取と排泄のバランスがとれた状態では、体内放射能（ベクレル）＝一・四四×一日あたりの摂取量（ベクレル／日）×半分に減るまでの時間（日）で計算することができます。結果は四三〇〇ベクレルです。個人差を考えれば四〇〇〇〜五〇〇〇ベクレルの体内放射能を持っていることになります。

◆身のまわりに存在する放射線

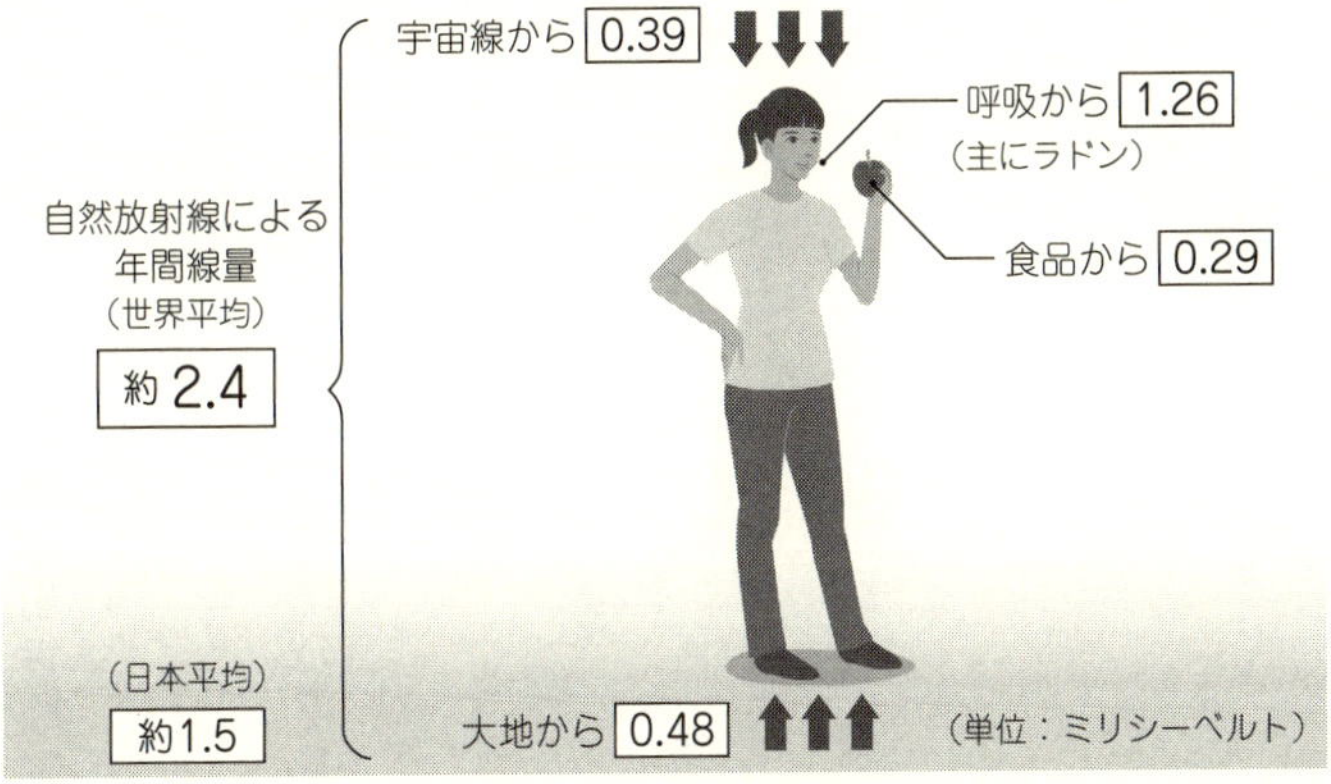

　自然放射線による被ばく量は、その場所の高度、緯度、地質によって大きく異なります。例えば高度が高いところでは宇宙線をたくさん被ばくします。飛行機に乗れば地表よりもレベルが高い放射線をあびることになります。関東よりも関西で地表の自然放射線量が高いのは、関東では岩石中のカリウム40からの被ばく量がぶ厚い関東ローム層でさえぎられて少ないからです。東京都庁の建物は花崗岩（御影石）でできているので岩石からのカリウム40のせいで自然放射線量が高くなります。

自然放射線も人工放射線も危険度は同じ

カリウム40は体内で主に筋肉にたまります。ですから筋肉が多い人ほどカリウム40をたくさんふくんでいます。カリウム40のおよそ八九パーセントは、ベータ線を出してカルシウム40に変わります。残りは電子捕獲後ガンマ線を出してアルゴン40に変わります。このときのベータ線やガンマ線で被ばくします。

「一秒一個の変化が一ベクレル」ですから、体内ではカリウム40が一秒間に四〇〇〇～五〇〇〇個変化してベータ線やガンマ線を出していることになります。

カリウム40による放射線は自然放射線だから安全とはいえません。体内に自然放射線と人工放射線を見分けるセンサーはありません。シーベルト単位が同じなら自然放射線も人工放射線も影響度は同じです。

核反応とエネルギー

Q

石油や石炭などを燃やす化学反応と核分裂（原子力発電）や核融合（太陽）の核反応があります。化学反応で得られるエネルギーを一として、核反応で得られるエネルギーはどの程度でしょうか。

ア　一万倍
イ　一〇万倍
ウ　一〇〇万倍

核反応は化学反応のおよそ一〇〇万倍のエネルギー

答えは「ウ」です。化学反応と核反応では反応の仕方がまったく違うので正確に比べることは難しいのですが、化学反応と核反応は関係するエネルギーが桁違いで、一〇〇万倍程度の違いがあります。

燃焼のような化学反応では、原子の組換えがおこりますが、そのとき原子の原子核はまったく影響を受けないで、原子と原子が、まわりにある電子によって結びついたりしてエネルギーが出ます。

一方、核反応は原子核が分裂したり融合したりすることで、エネルギーが発生します。原子核は陽子や中性子が非常に強い核力という力で結びついていて、結合エネルギーがとても大きいです。化学反応や核反応は、反応前より反応後の結合エネルギーの合計が大きいとき、そのエネルギーの余剰が解放され、大きなエネルギーが出されます。化学反応の前後の結合エネルギーの差と核反応の前後の結合エネルギーの差は後者が桁違いに大きいのです。

原子爆弾と質量の変化

Q 核分裂連鎖反応や核融合によって莫大なエネルギーが出ることは、「質量とエネルギーは等価」というアインシュタインの式　$E=mc^2$（mは物質の質量〔kg〕cは真空中の光の速さ＝3×10^8 m／秒、Eはエネルギー〔J〕）という式で明らかになりました。

核分裂がおこるとき、前後で陽子や中性子の数の合計は変わらないままなのに、分裂後の質量は分裂前の質量に比べると減っています。

長崎原爆で、核爆発前と比べて核爆発後で、どのくらい質量が減ったでしょうか。

ア　一グラム

イ　一〇〇グラム

ウ　一キログラム

◆核分裂連鎖反応

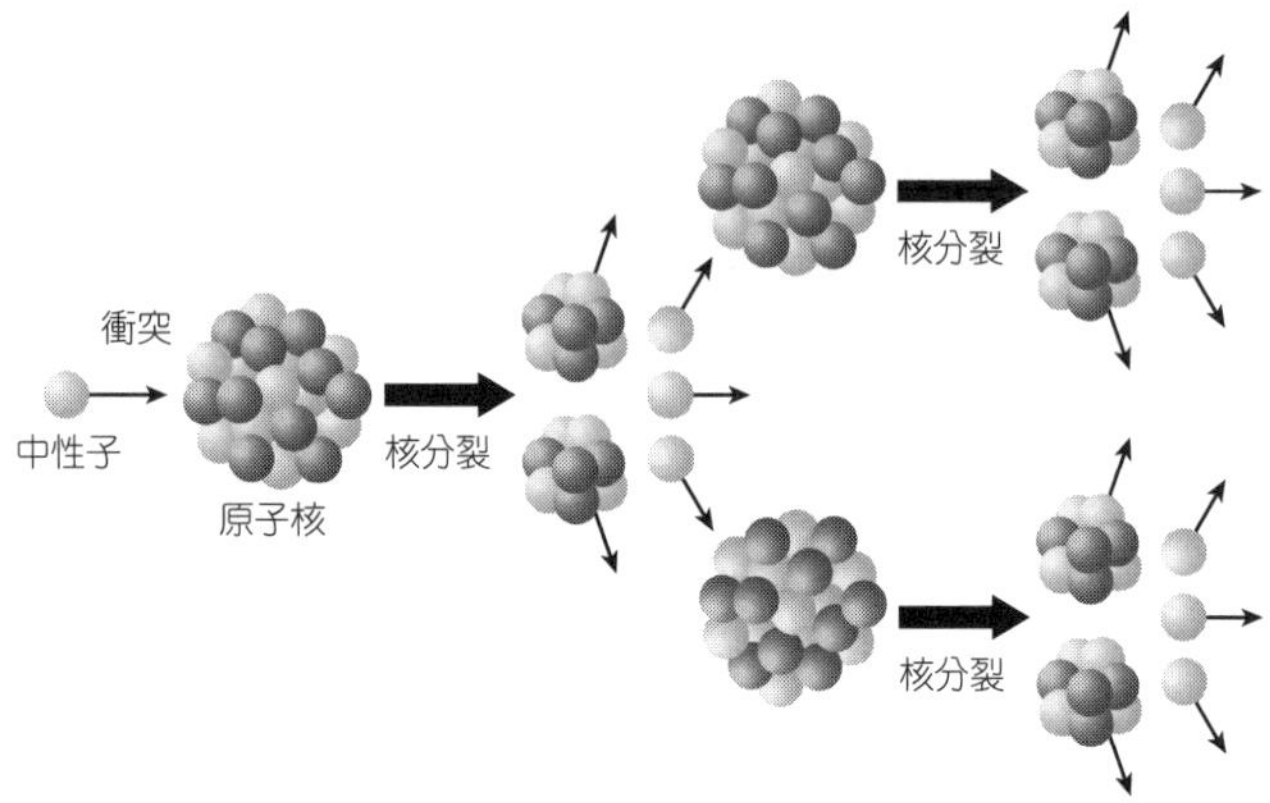

核分裂連鎖反応

答えは「ア」です。

長崎原爆はプルトニウムですが、ここではウランの話をします。原子力発電所の核燃料はウラン235です。ウラン235の原子核に中性子をぶつけると、二つの新しい原子核に壊れます。これを核分裂といいます。このとき、中性子が二～三個飛び出し、同時に多くのエネルギーが出ます。核分裂で飛び出した中性子が、さらに、近くにあるウラン235にぶつかって核分裂を起こします。このように、次々と反応が起こります。この反応を核分裂連鎖反応といいます。その結果、きわめて多量のエネルギーが出ます。原爆は核分裂反応を利用したものです。
核分裂連鎖反応の速度をうまく調節して、ゆっくり核反応を進めるのが原子力発電の原子炉です。

長崎原爆で一グラムの質量が消えた！

一グラムの質量が全部エネルギーに変わったとして、$E=mc^2$に数値を入れて計算するとエネルギーは9×10^{13}ジュール（＝二一兆カロリー）になります。これは、長崎原爆が発生したエネルギーに大体等しいのです。

つまり、長崎原爆では一グラムの質量が地球上から消えうせて、9×10^{13}ジュールのエネルギーとなって人々に襲いかかったのです。

二つの原子核が十分近づくと、一つに融合し、新しい原子核が生まれることがあります。これを核融合反応とよび、全質量がわずかに減少し、エネルギーに変わります。

地球大気圏外で、太陽に対して垂直な面が一平方センチメートルあたり一分間に受け取るエネルギーは、約八ジュール（約二カロリー）です。地球全体では、1・02×

◆核融合とエネルギー放出

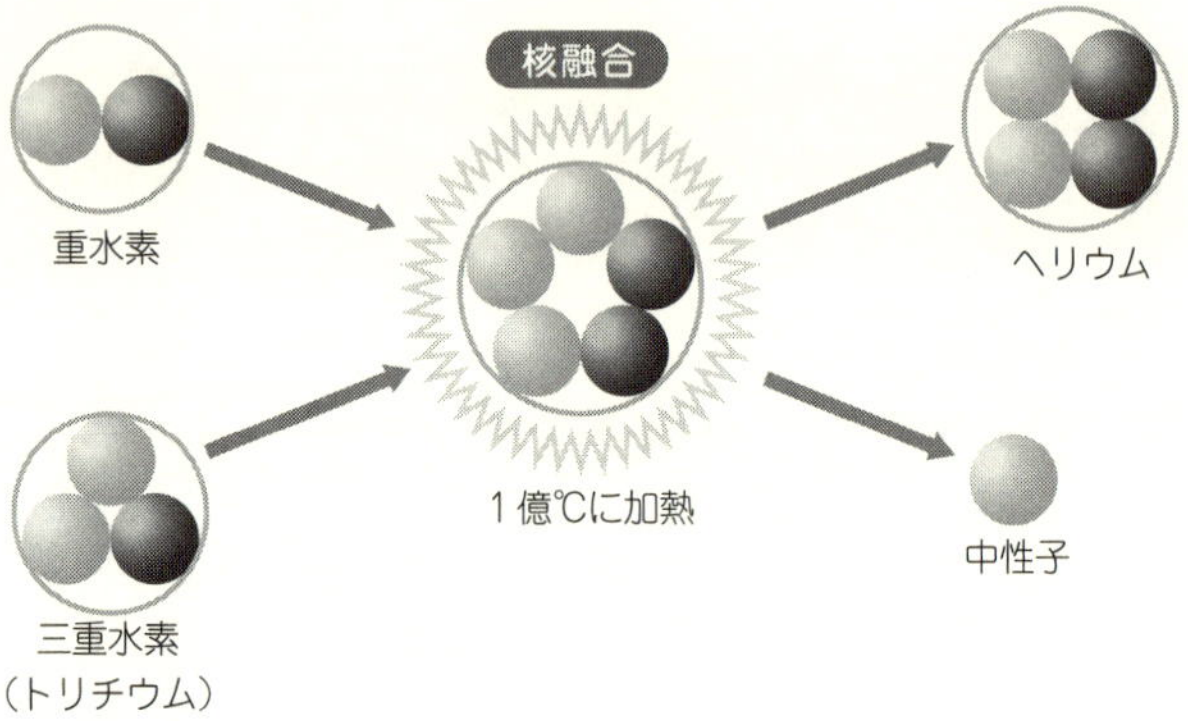

10^{19}ジュールという莫大なエネルギーを受け取っていることになります。それでも、地球が受け取っているエネルギー量は、太陽が宇宙空間に放出している全エネルギーのわずか二〇億分の一にすぎません。

太陽では、水素原子四個が融合してヘリウム原子一個が創られる核融合反応が起こっています。ヘリウム原子一個の質量は、水素原子四個分の質量より〇・七パーセントほど軽く、この失われた質量がエネルギーに変換されて、太陽のエネルギーの元になっています。

「地上の太陽」といわれる核融合反応に基づく熱エネルギーによって発電を行う核融合炉が研究されています。効率よくプラズマで閉じ込めることが課題です。

Puzzle Ⅶ

超能力と心霊現象

ユリ・ゲラーを知っていますか？

Q 一九七〇年代半ばにわが国で〝超能力ブーム〟の火付け役になったのは、イスラエル生まれの自称・超能力者ユリ・ゲラーでした。

「カナダから念力を送り、故障して動かなくなった時計を動かしてみせる」と宣言しました。

その当日、スタジオに設けられた一〇台の電話に「動いた！」という電話がじゃんじゃんかかってきました。さて、動かなくなっていた時計が動き出したのはどうしてでしょうか。

ア　ユリ・ゲラーの念力が作用した
イ　当時はゼンマイ式の時計で、潤滑油が粘っていたり固まっていたりして動かないでいたもののなかに手で温まり油が緩んで動き出したものがあった

今ではできない「時計動かし」

答えは「イ」です。

「時計動かし」は当時の時計がゼンマイ式だということがポイントです。

このマジックをやったのは三月や一二月で寒い時期でした。ゼンマイ式の時計では潤滑油が使われていますが、とくに寒い時期には粘りが出て歯車の動きを妨げている場合があります。テレビの前で一生懸命時計を握っていれば時計が温まり、固まっていた油が緩んできて動くようになる物が出てきます。コタツの中でなら尚更です。百に一つ、千に一つが動き出したとしても、その総数は千や万の数になります。一〇台の臨時電話は鳴り止まないでしょう。

オカルト・超能力ブームの火付け役

一九七四年二月二五日、大橋巨泉さんが司会の「11PM（イレブンピーエム）」という番組に登場したユリ・ゲラー。イスラエル生まれの自称・超能力者です。スプーン曲げなどのふしぎな技をくり出し、「超能力」なる言葉が流行しました。

カナダから「念」を送る

彼が日本で超能力者としての地位を不動のものにしたのは、その年の三月七日のテレビ番組「NTV木曜スペシャル」で、視聴者に「カナダから念力を送り、故障して動かなくなった時計を動かしてみせる」と宣言し、成功したように見えたときでした。視聴率三〇パーセントを超えたので、テレビの前には、数千万人がいたでしょう。動かない時計を握りしめた人が、仮に一割としても、数百万人以上の人々が彼の念力を待ったことでしょう。

カナダからの念力が届くとスプーンが曲がるとも宣言していたので、スタジオに集められた少女たちがスプーンを手にしてこすっている場面が映りました。しかし、スタジオでは誰のスプーンも曲がりませんでした。

司会の三木鮎郎さんが「とりあえずスプーン曲げの実験はやめまして、さっそく時計復活の実験に入りましょう」と先へと進めました。「スタジオに一〇台の臨時電話が引いてあるので、動いた人は電話してください」と呼びかけると、「動いた！」という電話がじゃんじゃんかかってきました。

これで一気にユリ・ゲラーは超能力者としてお茶の間のスターになったのです。

往事の人気にあやかろうとしてか日産は二〇〇六年にユリ・ゲラーをテレビＣＭに起用したほどです。コンピュータグラフィックスではありましたが、内容は「スプーン曲げ」や「時計動かし」でした。

ユリ・ゲラーがわが国でブームになった一九七四年当時、ぼくはそれを興味を持って見ていた大学院生でした。

教員になった一九七六年も、前年にユリ・ゲラーが再来日したこともあって、また超能力が話題になったりしていました。

職員室で、「いろんな方法や手品でスプーン曲げはできるんですよ！」などと言っていたので、「左巻さんはロマンがない」などと言われたりしたのを思い出します。

ユリ・ゲラーに刺激されて多数のスプーン曲げ少年少女が登場しました。なかでもＳ少年が有名です。Ｓ少年の技は、観客に背を向けて座り、手に持ったスプーンを何度か上下させた後にぽーんと放り投げると、落ちてきたスプーンはグニャリと曲がっていることを示すものでした。次はこれについてのクイズです。

超能力ブームとスプーン曲げ

Q しかし、週刊誌にS少年がインチキをしてスプーン曲げをしている写真が掲載されて、スプーン曲げブームも弱まっていきました。

S少年が、投げている間にスプーンを曲げるのはどんな方法を使っていたのでしょうか。

ア 投げられたスプーンが落ちたときに曲がったスプーンに替えた
イ 何回も曲げたりして、投げている間に空気の抵抗力でも曲がるようにしておいたスプーンを使った
ウ 投げる前に力で曲げておいた

インチキがばれた！

答えは「ウ」です。一九七四年五月二四日号の『週刊朝日』誌に掲載された「科学的テストで遂にボロが出た！〝超能力ブーム〟に終止符」は、マルチストロボの連続写真でS少年のトリックを見抜いたものでした。投げる直前にスプーンを床や太ももや腹などに押し当てて曲げていたのです。

『週刊朝日』誌の撮影のときには、写真写りがいいように白い塗料が塗ってあったのですが、絨毯に押し当てた場所には白い塗料の痕跡が点々とあったといいます。

本人は「あの日、撮影のために何時間もスプーン曲げをやらされていて、もうヘトヘトになっていました。最後には、根負けして、すでに折れまがっていたスプーンを拾って投げちゃった」と認めました。疲労困憊してインチキをしてしまったが、いつもは本当に超能力で曲げていると言いたいようでした。

しかし、これ以後、超能力ブームは急激に衰えていきました。

あなたにもできるスプーン曲げ

奇術としてのスプーン曲げの方法はいくつかあるのですが、簡単な方法を一つ紹介しましょう。『理科の探検（RikaTan）』誌二〇一六年一〇月号で、西尾信一さんが「あなたもできる！スプーン曲げ」に執筆した方法です。

スプーンは次のようなものを選びます。

▼見かけは硬いと思えるのに、実はそんなに硬くないスプーンを用意。材質は、表示に一八‐八、一八‐一〇、一八‐一二と書かれていないもの。

▼柄の断面が平たい薄板状のもの。同じ厚みなら曲げる柄の首の部分が細いもの。

両手を使うベーシックな方法は次のようです。

▼基本は、同じ大きさの力をおよぼすのなら、回転軸から遠いところに加えた方が「回すはたらき」（科学用語では力のモーメントという）が大きくなるという法則性を利用する。スプーンの曲げたい部分からなるべく離れたところにそれなりの力を加える。

▼勢いをつけて素早く力をかける。瞬発的に力を加えることで、力のピークはスプーンを曲げるのに必要なレベルを超えられる。

◆スプーン曲げの方法!?①

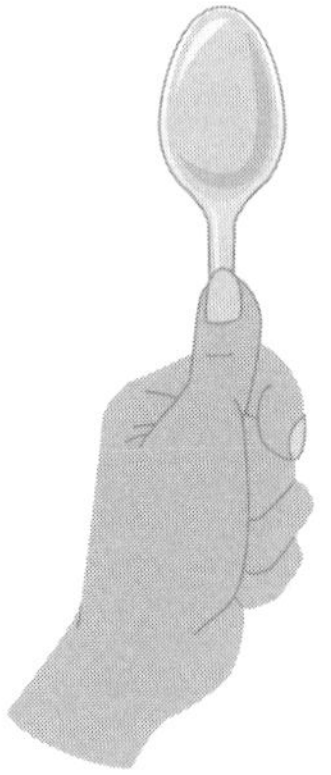

▼スプーンの先の丸い部分が上で、かつその凸部が手前になるようにして、片手でしっかり持って前方に突き出す。このとき、親指は上に立ててスプーンの柄の一番細い部分のすぐ下を人差し指に向けて強く押しつけ、柄の部分を小指の付け根あたりに当てて支えて全体を握る。

▼もう一方の手の二本の指をスプーンの先端に引っかけ、「このスプーンは柔らかいもの」とイメージして、腕全体で弓を引くようにして一気に手前に引く。

▼慣れたら、指一本で十分。硬くないスプーンなら小指一本でも大丈夫。

◆スプーン曲げの方法!?②

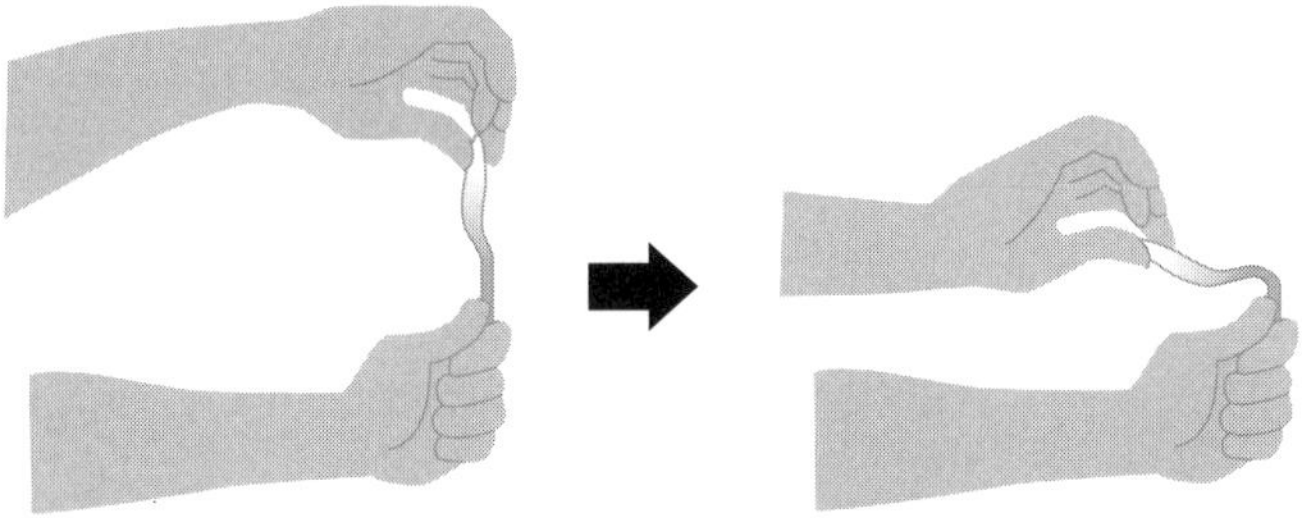

▼あとは演出。曲げる前に見せる相手にスプーンを持たせたり、硬いところでたたいて音を出したりして、そのスプーンにしかけがないことを確認してもらう。
▼すぐには曲げず、スプーンの柄の部分をさすったり、揺らしたりして、「柔らかくなってきました」という。柄の細い部分を二本の指でつまんで不規則に揺らすと、目の錯覚で本当に柔らかくなってきたようにも見えるので効果的。

ユリ・ゲラーでも曲げられないスプーン

前もってグニャグニャに曲げておいたものとすり替えたりする場合もあるでしょうが、慣れるとS少年のように背を向けてやらなくても、観客の目の前で曲げることができます。米国のマジシャンのジェイムス・ランディはユリ・ゲラーの超能力なるものはすべて手品だとして実際にやって見せています。

しかし、非常に大きな力を加えないと曲がらないような材質では、手品のトリックでも難しいでしょう。二〇一二年四月二九日放送のフジテレビ系バラエティ番組「ほこ×たて」で、「絶対に曲がらないスプーンvs.絶対曲げる男ユリ・ゲラー」として山崎金属工業のスプーンコブラと対決しました。ユリ・ゲラーは曲げられませんでした。特別な材質で特別な形状のスプーンということなので、前もって同じ物を入手して曲げておいてすり替えすることもできなかったのでしょう。

こっくりさんはなぜ動く?

Q 紙の上に鳥居と「はい」、「いいえ」、五〇音などを書き、一〇円玉を鳥居の上に置いておきます。一〇円玉の上に何人かが指を乗せ、神様を呼び寄せる呪文を唱えて、伺いを立てます。すると、「はい」とか「いいえ」のところに一〇円玉が移動してお告げを知らせる〝こっくりさん〟というものがあります。
こっくりさんで、一〇円玉が動く主な理由は何でしょうか。

ア　狐などの鬼神が乗り移った
イ　故意に動かしている人がいる
ウ　こすりつけることで静電気的な力が生じる
エ　潜在意識で無意識的に動かしてしまっている

マイケル・ファラデーの研究

答えは「エ」です。こっくりさんがなぜ動くのかは、一九世紀、電磁誘導現象の発見などをしたマイケル・ファラデーが論文「テーブル・ムービングの実験的研究」にして発表しています。テーブル・ムービングはテーブル・ターニングの別の言い方です。

マイケル・ファラデー
（一七九一〜一八六七）

板倉聖宣「手品・超能力と科学の歴史―その覚え書き」（参考文献一．所収）によると、一九世紀の中頃、ヨーロッパを心霊術ブームが襲いました。

当時、新興国アメリカではじまった心霊術が興行化し、全ヨーロッパに波及したのです。オックスフォード英語辞典によると、テーブル・ターニングという初出は一八五七年になっているので、こっくりさんのもとになったものは、この頃に始まったのでしょう。

それを憂慮したファラデーは「事実にもとづいた、説得力のある意見を提供するために、この研究を行った」のです。論文の邦訳が参考文献一に所収されています。「私は彼ら（コックリさんをやる人）が意図的にテーブルを動かしているとは思わない。けれどもほとんど無意識の筋肉運動によって、テーブルを動かしていると考えている。さらに私は、彼らの予期（意向）が彼らの心理、ひいては彼らのテーブル・ムービングの成否に影響を与えるのは間違いないと思う」という仮説を実験的に検証したのです。

ファラデーは論文の締めくくりの部分で、「私はこの叙述を少し恥じている。というのは、現代という時代に、しかも世界のこの地で、こんな研究は必要とされるべきではないと考えるからである。それにもかかわらず、これは役に立つかもしれないと思う」と述べています。当時の世界の中心地でもっとも科学が進んでいるイギリスでこんなものが流行し、それに対し対応しなければならない心情が吐露されていると思いました。

井上円了の研究

わが国でも、井上円了が、予期意向と不覚筋動が原因であると説明しました。円了は、こっくりさんがなぜ動くのかという疑問に対して、狐か狸あるいは鬼神のしわざである説、電気の作用である説、参加者に故意に動かす人がいるか、さもなければ実際は動かないのに動いているように見えているだけだという説を否定した上で、装置が動きやすいことやいったん動き出すと人と装置の動きが増進されることと共に、装置もっとも必要な原因として、人の精神作用から生じる原因、予期意向と不覚筋動をあげています。

「こう動いてくれるといいな」とか、「答えはこうなるはずだ」とあらかじめ心の中に期している潜在意識（予期意向）によって、参加者の誰かの筋肉が無意識のうちに動き出すのです（不覚筋動）。予期意向は信仰心とも関係が深いですから、何でも信じやすい人は強いでしょう。机を囲んで暗い部屋の中に立って、ひじをつけずに指先だけで一〇円玉に触れている状態は、力学的にとても不安定な状態ですから、動きの最初のきっかけは、そういう人の指の動きなのでしょう。装置の不安定性や神秘的な雰囲気を醸し出すための儀式ばったルールなどが、予期意向と不覚筋動をいっそう強めています。

こっくりさんが上陸

「こっくりさん」は、古くヨーロッパに源を持つ心霊術の一種で、欧米では「テーブル・ターニング」と呼んでいました。

こっくりさんが日本で始まった経過は、日本で最初に「コックリさん」を科学的に解明した井上円了の『妖怪玄談狐狗狸の事』(明治二〇年刊復刻版　仮説社　一九七八年)に詳しく書かれています。『妖怪玄談』は、インターネットの図書館、青空文庫でも読むことができます。

井上円了の調査によると、明治一七年(一八八四年)のことです。船が破損して、伊豆に漂着したアメリカ人船員がしばらく下田に滞在し、テーブル・ターニングを教えました。道具は日本で入手しやすいものを使いました。長さ四〇~五〇センチメートルの棒を三本交差させ、これを足とし、その上におひつ(ご飯を入れる木製の器)のふたなどを乗せたテーブルを使いました。三人がそのまわりに座り、テーブルの上に軽く手を乗せ、「こっくり様、こっくり様お移りください。お移りになったら足を上げてください」などというと、テーブルが傾き、足が上がります。

こっくりさんが乗り移ったら、以後、こっちの足をあげたら「イエス」、あっちの

◆当時のこっくりさんの装置

足をあげたら「ノー」という風にサインを決め、様々な事柄について伺いを立てるのです。
　これが、下田の港からあちこちに伝わっていきました。明治二〇年には日本全国で流行するに至りました。下田で、アメリカ人船員が、英語でテーブル・ターニングと言ったとしても、現地の日本人は、英語を解せず、おひつを用いた台が「こっくり、こっくりと傾く」様子から〝こっくり〟や〝こっくりさん〟と呼ぶようになり、やがて〝こっくり〟に「狐（きつね）」、「狗（いぬ）」、「狸（たぬき）」の文字を当て「狐狗狸」と書くようになったといいます。

一九七〇年代半ばの超能力ブーム

その後も何回か流行りましたが、昭和四九年（一九七四年）頃超能力ブームとともに全国的に大流行しました。このときは、テーブルを使う方法ではなく、紙の上に一〇円玉を置いてやる方法が一般的でした。紙の上に鳥居と「はい」、「いいえ」、五〇音などを書き、一〇円玉を鳥居の上に置いておきます。

一〇円玉の上に何人かが指を乗せ、神様を呼び寄せる呪文を唱えて、呼び寄せることができると、伺いを立てます。すると、「はい」とか「いいえ」のところに一〇円玉が移動してお告げを知らせるわけです。

呼び寄せる神様はこっくりさんとは限りません。キューピットさんやエンゼルさんなど、いろいろでした。

時には何かに取り付かれたような状態になり、校舎の三階から転落したり、ノイローゼ状態になったり、奇行に走ったりする問題や集団コックリさん中毒にかかったといえるような問題が起き、学校で禁止されるようにもなりました。

高校物理で、宝多卓男さんは、こっくりさんを呼ぶ授業をしました。現象を体験するだけでは、自己催眠状態が抜けないままでパニックになる可能性があります。そこ

◆紙版こっくりさんの一例

※参考文献3.より

で、正体は予期意向と不覚筋動が原因であることをしっかり説明します。

宝多さんはいいます（参考文献三）。

〝問題は「なぜか」を考えることを放棄することです。答えを超能力、超常現象とすぐに割り切ることが問題なのです。予期意向はすべての者にあり得ます。自動車のハンドルの遊びは，不覚筋動による事故を予防するためのものでもあるのです。

まだまだわからないことは、山ほど存在します。わからないことが夢のあることではありません。一つひとつ解きあかしていくことこそが夢のあることなのです。科学の学習も、夢のあるものであってほしいものです。〟

こっくりさんのような現象を見ても、「オカルトだ」「超常現象だ」「霊がついた」などと思考停止していないで、一九世紀のファラデーや明治時代の井上円了のように――。背後にある道理を探究したいものだと思います。

もし、また流行が起こっても、理由をあげずに禁止をするのではなく、その正体をしっかり説明したいものです。

参考文献
一.『ものの見方考え方第二集手品・トリック・超能力』季節社　一九八一
二.安斎育郎『科学と非科学の間　超常現象の流行と教育の役割』かもがわ出版　一九九五
三.宝多卓男『ダイナミック理科実験に挑む』黎明書房　二〇〇一

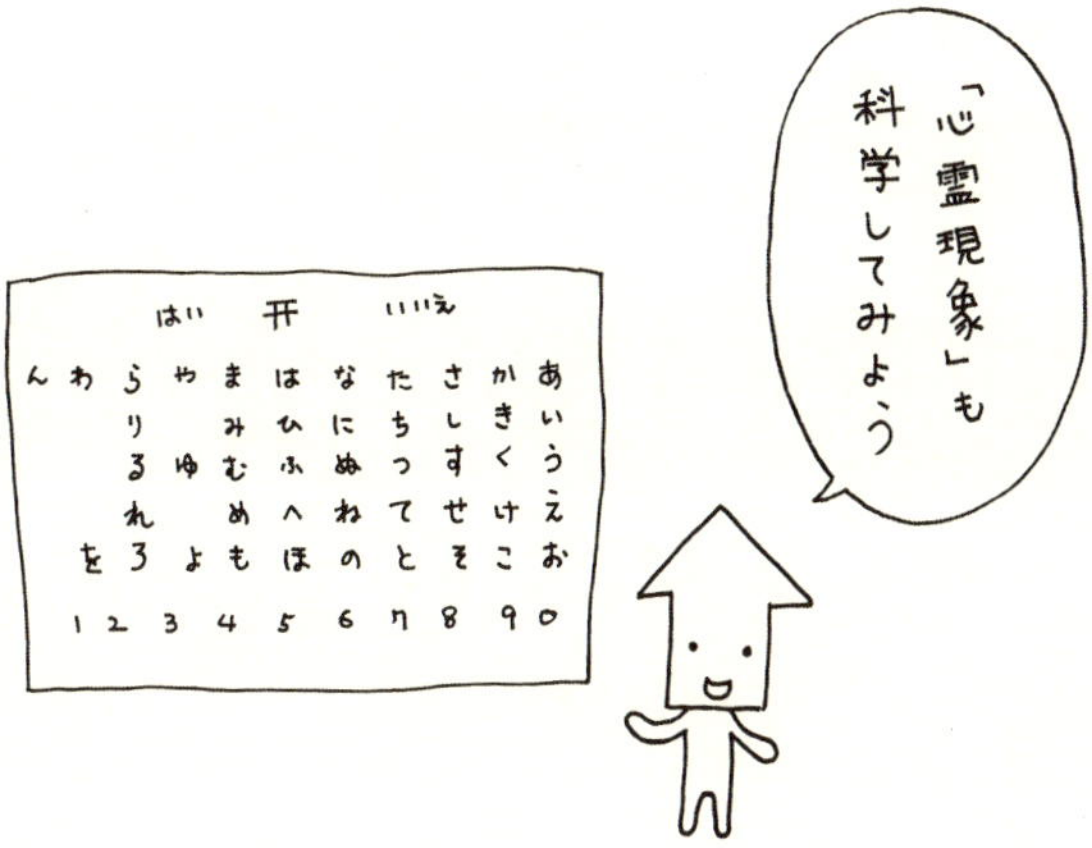

おわりに

ぼくが大好きな科学者にファラデーがいます。

ファラデーは、物理学でも化学でも歴史に残る研究成果をあげたすぐれた科学者でした。いま電灯や蛍光灯などの灯りがあり、暗くなっても生活できるのは電気のおかげですが、発電所の原理——電磁誘導を発見したのはファラデーです。

数学が苦手だった彼は、すぐれた直観力と実験で事物や現象の中に潜んでいる法則を見抜いたのです。彼は貧しい鍛冶屋の息子で、小学校を卒業した後、十二歳で本屋と製本屋を兼ねた店に製本工として入りました。そこで製本の腕を磨きながら、製本工程に入ってくる本を読みあさりました。とくに、彼の興味をひいたのは自然科学の本です。小遣いで実験材料や器具を買い、本を参考に様々な実験を行いました。

そんな彼が英国王立研究所の研究者になり、毎年クリスマスには実験をふくめた科学の講演会を開きました。なかでも有名なのは、一八六〇～一八六一年に行った六回の連続講演です。それが『ロウソクの科学』という本にまとめられています。百数十年も前に、ロウソクの火と燃焼について、今でも色あせないほどの科学的な探検をしているのです。

ぼくは初めてロンドンを訪れたとき、その会場や彼の実験室を見学しました。当時、そこでは、彼の静かな語り、内容とかみ合った実験の演示、スムーズな論理の展開に、納得と驚きの声をあげる聴衆の姿があったことでしょう。

学校で学ぶ理科の内容をどうするか、学び方・授業の方法をどうするかを専門として研究を続けてきたので、「理科は面白くない！」という声を聞くととても悲しくなります。たしかに、無味乾燥でつまらない内容を覚えるだけの理科なら面白くないでしょう。だから、本書では、ファラデーの好奇心に満ちた科学の探検を少しでも意識しながら書き進めました。

ぼくは、幼少時からいわゆる〝ものおぼえ〟が悪い子どもで学力劣等生でした。授業についていけませんでした。それが小学五年生になったとき、担任となった平原タイ先生は、ぼくに「左巻君は理科が好きなんだね」といってくれました。入学して初めてかけられた褒め言葉だったのです。

この一言で、もっと理科が好きになりました。

〝ものおぼえ〟が悪いので、たくさんの記憶事項がある分野は好きになれませんでしたが、平原先生の言葉をきっかけに、理科だけには興味・関心を持ち続け、物理化学を専攻し、大学院修了後に中高校の理科教員になりました。

中学校理科教員は、物理、化学、生物、地学のどの分野も教えます。ぼくは、ある内容を教えるときには、その内容をできるだけ根本的に捉えるように再学習してから授業を行うようにしました。

理科のどの分野も面白いと思うようになり、理科教育に嵌まりました。その後、理科教育の研究者として大学に異動したのですが、ぼくの本の背後には、いつも教育現場で理科授業に悪戦苦闘していた体験があるのです。


さて、本書は主に中学校理科の物理を取り上げながら、ＰｕｚｚｌｅⅥ「放射能と放射線」の内容は、中学校理科を超えているのではないかと感じた人もいるかもしれません。実は、二〇一二年度から完全実施された中学校理科の教育課程で、約三〇年ぶりに放射線の授業が行われるようになったのです。――そこには、約三〇年間の学習の空白がありました。

筆者の手元に『新訂　新しい科学3』(一九七一年　東京書籍)という中学校理科教科書があります。これには、次の内容が掲載されています。

「原子の構造：原子は、原子核と電子とからできている。／原子核は、陽子と中性子とからできている。／放射性元素は、放射線を出す。／人工的に元素を変換できる。」

教科書には、「放射性核種は放射線を出しながら壊れていく(放射性壊変)」「ウラン235の核分裂の連鎖反応」などの図が載っていました。そこで、当時の教科書の知識は常識にしたいものだと、本書に取り入れたのです。

また、PuzzleⅦ「超能力と心霊現象」は、筆者が理科教員になったころ学校やテレビで話題になったスプーン曲げやこっくりさんを取り上げました。スプーン曲げは、まさに物理の題材でした。こっくりさんの源流も、大科学者ファラデーが解明に乗り出すような事柄だったのです。

本書が、読者にとって、物理が少し好きになるきっかけとなることを願っています。

参考文献

ホグベン／石原純監修『市民の科学　上巻』（日本評論社　一九四二年）
ペレリマン／藤川健治訳『おもしろい物理学』（社会思想社〈現代教養文庫〉　一九四八年）
ペレリマン／藤川健治訳『続・おもしろい物理学』（社会思想社〈現代教養文庫〉　一九七〇年）
ペレリマン／藤川健治訳『続続・おもしろい物理学』（社会思想社〈現代教養文庫〉　一九七〇年）
左巻健男編著『たのしい科学の話』（新生出版　一九八四年）
岩崎敬道・左巻健男編著『科学の教室：サイエンス・ゼミ・物理・化学』（新生出版　一九八六年）
左巻健男編著『たのしい科学の本　物理・化学』（新生出版　一九九六年）
左巻健男編著『素顔の科学誌：科学がもっと身近になる42のエピソード』（東京書籍　二〇〇〇年）
左巻健男執筆代表『新しい科学の教科書：現代人のための中学理科　1』（文一総合出版　二〇〇四年）
杵島正洋・松本直記・左巻健男編著『新しい高校地学の教科書』（講談社〈ブルーバックス〉　二〇〇六年）
左巻健男『大人のやりなおし中学物理』（SBクリエイティブ〈サイエンス・アイ新書〉　二〇〇八年）
左巻健男『面白くて眠れなくなる理科』（PHPエディターズ・グループ　二〇一三年）
左巻健男『頭がよくなる1分実験「物理の基本」』（PHPサイエンス・ワールド新書　二〇一三年）
左巻健男『ムリなく、ムダなく、小中学校の理科がしっかり身につく。』（PHPエディターズ・グループ　二〇一七年）
左巻健男・滝川洋二編著『たのしくわかる物理実験事典』（東京書籍　一九九八年）
平光伸好著・左巻健男監修『クイズで学ぶ中学理科　上』（民衆社　一九九五年）
平光伸好著・左巻健男監修『クイズで学ぶ中学理科　下』（民衆社　一九九五年）
原康夫・右近修治『日常の疑問を物理で解き明かす』（SBクリエイティブ　二〇一一年）

左巻健男編著『たのしい理科の小話事典　中学校編』（東京書籍　二〇一一年　※とくに田崎真理子「そのとき車内の風船はどう動く？」を参考とした）
飽本一裕『クイズで学ぶ大学の物理―たいくつな力学と波動がおもしろい』（講談社　二〇〇一年）
田中実『科学パズル　第1集』（光文社　一九六八年）
福島肇『パズル・物理のふしぎ入門―楽しみながら物理の核心をつかむ』（講談社　一九九四年）
都筑卓司『パズル・物理入門』（講談社　一九六八年）
左巻健男・浮田裕編著『大人が知っておきたい物理の常識』（SBクリエイティブ　二〇〇五年）
山本明利・左巻健男編著『新しい高校物理の教科書―現代人のための高校理科』（講談社　二〇〇六年）
安斎育郎『改訂版　放射能　そこが知りたい』（かもがわ出版　一九八八年）
『理科の探検（RikaTan）』誌　（SAMA企画／文理　※とくに「PuzzleⅦ　超能力と心霊現象」は、二〇一七年一〇月号特集「オカルト・超常現象を科学する！」に掲載した左巻健男論説を元にした）

制作協力
漆原晃（代々木ゼミナール）／田中岳彦（三重県立津西高校）／平賀章三（奈良教育大学名誉教授）／橋本頼仁（枚方市教育委員会非常勤）／井上貫之（理科教育コンサルタント）／横須賀篤（さいたま市公立学校教員）／日上奈央子（広島大学大学院国際協力研究科院生）／船田優（千葉県立松戸六実高等学校）

※本書は、PHPエディターズ・グループ刊行の『面白くて眠れなくなる物理』『面白くて眠れなくなる物理パズル』を元に再編集した書籍です。本文中の人名、肩書等は発刊当時の情報を記載しています。

著者プロフィール

左巻 健男（さまき・たけお）

東京大学非常勤講師。元法政大学生命科学部環境応用化学科教授。1949年栃木県生まれ。千葉大学教育学部卒業、東京学芸大学大学院修士課程修了（物理化学・科学教育）。『世界史は化学でできている』（ダイヤモンド社）、『面白くて眠れなくなる理科』『面白くて眠れなくなる化学』（PHPエディターズ・グループ）、『一度読んだら絶対に忘れない化学の教科書』（SBクリエイティブ）、『「健康常識」のニセ科学』（きずな出版）など著書・編著書多数。

［完全版］面白くて眠れなくなる物理

二〇二五年一月一〇日　第一版第一刷発行

著者　左巻健男

発行者　岡修平

発行所　株式会社ＰＨＰエディターズ・グループ
〒一三五-〇〇六一　江東区豊洲五-六-五二
☎〇三-六二〇四-二九三一
https://www.peg.co.jp/

発売元　株式会社ＰＨＰ研究所
東京本部　〒一三五-八一三七　江東区豊洲五-六-五二
普及部　☎〇三-三五二〇-九六三〇
京都本部　〒六〇一-八四一一　京都市南区西九条北ノ内町一一
ＰＨＰ　ＩＮＴＥＲＦＡＣＥ　https://www.php.co.jp/

印刷所
製本所　ＴＯＰＰＡＮクロレ株式会社

ISBN 978-4-569-85851-7